室內空氣品質維護管理專責人員學科考試解析

柯一青　著

作者序

　　近年來室內空氣品質的問題逐漸受到全球的重視，根據近期調查顯示人的一天約有百分之九十的時間會停留在室內環境中，每日處在密閉室內環境裡的人，如果所處空間之空氣品質不良，則經常會使人產生疲勞、頭暈、頭痛、喉嚨痛及眼睛與鼻子受刺激等症狀發生，世界衛生組織將這些症狀統稱之為「病態建築症候群」。

　　全球化後全球交通便捷導致人與人的關係更加密切等因素，造成許多藉由空氣傳染的疾病在國際間得以快速的傳播，因此室內外空氣品質的預防、監測及控制是維護公共衛生所不可或缺的一環。許多先進國家對於室內空氣品質的調查與研究比我國早了許多年。近年來我國收集了亞洲及歐美先進國家對於室內空氣品質制定之標準或建議值，包含政策、法規、管理與管制項目、測定儀器與方法等內容，逐步訂定我國室內空氣品質管制標準，並已公告實施。由於環保署將陸續公告列管場所，位於空氣品質管理法內所列各場所紛紛派員參與訓練，依據過去經驗，市場上人員需求量較高時，相關測驗之簡易程度會有所不同，同學們更應把握適當時機取得相關證照。

　　我國環保署制定的「室內空氣品質建議值」，分別針對室內的二氧化碳、揮發性有機物及細菌等污染物的濃度，經過充分的討論與檢討已分別設定標準的建議值。空氣品質法令公布後，專責管理維護人員考試也開始如火如荼地展開。而環保署所規範的相關考試與職訓中心的技術士考試正好相反，術科對於學員來說皆可以透過上課後的實習順利的通過，學科考試則為選擇題模式，內容繁多，較需花費時間來研讀。故本書將單調的教科書及問答式的題庫內容簡化為測驗題模式，以模擬實際考試方式採選擇題彙整相關考題，並盡量以簡單的條列化方式呈現解析，以利同學們更易瞭解題型及掌握考題方向，在花費簡短的時間內即可立即上手，順利通過考試。惟同學們不可僅死背題型及解答，仍需理解相關題型內容，才能於考場上得心應手。

柯一青　識

2014.7.26

目錄

行政院環境保護署室內空氣品質維護管理專責人員訓練簡章

一、訓練宗旨：為建立我國室內空氣品質專責人員制度，促使各公告場所以自我維護管理方式改善室內空氣品質。透過本訓練培訓室內空氣品質維護管理專責人員，協助各公告場所設置室內空氣品質維護管理專責人員，以從事並管理設置場所之良好使用及場所內空調通風設施，進而維護公告場所空氣品質。

二、訓練依據：「室內空氣品質管理法」及「室內空氣品質維護管理專責人員設置管理辦法」。

三、參訓資格：摘錄自「室內空氣品質維護管理專責人員設置管理辦法」（不符參訓資格者，請勿報名，否則雖經測驗及格後，仍不予核發合格證書）。

參訓資格 款次	參訓學員於參訓前，應具備下列資格之一，使得參訓
一	領有國內學校或教育部採認知國外學校授予副學士以上學位證書
二	領有國內高級中學、高級職業學校畢業證書，並具三年以上實務工作經驗得有證明文件。

附註：

1、本辦法第3條所稱之「證明文件」，包含：勞保卡或工作證明。其中，勞保卡資料應蓋有該服務公司大小章或經由勞保主管機關列印證明者；工作證明資料應由該服務公司提供工作證明並蓋有其大小章者。

2、如依本辦法第3條第2款之參訓資格報名時，除該款學歷證明文件外，同時應檢附三年以上工作經驗，而工作經驗係係以從事實際操作且提出「證明文件」，於報名時即應併附，均符合者，始得參加本辦法之訓練。

四、訓練課程內容：

（一）室內空氣品質維護管理專責人員訓練課程時數、抵免時數及費用一覽表：

課程名稱	時數	可申請抵免時數
1. 室內空氣品質管理法法規概論	2	-
2. 室內空氣品質與管理概論	2	2
3. 室內空氣品質維護管理制度與建置	2	-
4. 室內空氣品質之檢驗測定	2	-
5. 室內空氣品質改善管理與控制技術 （1）室內裝修與通風系統改善及更新	2	2
6. 室內空氣品質改善管理與控制技術 （2）污染來源控制及清淨設備之應用	2	2

課程名稱	時數	可申請抵免時數
7. 室內空氣品質改善管理與控制技術 （3）生物性氣膠管理與控制技術	2	2
8. 室內空氣品質檢驗測定實作	4	-
合計	18	最多可抵免 8 小時
費用（新台幣）	5,000	參閱本簡章 第五、（二）項

（二）課程抵免：

1、依據室內空氣品質維護管理專責人員設置管理辦法第18條，辦理室內空氣品質維護管理專責人員課程之抵免，指曾參加主管機關或其委託之機關（構）舉辦之專責人員講習訓練並領有上課證明者，參加本辦法訓練，得依規定於本辦法施行起二年內，依上課證明載明之實際上課時數申請部分課程抵免（即103年11月22日前），若證明文件上未載明上課內容及時數，則僅能抵免「室內空氣品質與管理概論」2小時。所提證明於報名時已逾前述期限者，不予抵免。抵免之課程仍須參加本訓練之學科與術科測驗。

2、領有有效證明文件且通過審核者，可申請抵免之課程與時數如上表所列。室內空氣品質維護管理專責人員訓練班授課總時數共18小時，可申請抵免之科目包括之時數最多共8小時，其中可抵免的課程包括「室內空氣品質與管理概論」、「室內空氣品質改善管理與控制技術（1）室內裝修與通風系統改善及更新」、「室內空氣品質改善管理與控制技術（2）污染來源控制及清淨設備之應用」及「室內空氣品質改善管理與控制技術（3）生物性氣

膠管理與控制技術」等四科。

五、訓練費用：

（一） 依「室內空氣品質維護管理專責人員設置管理辦法」第3條之規定，訓練所需費用由辦理之訓練機構核實收取。

（二） 本訓練用（不包括膳宿費用），每人收費為5,000元，俟訓練機構通知後，逕向該機構繳交；課程抵免者，每小時收費不超過新台幣300元，由訓練機構依訓練總時數按比例核實收取。

（三） 再訓練（重修）費用每小時不超過新臺幣300元，由訓練機構依訓練總時數按比例核實收取。

第一章

室內空氣品質管理法法規概論

1.1 室內空氣品質管理法

1.1.1 模擬測驗題及註解

1. （3）**我國室內空氣品質管理法於何時公布及施行？**（1）民國98年11月23日公布，民國99年11月23日施行（2）民國99年11月23日公布，民國100年11月23日施行（3）民國100年11月23日公布，民國101年11月23日施行（4）民國101年11月23日公布，民國102年11月23日施行。

   註：我國室內空氣品質管理法是於**民國100年11月23日**公布（華總一義字第10000259721號），於第24條明訂**於民國101年11月23日**施行。

2. （1）**我國室內空氣品質管理法之立法宗旨為**（1）改善室內空氣品質，以維護國民健康（2）改善室內空氣品質，建立優質生活環境（3）改善室內空氣品質，落實節能減碳（4）改善室內空氣品質，提升國際競爭力。

   註：立法宗旨**為改善室內空氣品質，以維護國民健康。**

3. （1）**我國室內空氣品質管理法所定中央主管機關為何單位？**（1）行政院環境保護署（2）直轄市政府環保局（3）縣（市）政府環保局（4）行政院營建署。

4. （1）**我國室內空氣品質管理法所定直轄市、縣（市）主管機關為何？**（1）直轄市為直轄市政府、縣（市）為縣（市）政府（2）鄉（鎮）公所（3）行政院衛生署（4）行政院環境保護署。

   註：我國空氣品質管理法所稱主管機關：在中央為**行政院環境保護署**；在直轄市為**直轄市政府**；在縣（市）為**縣（市）政府**。

5. （2）**我國室內空氣品質管理法所指室內之定義為何？**（1）建築物內部空間（2）指供公眾使用**建築物之密閉或半密閉空間**，及大眾運輸工具之搭乘空間（3）地下建築物（4）未開窗之建築物空間。

   註：依據空氣品質管理法所指**室內**：指**供公眾使用建築物之密閉或半密閉空間**，及**大眾運輸工具之搭乘空間**。

6. （4）**我國室內空氣品質管理法所指室內空氣污染物為何？**（1）指室內空氣中常態逸散，經長期性暴露足以直接或間接妨害國民健康或生活環境之物質（2）二氧化碳、一氧化碳、甲醛、總揮發性有機化合物（3）細菌、真菌、粒徑小於等於十微米之懸浮微粒（PM_{10}）、粒徑小於等於二.五微米之懸浮微粒（$PM_{2.5}$）、臭氧及其他經中央主管機關指定公告之物質。（4）以上皆是。

註：依據空氣品質法所指**室內空氣污染物**：指**室內空氣中常態逸散**，經**長期性暴露**足以**直接或間接妨害國民健康或生活環境之物質**，包括**二氧化碳、一氧化碳、甲醛、總揮發性有機化合物、細菌、真菌、粒徑小於等於十微米之懸浮微粒（PM$_{10}$）、粒徑小於等於二‧五微米之懸浮微粒（PM$_{2.5}$）、臭氧**及其他經中央主管機關指定公告之物質。

7.（3）**我國室內空氣品質管理法所指室內空氣品質爲何？**（1）指示內空氣污染物的顆粒大小、味道（2）指示室內空氣污染物的顏色、刺激性（3）指室內空氣污染物之濃度、空氣中之溼度及溫度（4）指室內污染物的附著力及過敏性。

註：依據我國室內空氣品質管理法，依據室內空氣品質法室內空氣品質：指室內空氣污染物之**濃度、空氣中之溼度及溫度**。中央主管機關（**行政院環境保護署**）應**整合規劃及推動**室內空氣品質管理相關工作，**訂定、修正室內空氣品質管理法規**與**室內空氣品質標準**及**檢驗測定**或**監測方法。**

8.（1）**我國室內空氣品質管理法第四條明定之目的事業主管機關爲何？**（1）建築、經濟、衛生及交通主管機關（2）衛生、勞工、社會主管機關（3）經濟、文化、教育主管機關（4）交通、國防、社會主管機關。

9.（3）**我國室內空氣品質管理法第四條明定建築主管機關之權責爲何？**（1）建築物使用人數、高度及隔間（2）建築物消防設備及緊急求救設施（3）建築物通風設施、建築物裝修管理及建築物裝修建材管理相關事項（4）建築物日照及樓地板面積。

10.（1）**我國室內空氣品質管理法第四條明定經濟主管機關之權責爲何？**（1）裝修材料與商品逸散空氣污染物之國家標準及空氣清淨機（器）國家標準等相關事項（2）裝修材料之價格與其合理性（3）裝修材料進口與課稅（4）商品商標之認證及販售管道。

11.（4）**我國室內空氣品質管理法第四條明定衛生主管機關之權責爲何？**（1）收容人數之限定及管理（2）醫療品質及病安維護（3）醫療評鑑及評鑑標準與規定（4）傳染性病原之防護與管理、醫療機構之空調標準及菸害防制等相關事項。

12.（2）**我國室內空氣品質管理法第四條明定交通主管機關之權責爲何？**（1）大眾運輸工具人員載重限制（2）大眾運輸工具之空調設備通風量及通風設施維護管理相關事項（3）大眾運輸工具之價格及轉乘地點規劃（4）大眾運輸工具之衛生與清潔。

註：依據我國室內空氣品質管理法，各級目的事業主管機關之權責劃分如下：

一、**建築主管機關：建築物通風設施、建築物裝修管理及建築物裝修建材管理相關**

事項。

二、經濟主管機關：裝修材料與商品逸散空氣污染物之國家標準及空氣清淨機（器）國家標準等相關事項。

三、衛生主管機關：傳染性病原之防護與管理、醫療機構之空調標準及菸害防制等相關事項。

四、交通主管機關：大眾運輸工具之空調設備通風量及通風設施維護管理相關事項。各級目的事業主管機關（建築、經濟、衛生及交通）應輔導其主管場所改善其室內空氣品質。

13.（4）依據我國室內空氣品質管理法那類公私場所經中央主管機關依其場所之公眾聚集量、進出量、室內空氣污染物危害風險程度及場所之特殊需求，予以綜合考量後，將逐批公告為本法之公告場所？（1）高級中等以下學校及其他供兒童、少年教育或活動為主要目的之場所及大專校院、圖書館、博物館、美術館、補習班及其他文化或社會教育機構與旅館、商場、市場、餐飲店或其他供公眾消費之場所。（2）醫療機構、護理機構、其他醫事機構及社會福利機構所在場所及政府機關及公民營企業辦公場所與鐵路運輸業、民用航空運輸業、大眾捷運系統運輸業及客運業等之搭乘空間及車（場）站與其他供公共使用之場所及大眾運輸工具等。（3）金融機構、郵局及電信事業之營業場所及供體育、運動或健身之場所與教室、圖書室、實驗室、表演廳、禮堂、展覽室、會議廳（室）及歌劇院、電影院、視聽歌唱業或資訊休閒業及其他供公眾休閒娛樂之場所（4）以上皆是。

註：依據我國室內空氣品質管理法，下列公私場所經**中央主管機關**依其場所之**公眾聚集量、進出量、室內空氣污染物危害風險程度**及**場所之特殊需求**，予以綜合考量後，經逐批公告者，其室內場所為本法之公告場所：

一、**高級中等以下學校**及**其他供兒童、少年教育或活動為主要目的之場所**。

二、**大專校院、圖書館、博物館、美術館、補習班及其他文化或社會教育機構**。

三、**醫療機構、護理機構、其他醫事機構及社會福利機構所在場所**（例如醫院、護理之家或老人院）。

四、**政府機關**及**公民營企業辦公場所**（例如縣市政府等政府單位）。

五、**鐵路運輸業、民用航空運輸業、大眾捷運系統運輸業及客運業等之搭乘空間及車（場）站**。

六、**金融機構、郵局及電信事業之營業場所**。

七、**供體育、運動或健身之場所**。

八、**教室、圖書室、實驗室、表演廳、禮堂、展覽室、會議廳（室）。**

九、**歌劇院、電影院、視聽歌唱業或資訊休閒業及其他供公眾休閒娛樂之場所**（如 KTV 或網路咖啡店）。

十、**旅館、商場、市場、餐飲店或其他供公眾消費之場所。**

十一、**其他供公共使用之場所及大眾運輸工具。**

上列公告場所之室內空氣品質，應符合室內空氣品質標準。但**因不可歸責於公告場所所有人、管理人或使用人之事由，致室內空氣品質未符合室內空氣品質標準者，不在此限**。

14. (1) 依據我國室內空氣品質管理法公告場所所有人、管理人或使用人倘未依規定訂定室內空氣品質維護管理計畫時，主管機關之行政處分程序為何？（1）主管機關先命其限期改善，屆期未改善者，處新臺幣一萬元以上五萬元以下罰鍰，並再命其限期改善，屆期仍未改善者，按次處罰。（2）主管機關先命其限期改善，屆期未改善者，處新臺幣五萬元以上十萬元以下罰鍰，並再命其限期改善，屆期仍未改善者，按次處罰。（3）主管機關先命其限期改善，屆期未改善者，處新臺幣十萬元以上五十萬元以下罰鍰，並再命其限期改善，屆期仍未改善者，按次處罰。（4）主管機關先命其限期改善，屆期未改善者，處新臺幣二十萬元以上五十五萬元以下罰鍰，並再命其限期改善，屆期仍未改善者，按次處罰。

15. (4) 依據我國室內空氣品質管理法規定，公告場所所有人、管理人或使用人未依規定設置室內空氣品質維護管理專責人員之時，主管機關之行政處分程序為何？（1）主管機關先命其限期改善，屆期未改善者，處新臺幣二萬元以上六萬元以下罰鍰，並再命其限期改善，屆期仍未改善者，按次處罰。（2）主管機關先命其限期改善，屆期未改善者，處新臺幣十萬元以上五萬元以下罰鍰，並再命其限期改善，屆期仍未改善者，按次處罰。（3）主管機關先命其限期改善，屆期未改善者，處新臺幣七萬元以上十五萬元以下罰鍰，並再命其限期改善，屆期仍未改善者，按次處罰。（4）主管機關先命其限期改善，屆期未改善者，處新臺幣一萬元以上五萬元以下罰鍰，並再命其限期改善，屆期仍未改善者，按次處罰。

註：依據我國室內空氣品質管理法規定，公告場所所有人、管理人或使用人**違反第八條、第九條第一項或第二項規定者**（公告場所所有人、管理人或使用人應訂定室內空氣品質維護管理計畫，據以執行，公告場所之室內使用變更致影響其室內空氣品質時，該計畫內容應立即檢討修正。第九條：公告場所所有人、管理人或使用人應置室內

13

空氣品質維護管理專責人員，依前條室內空氣品質維護管理計畫，執行管理維護。專責人員應符合中央主管機關規定之資格，並經訓練取得合格證書。專責人員之設置、資格、訓練、合格證書之取得、撤銷、廢止及其他應遵行事項之辦法，由中央主管機關定之。），經命其限期改善，屆期未改善者，**處新臺幣一萬元以上五萬元以下罰鍰，並再命其限期改善；屆期仍未改善者，按次處罰。**

16.（1）依據我國室內空氣品質管理法規定，檢驗測定機構違反有關檢驗測定人員資格、查核、評鑑或檢驗測定業務執行之管理規定者，處罰金額為多少？（1）處新臺幣五萬元以上二十五萬元以下罰鍰（2）處新臺幣十五萬元以上二十五萬元以下罰鍰（3）處新臺幣三萬元以上二十五萬元以下罰鍰（4）處新臺幣七萬元以上三十萬元以下罰鍰。

17.（1）依據我國室內空氣品質管理法規定，**檢驗測定機構出具不實之文書者，主管機關得採行何種行政處分？**（1）主管機關得廢止其許可證（2）處新臺幣五萬元以上二十五萬元以下罰鍰（3）移送法辦（4）處新臺幣五十萬元以上七十五萬元以下罰鍰。

註：依據我國室內空氣品質管理法規定，**檢驗測定機構**應取得**中央主管機關**（行政院環境保護署）核發許可證後，始得辦理空氣品質管理法規定之檢驗測定。**檢驗測定機構應具備之條件、設施、檢驗測定人員資格、許可證之申請、審查、許可證有效期限、核（換）發、撤銷、廢止、停業、復業、查核、評鑑程序及其他應遵行事項之辦法，由中央主管機關定之**（行政院環境保護署）。

檢驗測定機構違反第十一條第一項或依第二項（檢驗測定機構應取得中央主管機關核發許可證後，始得辦理本法規定之檢驗測定。前項檢驗測定機構應具備之條件、設施、檢驗測定人員資格、許可證之申請、審查、許可證有效期限、核（換）發、撤銷、廢止、停業、復業、查核、評鑑程序及其他應遵行事項之辦法，由中央主管機關定之。）所定辦法中**有關檢驗測定人員資格、查核、評鑑或檢驗測定業務執行之管理規定者，處新臺幣五萬元以上二十五萬元以下罰鍰，並命其限期改善，屆期未改善者，按次處罰；檢驗測定機構出具不實之文書者，主管機關得廢止其許可證。**

18.（4）依據我國室內空氣品質管理法規定，經室內空氣品質管理法第六條公告場所，須遵循規定為何？（1）其室內空氣品質，應符合室內空氣品質標準而公告場所所有人、管理人或使用人應訂定室內空氣品質維護管理計畫，據以執行，公告場所之室內使用變更致影響其室內空氣品質時，該計畫內容應立即檢討修正。（2）公告場所所有人、管理人或使用人應設置符合規定之室內空氣品質維護管理專責人員。（3）公告場所所有人、管理人或使用人應委

託檢驗測定機構，定期實施室內空氣品質檢驗測定，並應定期公布檢驗測定結果，及作成紀錄。另被指定應設置自動監測設施者，其自動監測最新結果，應即時公布於該場所內或入口明顯處，並應作成紀錄（4）以上皆是。

註：室內空氣品質標準，由**中央主管機關會商中央目的事業主管機關依公告場所之類別及其使用特性定之。**

公告場所**所有人、管理人或使用人應訂定室內空氣品質維護管理計畫**，據以執行，公告場所之**室內使用變更致影響其室內空氣品質時，該計畫內容應立即檢討修正。**

公告場所**所有人、管理人或使用人應置室內空氣品質維護管理專責人員**，依室內空氣品質維護管理計畫，執行管理維護。（室內空氣品質維護專責人員應符合中央主管機關規定之資格，並經訓練取得合格證書）。

室內空氣品質維護專責人員之**設置、資格、訓練、合格證書之取得、撤銷、廢止及其他應遵行事項之辦法，由中央主管機關**（行政院環境保護署）定之。

公告場所**所有人、管理人或使用人應委託檢驗測定機構，定期實施室內空氣品質檢驗測定，並應定期公布檢驗測定結果，及作成紀錄。**

經中央主管機關**指定之公告場所應設置自動監測設施**，以連續監測室內空氣品質，其**自動監測最新結果，應即時公布於該場所內或入口明顯處，並應作成紀錄。**

前二項檢驗測定項目、頻率、採樣數與採樣分布方式、監測項目、頻率、監測設施規範與結果公布方式、紀錄保存年限、保存方式及其他應遵行事項之辦法，**由中央主管機關**（行政院環境保護署）定之。

19.（2）依據我國室內空氣品質管理法規定，違反室內空氣品質管理法哪一項規定時，特別針對情節重大另有規範？（1）公告場所未設置專責人員（2）公告場所不符合第七條第一項所定室內空氣品質標準者（3）公告場所未依空氣品質維護計畫檢測（4）公告場所未在適當時間檢測。

20.（1）依據我國室內空氣品質管理法內所稱情節重大，係指那些情形？（1）公告場所不符合第七條第一項所定室內空氣品質標準之日起，一年內經二次處罰，仍繼續違反本法規定及公告場所室內空氣品質嚴重惡化，而所有人、管理人或使用人未立即採取緊急應變措施，致有嚴重危害公眾健康之虞（2）未定訂空氣品質維護計畫且拒絕查核（3）以暴力或其他手段拒絕、規避或妨礙檢查（4）以上皆是。

註：依據我國室內空氣品質管理法第十五條第一項所稱**情節重大**，（公告場所不符合第七條第一項所定室內空氣品質標準，經主管機關命其限期改善，屆期未改善者，處所有人、管理人或使用人新臺幣五萬元以上二十五萬元以下罰鍰，並再命其限期改

善；屆期仍未改善者，按次處罰；**情節重大者**，得限制或禁止其使用公告場所，必要時，並得命其停止營業。），指有下列情形之一者：

一、公告場所不符合第七條第一項所定室內空氣品質標準之日起，**一年內經二次處罰，仍繼續違反室內空氣品質法**規定。

二、公告場所室內**空氣品質嚴重惡化，而所有人、管理人或使用人未立即採取緊急應變措施，致有嚴重危害公眾健康之虞**。

21.（3）我國室內空氣品質管理法所稱視為未改善之情形為何？（1）相關巡檢資料填寫不完備（2）相關空調設備資料填報不詳盡（3）未於限期改善之期限屆至前，檢具資料、符合室內空氣品質標準或其他符合本法規定之證明文件，向主管機關報請查驗者（4）巡檢時間未依規定而被查獲者。

註：依室內空氣品質法處罰鍰者，其額度應依**違反室內空氣品質標準程度及特性裁處。裁罰準則，由中央主管機關定之**。依室內空氣品質法命其限期改善者，其改善期間，以**九十日**為限。因天災或其他不可抗力事由，致未能於改善期限內完成改善者，應於其**事由消滅後十五日內，以書面敘明事由，檢具相關資料，向主管機關申請延長改善期限，主管機關應依實際狀況核定改善期限。公告場所所有人、管理人或使用人未能於主管機關所定限期內改善者，得於接獲限期改善之日起三十日內，提出具體改善計畫，向主管機關申請延長改善期限，主管機關應依實際狀況核定改善期限，最長不得超過六個月；未切實依其所提之具體改善計畫執行，經查證屬實者，主管機關得立即終止其改善期限，並視為屆期未改善。**

未於限期改善之期限屆至前，檢具資料、符合室內空氣品質標準或其他符合本法規定之證明文件，向主管機關報請查驗者，**視為未改善**。

22.（1）依據我國室內品質管理法規定：規避、妨礙或拒絕依第十二條規定之檢查、檢驗測定、查核或命提供有關資料者，相關行政處分為何？（1）處公告場所所有人、管理人或使用人新臺幣十萬元以上五十萬元以下罰鍰，並得按次處罰（2）處公告場所所有人、管理人或使用人新臺幣二十萬元以上一百五十萬元以下罰鍰，並得按次處罰（3）處公告場所所有人、管理人或使用人新臺幣三十萬元以上五十萬元以下罰鍰，並得按次處罰（4）處公告場所所有人、管理人或使用人新臺幣四十萬元以上五十萬元以下罰鍰，並得按次處罰。

註：依據我國室內空氣品質管理法規定，**規避、妨礙或拒絕**依第十二條規定（主管機關得派員出示有關執行職務之證明文件或顯示足資辨別之標誌，執行公告場所之現場檢查、室內空氣品質檢驗測定或查核檢（監）測紀錄，並得命提供有關資料，公告

場所所有人、管理人或使用人不得規避、妨礙或拒絕。）之檢查、檢驗測定、查核或命提供有關資料者，**處公告場所所有人、管理人或使用人新臺幣十萬元以上五十萬元以下罰鍰，並得按次處罰。**

23. (4) 依據我國室內空氣品質管理法規定：公告場所不符合第七條第一項所定室內空氣品質標準，相關行政處分為何？(1) 經主管機關命其限期改善，屆期未改善者，處所有人、管理人或使用人新臺幣五萬元以上二十五萬元以下罰鍰 (2) 並再命其限期改善；屆期仍未改善者，按次處罰 (3) 情節重大者，得限制或禁止其使用公告場所，必要時，並得命其停止營業 (4) 以上皆是。

24. (1) 依據我國室內空氣品質管理法規定：因不符合室內空氣品質管理法第七條第一項所定室內空氣品質標準，主管機關命其限期改善期間，未依規定標示且**繼續使用該公告場所者**，相關行政處分為何？(1) 處所有人、管理人或使用人新臺幣五千元以上二萬五千元以下罰鍰，並命其限期改善；屆期未改善者，按次處罰。(2) 處所有人、管理人或使用人新臺幣五萬元以上十二萬五千元以下罰鍰，並命其限期改善；屆期未改善者，按次處罰。(3) 處所有人、管理人或使用人新臺幣十萬元以上三十萬五千元以下罰鍰，並命其限期改善；屆期未改善者，按次處罰。(4) 處所有人、管理人或使用人新臺幣十五元以上二十萬五千元以下罰鍰，並命其限期改善；屆期未改善者，按次處罰。

25. (2) 依據我國室內空氣品質管理法規定：公告場所不符合第七條第一項所定室內空氣品質標準，倘情節重大之相關行政處分為何？(1) 處所有人、管理人或使用人新臺幣五千元以上二萬五千元以下罰鍰，並命其限期改善；屆期未改善者，按次處罰。(2) 主管機關得限制或禁止其使用公告場所，必要時，並得命其停止營業。(3) 處所有人、管理人或使用人新臺幣五萬元以上二十萬五千元以下罰鍰，並命其限期改善；屆期未改善者，按次處罰 (4) 處所有人、管理人或使用人新臺幣五十萬元以上二百萬元以下罰鍰，並命其限期改善；屆期未改善者，按次處罰。

註：依據我國室內空氣品質管理法，公告場所不符合由中央主管機關會商中央目的事業主管機關依公告場所之類別及其使用特性所定**室內空氣品質標準，經主管機關命其限期改善，屆期未改善者，處所有人、管理人或使用人新臺幣五萬元以上二十五萬元以下罰鍰，並再命其限期改善；屆期仍未改善者，按次處罰；情節重大者，得限制或禁止其使用公告場所，必要時，並得命其停止營業。**改善期間，**公告場所所有人、管理人或使用人應於場所入口明顯處標示室內空氣品質不合格，未依規定標示**

且繼續使用該公告場所者，處所有人、管理人或使用人新臺幣五千元以上二萬五千元以下罰鍰，並命其限期改善；屆期未改善者，按次處罰。

26. (4) 依據我國室內空氣品質管理法規定：公告場所不符合室內空氣品質標準，應受處罰，惟何種情況不在此限？（1）因場所空氣品質管理人休假（2）因空調設備疏於維護而故障（3）因空調積水盤漏長期漏水（4）因不可歸責於公告場所所有人、管理人或使用人之事由，致室內空氣品質未符合室內空氣品質標準者。

　　　註：依據我國室內空氣品質管理法，公告場所之室內空氣品質，應符合室內空氣品質標準。但因不可歸責於公告場所所有人、管理人或使用人之事由，致室內空氣品質未符合室內空氣品質標準者，不在此限。

27. (4) 依據我國室內空氣品質管理法授權應訂定相關辦法的法條為何？（1）第九條第三項-專責人員之設置、資格、訓練、合格證書之取得、撤銷、廢止及其他應遵行事項之辦法。（2）第十條第三項-檢驗測定項目、頻率、採樣數與採樣分布方式、監測項目、頻率、監測設施規範與結果公布方式、紀錄保存年限、保存方式及其他應遵行事項之辦法。（3）第十條第二項-檢驗測定機構應具備之條件、設施、檢驗測定人員資格、許可證之申請、審查、許可證有效期限、核（換）發、撤銷、廢止、停業、復業、查核、評鑑程序及其他應遵行事項之辦法，由中央主管機關定之（4）以上皆是。

28. (3) 依據我國室內空氣品質管理法規定：公告場所所有人、管理人或使用人依本法第十條規定應作成之紀錄有虛偽記載者，其處分為何？（1）禁止使用（2）斷水斷電（3）處新臺幣十萬元以上五十萬元以下罰鍰（4）處新臺幣十五萬元以上五十五萬元以下罰鍰。

　　　註：依據我國室內空氣品質管理法，公告場所所有人、管理人或使用人未依室內空氣品質法第十條規定應委託檢驗測定機構，定期實施室內空氣品質檢驗測定，並應定期公布檢驗測定結果，及作成紀錄，或應作成之紀錄有虛偽記載者，處新臺幣十萬元以上五十萬元以下罰鍰。

29. (4) 依據我國室內空氣品質管理法第四條規定，中央主管機關之權責為何？（1）整合規劃及推動室內空氣品質管理相關工作（2）訂定、修正室內空氣品質管理法規及訂定、修正室內空氣品質標準（3）訂定、修正室內空氣品質檢驗測定或監測方法（4）以上皆是。

　　　註：依據我國室內空氣品質管理法，中央主管機關應整合規劃及推動室內空氣品質管理相關工作，訂定、修正室內空氣品質管理法規與室內空氣品質標準及檢驗測定或監

測方法。

30.（1）依據我國室內空氣品質管理法規定：經中央主管機關指定之公告場所應設置自動監測設施，以連續監測室內空氣品質，其自動監測最新結果，除應作成紀錄外，並應公布於何處？（1）該場所內或入口明顯處（2）機關網站（3）機關招牌旁（4）停車場處。

註：依據我國室內空氣品質管理法規定，公告場所所有人、管理人或使用人**違反第十條第一項、第二項或依第三項**（第一項：公告場所所有人、管理人或使用人應委託檢驗測定機構，定期實施室內空氣品質檢驗測定，並應定期公布檢驗測定結果，及作成紀錄。第二項：經中央主管機關指定之公告場所應設置自動監測設施，以連續監測室內空氣品質，其自動監測最新結果，應即時公布於該場所內或入口明顯處，並應作成紀錄。第三項：前二項檢驗測定項目、頻率、採樣數與採樣分布方式、監測項目、頻率、監測設施規範與結果公布方式、紀錄保存年限、保存方式及其他應遵行事項之辦法，由中央主管機關定之。）**所定辦法中有關檢驗測定項目、頻率、採樣數與採樣分布方式、監測項目、頻率、監測設施規範、結果公布方式、紀錄保存年限、保存方式之管理規定者，經命其限期改善，屆期未改善者，處所有人、管理人或使用人新臺幣五千元以上二萬五千元以下罰鍰，並再命其限期改善；屆期仍未改善者，按次處罰。**

31.（4）依據我國室內空氣品質管理法規定，主管機關得派員出示有關執行職務之證明文件或顯示足資辨別之標誌，至公告場所執行什麼？並得命提供有關資料，公告場所所有人、管理人或使用人不得規避、妨礙或拒絕（1）現場檢查（2）室內空氣品質檢驗測定（3）查核檢（監）測紀錄（4）以上皆是。

註：依據我國室內空氣品質管理法，空氣品質管理法各項室內空氣污染物檢驗測定方法及品質管制事項，由中央主管機關公告之。**主管機關**（在中央為行政院環境保護署；在直轄市為直轄市政府；在縣（市）為縣（市）政府。）得派員出示有關**執行職務之證明文件或顯示足資辨別之標誌**，執行公告場所之現場檢查、室內空氣品質檢驗測定或查核檢（監）測紀錄，並得命提供有關資料，**公告場所所有人、管理人或使用人不得規避、妨礙或拒絕。**

32.（4）依據我國室內空氣品質管理法規定：中央主管機關綜合考量那些條件後，公告為室內空氣品質管理法之公告場所？（1）公眾聚集量、進出量（2）室內空氣污染物危害風險程度（3）場所之特殊需求（4）以上皆是。

註：依據我國室內空氣品質管理法，經**中央主管機關**依其場所之**公眾聚集量、進出量、室內空氣污染物危害風險程度**及**場所之特殊需求**，予以綜合考量後，經逐批公告者，

其室內場所為本法之公告場所。

33.（2）依據我國室內空氣品質管理法規定：檢驗測定機構違反室內空氣品質管理法第十一條第一項或依第二項所定辦法中有關檢驗測定人員資格、查核、評鑑或檢驗測定業務執行之管理規定者，最高處緩多少？（1）2萬至10萬（2）5萬至25萬元（3）10萬至50萬（4）2萬至50萬。

註：依據我國室內空氣品質管理法，檢驗測定機構違反第十一條第一項或依第二項（檢驗測定機構應取得中央主管機關核發許可證後，始得辦理本法規定之檢驗測定。前項檢驗測定機構應具備之條件、設施、檢驗測定人員資格、許可證之申請、審查、許可證有效期限、核（換）發、撤銷、廢止、停業、復業、查核、評鑑程序及其他應遵行事項之辦法，由中央主管機關定之。）所定辦法中**有關檢驗測定人員資格、查核、評鑑或檢驗測定業務執行之管理規定者，處新臺幣五萬元以上二十五萬元以下罰鍰，並命其限期改善，屆期未改善者，按次處罰；檢驗測定機構出具不實之文書者，主管機關得廢止其許可證。**

34.（4）依據我國室內空氣品質管理法中「室內」之定義為何？（1）公眾使用建築物之密閉空間（2）公眾使用建築物之半密閉空間（3）大眾運輸工具之搭乘空間（4）以上皆是。

註：依據我國室內空氣品質管理法，**室內**：指**供公眾使用建築物之密閉或半密閉空間**，及**大眾運輸工具之搭乘空間**。

35.（2）依據我國室內空氣品質管理法規定：主管機關及各級目的事業主管機關得委託專業機構辦理那些工作？（1）空氣品質的改善（2）辦理有關室內空氣品質調查、檢驗、教育、宣導、輔導、訓練及研究有關事宜（3）空氣品質改善的預算編列（4）空氣品質改善的設備採購。

註：依據我國室內空氣品質管理法，主管機關及各級目的事業主管機關得委託專業機構，**辦理有關室內空氣品質調查、檢驗、教育、宣導、輔導、訓練及研究有關事宜。**

36.（1）依據我國室內空氣品質管理法規定：檢驗測定機構出具不實之文書者，主管機關得如何處理？（1）廢止其許可證（2）罰款（3）勒令停業（4）無罰責。

註：依據我國室內空氣品質管理法，**檢驗測定機構出具不實之文書者，主管機關得廢止其許可證。**

37.（1）依據我國室內空氣品質管理法規定：檢驗測定機構應具備之條件、設施、檢驗測定人員資格、許可證之申請、審查、許可證有效期限、核（換）發、撤銷、廢止、停業、復業、查核、評鑑程序及其他應遵行事項之辦法，由那一機關定訂？（1）中央主管機關（2）縣市政府（3）鄉鎮公所（4）立法院。

註：依據我國室內空氣品質管理法，檢驗測定機構應具備之條件、設施、檢驗測定人員資格、許可證之申請、審查、許可證有效期限、核（換）發、撤銷、廢止、停業、復業、查核、評鑑程序及其他應遵行事項之辦法，由**中央主管機關**定之。

38.（3）依據我國室內空氣品質管理法處罰鍰者，其額度應依違反室內空氣品質標準程度及特性裁處，而其裁罰準則，係由那一機關定之？（1）立法院（2）縣市政府（3）中央主管機關（4）內政部。

註：依室內空氣品質管理法處罰鍰者，其額度應依違反室內空氣品質標準程度及特性裁處。前項裁罰準則，由**中央主管機關**定之。

39.（1）我國室內空氣品質法自公布後多久實施？（1）自公布後一年施行（2）自公布後半年施行（3）自公布後二年施行（4）自公布後三年施行。

註：　我國室內空氣品質管理法，自公布後**一年**施行。

40.（2）我國環保署邀集各部擬定室內空氣品質管理推動方案時間為（1）94-95年（2）95-97年（3）97-98年（4）99-100年。

註：**95-97年**是我國環保署邀集各部擬定室內空氣品質管理推動方案的時間。

41.（3）我國室內空氣品質法共分為幾章幾條？（1）5章25條（2）6章26條（3）4章24條（4）3章23條。

註：環保署為改善室內空氣品質，維護國民身體健康，爰擬具空氣品質法**共4章計24條，立法歷程如下：**

42.（1）我國室內空氣品質法在立法院三讀通過的時間為何時？（1）民國100年11月8日（2）民國100年10月8日（3）民國100年9月8日（4）民國100年8月8日。

43.（1）我國室內空氣品質法第一批公告場所為何？（1）公眾使用之公立（國立）及大型場所、民眾聚集量及進出量大者、敏感族群（老人、學生）活動場所（2）金融機構、郵局及電信事業之營業場所（3）供體育、運動或健身之場所（4）私人辦公室及臥室。

註：**其業別或屬性類別分屬室內空氣品質法第六條第二款之大專校院、圖書館，第三款之醫療機構、社會福利機構，第四款之政府機關辦公場所，第五款之鐵路運輸業、民用航空運輸業、大眾捷運系統運輸業之車（場）站，第八款之展覽室及第十款之商場。**

44.（3）我國室內空氣品質管理法第一批公告場所生效日期為何？（1）民國101年7月1日（2）民國102年7月1日（3）民國103年7月1日（4）民國100年7月1日。

註：**應符合室內空氣品質管理法之第一批公告場所，自中華民國一百零三年七月一日生效。**

45.（2）何謂室內空氣品質管理法之管制室內空間？（1）指公告場所污染物擴散需管制之室內空間範圍（2）指公告場所應受室內空氣品質管理法管制之室內空間範圍（3）指公告場所管制特定人員聚集區域之室內空間範圍（4）以上皆非。

　　註：管制室內空間：**指公告場所應受室內空氣品質管理法管制之室內空間範圍，以公私場所各建築物之室內空間，經公告規定適用室內空氣品質管理法之全部或一部分室內樓地板面積並以總和計算之。**

46.（4）我國環保署因應室內空氣品質管理法所頒布之相關法規或規定為何？（1）室內空氣品質管理法施行細則（2）室內空氣品質維護管理專責人員設置管理辦法（3）室內空氣品質檢驗測定管理辦法（4）以上皆是。

　　註：因應室內空氣品質管理法所頒布之法規或規定：

　　一、**室內空氣品質管理法施行細則**

　　二、**室內空氣品質標準**

　　三、**室內空氣品質維護管理專責人員設置管理辦法**

　　四、**室內空氣品質檢驗測定管理辦法**

　　五、**違反室內空氣品質管理法罰鍰額度裁罰準則**

1.2　室內空氣品質管理法施行細則

1.2.1 模擬測驗題及註解

1. (2) 我國室內空氣品質管理法施行細則訂定的法源為何？（1）室內空氣品質管理法第一條（2）室內空氣品質管理法第二十三條（3）室內空氣品質管理法第二十條（4）室內空氣品質管理法第二十四條。

　　註：空氣品質管理法施行細則依室內空氣品質管理法**第二十三條**規定訂定之。

2. (5) 我國室內空氣品質管理法施行細則內所定中央主管機關之主管事項為何？（1）全國性室內空氣品質管理政策、方案與計畫之策劃、訂定及督導（2）全國性室內空氣品質管理法規之訂定、研議及釋示及全國性室內空氣品質管理之督導、獎勵、稽查及核定。（3）全國性室內空氣品質維護管理專責人員之訓練及管理與室內空氣品質檢驗測定機構之許可及管理及與直轄市、縣（市）主管機關及各級目的事業主管機關對室內空氣品質管理之協調或執行事項。（4）全國性室內空氣品質管理之研究發展及宣導及室內空氣品質管理之國際合作及科技交流與其他有關全國性室內空氣品質維護管理事項（5）以上皆是。

　　註：室內空氣品質管理法所定中央主管機關之主管事項如下：

　　一、全國性室內空氣品質管理政策、方案與計畫之策劃、訂定及督導。

　　二、全國性室內空氣品質管理法規之訂定、研議及釋示。

　　三、全國性室內空氣品質管理之督導、獎勵、稽查及核定。

　　四、全國性室內空氣品質維護管理專責人員之訓練及管理。

　　五、室內空氣品質檢驗測定機構之許可及管理。

　　六、與直轄市、縣（市）主管機關及各級目的事業主管機關對室內空氣品質管理之協調或執行事項。

　　七、全國性室內空氣品質管理之研究發展及宣導。

　　八、室內空氣品質管理之國際合作及科技交流。

　　九、其他有關全國性室內空氣品質維護管理事項。

3. (5) 我國室內空氣品質管理法施行細則內所定直轄市、縣（市）主管機關之主管事項為何？（1）直轄市、縣（市）室內空氣品質管理工作實施方案之規劃及執行事項及直轄市、縣（市）室內空氣污染事件糾紛之協調事項。（2）直轄市、縣（市）室內空氣品質自治法規之訂定及釋示及直轄市、縣（市）室內

空氣品質維護管理之督導、獎勵、稽查及核定。（3）直轄市、縣（市）室內空氣品質管理之宣導事項及直轄市、縣（市）轄境公告場所之室內空氣品質檢驗測定紀錄、自動監測設施、檢驗測定結果公布之查核事項與直轄市、縣（市）室內空氣品質管理統計資料之製作及陳報事項（4）直轄市、縣（市）室內空氣品質管理之研究發展及人員之訓練與講習事項及其他有關直轄市、縣（市）室內空氣品質維護管理事項（5）以上皆是。

註：室內空氣品質管理法所定**直轄市、縣（市）主管機關之主管事項如下：**

一、直轄市、縣（市）室內空氣品質管理工作實施方案之規劃及執行事項。

二、直轄市、縣（市）室內空氣污染事件糾紛之協調事項。

三、直轄市、縣（市）室內空氣品質自治法規之訂定及釋示。

四、直轄市、縣（市）室內空氣品質維護管理之督導、獎勵、稽查及核定。

五、直轄市、縣（市）室內空氣品質管理之宣導事項。

六、直轄市、縣（市）轄境公告場所之室內空氣品質檢驗測定紀錄、自動監測設施、檢驗測定結果公布之查核事項。

七、直轄市、縣（市）室內空氣品質管理統計資料之製作及陳報事項。

八、直轄市、縣（市）室內空氣品質管理之研究發展及人員之訓練與講習事項。

九、其他有關直轄市、縣（市）室內空氣品質維護管理事項。

4.（1）我國室內空氣品質管理法第六條各款所列之公私場所，應依什麼條件認定其各級目的事業主管機關？（1）應依所屬業別或屬性認定其各級目的事業主管機關（2）應依地緣及環境認定其各級目的事業機關（3）應依其空調設備認定其各級目的事業機關（4）應依其人員多寡認定其各級目的事業機關。

註：空氣品質管理法第六條各款所列公私場所，**應依所屬業別或屬性認定其各級目的事業主管機關。**

5.（1）室內空氣品質管理法細則第四條公私場所認定產生有爭議時，其認定規定為何？（1）由中央主管機關報請行政院認定之（2）由調解委員會調解後決議（3）由法院判決為主（4）由總統府認定公告。

註：依據我國室內空氣品質管理法，中央目的事業主管機關之認定產生爭議時，由中央主管機關報請**行政院**認定之。

6.（4）我國室內空氣品質管理法第八條所稱室內空氣品質維護管理計畫，其內容應包括哪些項目？（1）公告場所名稱及地址、所有人、管理人及使用人員之基本資料。（2）室內空氣品質維護管理專責人員之基本資料及公告場所使用性質及樓地板面積之基本資料。（3）室內空氣品質維護規劃及管理措施、室內

空氣品質檢驗測定規劃及室內空氣品質不良之應變措施與其他經主管機關要求之事項（4）以上皆是。

註：空氣品質管理法第八條所稱室內空氣品質維護管理計畫，其內容應包括下列項目：

一、**公告場所名稱及地址**。

二、**公告場所所有人、管理人及使用人員**之基本資料。

三、**室內空氣品質維護管理專責人員**之基本資料。

四、**公告場所使用性質**及樓地板面積之基本資料。

五、**室內空氣品質維護規劃**及**管理措施**。

六、**室內空氣品質檢驗測定規劃**。

七、**室內空氣品質不良之應變措施**。

八、**其他經主管機關要求之事項**。

7.（4）我國室內空氣品質管理法細則第八條之室內空氣品質維護管理計畫維護管理，其作法及規定為何？（1）應由公告場所所有人、管理人或使用人訂定室內空氣品質維護管理計畫（2）依中央主管機關所定格式撰寫並據以執行（3）其資料應妥善保存，以供備查（4）以上皆是。

註：依據我國室內空氣品質管理法，公告場所所有人、管理人或使用人訂定之室內空氣品質維護管理計畫，應依**中央主管機關所定格式**撰寫並據以執行，**其資料應妥善保存，以供備查。**

8.（1）我國室內空氣品質管理法細則第七條規定應設置自動監測設施之公告場所之條件為何？（1）係具有供公眾使用空間、公眾聚集量大且滯留時間長之場所（2）具有有機溶劑之工作場所（3）具有危害性物質之侷限空間場所（4）具有儲油設備之場所。

註：空氣品質管理法第十條第二項應設置自動監測設施之公告場所，係**具有供公眾使用空間、公眾聚集量大且滯留時間長之場所**。

9.（4）我國室內空氣品質管理法細則第七條規定公告場所條件設置自動監測設施後之管理責任為何？（1）公告場所應於指定公告規定期限內完成設置自動監測設施，（2）場所所有人、管理人或使用人並應負自動監測設施功能完整運作之責（3）場所所有人、管理人或使用人並應負自動監測設施功能維護之責（4）以上皆是。

註：依據我國室內空氣品質管理法，**應於指定公告規定期限內完成設置自動監測設施，且場所所有人、管理人或使用人並應負自動監測設施功能完整運作及維護之責。**

10.（4）我國室內空氣品質管理法所稱主管機關執行公告場所之現場檢查、室內空氣

品質檢驗測定或查核檢（監）測紀錄，其執行內容為何？（1）查核室內空氣品質維護管理計畫之辦理及備查作業。（2）檢查室內空氣品質維護管理專責人員之設置情形並得派員進行室內空氣品質檢驗測定，並擇點採樣檢測其室內空氣品質符合情形。（3）查核定期實施檢驗測定及公布檢驗測定結果紀錄之辦理情形及查核自動監測設施之設置情形與其他經中央主管機關指定之事項。（4）以上皆是。

註：空氣品質管理法第十二條所稱主管機關執行公告場所之現場檢查、室內空氣品質檢驗測定或查核檢（監）測紀錄，其執行內容應包括以下事項：

一、**查核室內空氣品質維護管理計畫之辦理及備查作業。**

二、**檢查室內空氣品質維護管理專責人員之設置情形。**

三、**得派員進行室內空氣品質檢驗測定，並擇點採樣檢測其室內空氣品質符合情形。**

四、**查核定期實施檢驗測定及公布檢驗測定結果紀錄之辦理情形。**

五、**查核自動監測設施之設置情形。**

六、**其他經中央主管機關指定之事項。**

11.（3）我國室內空氣品質管理法所稱：主管機關進行公告場所稽查檢測檢測點選定的規定為何？（1）應選擇人較少的時候檢測（2）應選擇較少人使用的區域檢測避免影響業務推動（3）應避免受局部污染源干擾，距離室內硬體構築或陳列設施最少○‧五公尺以上及門口或電梯最少三公尺以上（4）沒有規定。

註：依據我國室內空氣品質管理法，主管機關進行公告場所稽查檢測選定檢測點時，**應避免受局部污染源干擾，距離室內硬體構築或陳列設施最少○‧五公尺以上及門口或電梯最少三公尺以上。**

12.（4）我國室內空氣品質管理法所稱：公告場所所有人、管理人或使用人因不符合室內空氣品質標準經主管機關命其限期改善者，其改善期間場所入口明顯處標示室內空氣品質不合格之標示規格為何？（1）標示應保持完整，其文字應清楚可見，標示方式以使用白色底稿及邊長十公分以上之黑色字體為原則（2）標示文字內容應以橫式書寫為主（3）標示內容應包含場所名稱、改善期限及未符合項目與日期及其他經中央主管機關指定之事項（4）以上皆是。

註：依據我國室內空氣品質管理法，公告場所所有人、管理人或使用人依本法第十五條第二項規定於場所**入口明顯處標示**，其標示規格如下：

一、標示應保持完整，其文字應清楚可見，**標示方式以使用白色底稿及邊長十公分以上之黑色字體為原則。**

二、標示文字內容應以**橫式書寫**為主。

三、標示內容應包含**場所名稱、改善期限及未符合項目與日期**。

四、**其他經中央主管機關指定之事項**。

13.（5）我國室內空氣品質管理法所稱：公告場所所有人、管理人或使用人申請延長改善期限所提報具體改善計畫之包括事項為何？（1）場所名稱及原據以處罰並限期改善之違規事實（2）申請延長之事由及日數（3）改善目標、改善時程及進度、具體改善措施及其相關證明文件（4）改善期間所採取之措施及其他經主管機關指定之事項（5）以上皆是。

註：空氣品質管理法第二十條第二項規定**申請延長改善期限所提報之具體改善計畫**，應包括下列事項：

一、**場所名稱及原據以處罰並限期改善之違規事實。**

二、**申請延長之事由及日數。**

三、**改善目標、改善時程及進度、具體改善措施及其相關證明文件。**

四、**改善期間所採取之措施。**

五、**其他經主管機關指定之事項。**

14.（3）我國室內空氣品質管理法所稱：公告場所所有人、管理人或使用人延長改善期限之申請規定及相關核定期限為何？（1）公告場所所有人、管理人或使用人延長改善期限申請，由場所當地主管機關受理，並於十日內核定。經主管機關核定延長改善期限者，應於每月十日前向核定機關提報前一月之改善執行進度。（2）公告場所所有人、管理人或使用人延長改善期限申請，由場所當地主管機關受理，並於三日內核定。經主管機關核定延長改善期限者，應於每月五日前向核定機關提報前一月之改善執行進度（3）公告場所所有人、管理人或使用人延長改善期限申請，由場所當地主管機關受理，並於三十日內核定。經主管機關核定延長改善期限者，應於每月十五日前向核定機關提報前一月之改善執行進度（4）公告場所所有人、管理人或使用人延長改善期限申請，由場所當地主管機關受理，並於六十日內核定。經主管機關核定延長改善期限者，應於每月十日前向核定機關提報前一月之改善執行進度。

註：依據我國室內空氣品質管理法，延長改善期限申請，由場所**當地主管機關受理，並於三十日內核定。**經主管機關核定延長改善期限者，**應於每月十五日前向核定機關提報前一月之改善執行進度。**

15.（4）我國室內空氣品質管理法所稱：公告場所所有人、管理人或使用人因未能於

前項主管機關所定限期內改善者，「未切實依改善計畫執行」引號內的情形包含下列何種情事？（1）未依前條第三項，按月提報改善進度（2）非因不可抗力因素，未按主管機關核定之改善計畫進度執行，且落後進度達三十日以上及未依主管機關核定之改善計畫內容執行（3）延長改善期間，未採取前條改善計畫之防護措施，嚴重危害公眾健康及其他經中央主管機關認定之情形（4）以上皆是。

註：室內空氣品質法第二十條第二項所稱未切實依改善計畫執行，指有下列情形之一者：

一、未依前條第三項（前項申請，由場所當地主管機關受理，並於三十日內核定。經主管機關核定延長改善期限者，應於每月十五日前向核定機關提報前一月之改善執行進度。），**按月提報改善進度**。

二、非因不可抗力因素，**未按主管機關核定之改善計畫進度執行，且落後進度達三十日以上**。

三、**未依主管機關核定之改善計畫內容執行**。

四、延長改善期間，**未採取前條改善計畫之防護措施，嚴重危害公眾健康**。

五、**其他經中央主管機關認定之情形**。

16.（2）我國室內空氣品質管理法所稱：主管機關執行室內空氣品質監督檢測及管理作法為何？（1）直轄市、縣（市）主管機關應定期將其實施室內空氣品質之監督、檢查結果與違反本法案件處理情形，自行存查（2）直轄市、縣（市）主管機關應定期將其實施室內空氣品質之監督、檢查結果與違反本法案件處理情形，製表報請中央主管機關備查（3）直轄市、縣（市）主管機關應定期將其實施室內空氣品質之監督、檢查結果與違反本法案件處理情形，上網公告（4）直轄市、縣（市）主管機關應定期將其實施室內空氣品質之監督、檢查結果與違反本法案件處理情形，提報議會備詢。

註：依據我國室內空氣品質管理法，直轄市、縣（市）主管機關應**定期將其實施室內空氣品質之監督、檢查結果與違反本法案件處理情形，製表報請中央主管機關備查**。

17.（1）我國室內空氣品質管理法施行細則訂定機關及目的為何？（1）室內空氣品質管理法第二十三條規定：「本法施行細則，由中央主管機關（行政院環境保護署）定之」為利室內空氣品質管理法之推動與執行，爰擬具室內空氣品質管理法施行細則（2）中央主管機關為內政部，主要為發揮空氣品質改善發揮專業技師技能（3）中央主管機關為勞委會，為維護勞工工作環境的空氣品質而訂之（4）以上皆非。

註：**室內空氣品質管理法業於一百年十一月二十三日公布，並明定自公布後一年施行。為利本法之推動與執行，依本法第二十三條規定：「本法施行細則，由中央主管機關定之。」**

18.（4）我國室內空氣品質管理法所稱：「定義因意外或偶發性室外環境因素致公告場所未符合室內空氣品質標準者，其不可歸責於公告場所所有人、管理人或使用人之事由」為何種狀態？（1）非常態性短時間氣體洩漏排放（2）特殊氣象條件致室內空氣品質惡化（3）室外空氣污染物明顯影響室內空氣品質及其他經中央主管機關公告之歸責事由（4）以上皆是因前項各款事由致室內空氣品質未符合室內空氣品質標準者，其公告場所所有人、管理人或使用人須於命其限期改善期間內提出佐證資料並經主管機關認定者為限。

註：空氣品質管理法第七條所稱**不可歸責之事由**，包括下列項目：

一、非常態性短時間氣體洩漏排放。

二、特殊氣象條件致室內空氣品質惡化。

三、室外空氣污染物明顯影響室內空氣品質。

四、其他經中央主管機關公告之歸責事由。

因前項各款事由致室內空氣品質未符合室內空氣品質標準者，其公告場所所有人、管理人或使用人須於命其限期改善期間內提出佐證資料並經主管機關認定者為限。

19.（1）我國室內空氣品質管理法所稱：公告場所應設置自動監測設施規範內容為何？（1）係具有供公眾使用空間、公眾聚集量大且滯留時間長之場所，應於指定公告規定期限內完成設置自動監測設施，且場所所有人、管理人或使用人並應負自動監測設施功能完整運作及維護之責（2）具有大量有機溶劑之場所，應於指定公告規定期限內完成設置自動監測設施，且場所所有人、管理人或使用人並應負自動監測設施功能完整運作及維護之責（3）具有侷限空間之場所，應於指定公告規定期限內完成設置自動監測設施，且場所所有人、管理人或使用人並應負自動監測設施功能完整運作及維護之責（4）位於地下建築物之場所，，應於指定公告規定期限內完成設置自動監測設施，且場所所有人、管理人或使用人並應負自動監測設施功能完整運作及維護之責。

註：空氣品質管理法第十條第二項應設置自動監測設施之公告場所，係**具有供公眾使用空間、公眾聚集量大且滯留時間長之場所，應於指定公告規定期限內完成設置自動監測設施，且場所所有人、管理人或使用人並應負自動監測設施功能完整運作及維護之責。**

20.（1）我國室內空氣品質管理法施行細則施行時間為何？（1）101年11月23日施行

（2）100年11月23日施行（3）99年11月17日施行（4）98年11月17日施行。

註：空氣品質管理法施行細則自中華民國**一百零一年十一月二十三日**施行。

21.（1）下列何者為現今全球面臨的三大污染之一？（1）空氣污染（2）大氣層污染
（3）油污染（4）細菌污染。

註： 大量研究資料表明目前全球面臨之三大環境污染為：

（1）　**空氣污染**

（2）　**水污染**

（3）　**廢棄物污染**

22.（1）我國室內空氣品質管理法第六條各款所列公私場所，應依何類型認定其各級目
的事業主管機關？（1）所屬業別或屬性（2）企業規模（3）員工人數（4）
資本額。

註：依據室內空氣品質施行細則第四條：本法第六條各款所列公私場所，應依**所屬業別
或屬性**認定其各級目的事業主管機關。

23.（3）我國室內空氣品質管理法施行細則第四條認定目的事業主管機關有爭議時，
由中央主管機關報請何單位認定？（1）經濟部（2）環保署（3）行政院（4）
立法院。

註：室內空氣品質法施行細則第四條：前項中央目的事業主管機關之認定產生爭議時，
由中央主管機關報請**行政院**認定之。

24.（2）根據我國室內空氣品質管理法施行細則規定，主管機關進行公告場所稽查檢
測選定檢測點時，應避免受局部污染源干擾，距離室內硬體構築或陳列設施
最少多少公尺以上及門口或電梯最少多少公尺以上？（1）1.5公尺;5公尺（2）
0.5公尺;3公尺（3）1.2公尺;2公尺（4）1公尺;1公尺。

註：依據我國室內空氣品質管理法，主管機關進行公告場所稽查檢測選定檢測點時，應
避免受局部污染源干擾，距離室內硬體構築或陳列設施**最少〇·五公尺以上及門口
或電梯最少三公尺以上。**

25.（1）依據我國室內空氣品質管理法施行細則：本法第二十條第二項規定申請延長
改善期限所提報之具體改善計畫由場所當地主管機關受理，並於多少時間內
核定？（1）30日（2）20日（3）15日（4）10日。

註：本法第二十條第二項規定申請延長改善期限所提報之具體改善計畫，由場所當地主
管機關受理，**並於三十日內核定。**

1.3　室內空氣品質標準

1.3.1 模擬測驗題及註解

1. （1）我國室內空氣品質標準之法源依據為何？（1）依室內空氣品質管理法第七條第二項規定訂定（2）依室內空氣品質管理法施行細則第七條第二項規定訂定（3）依室內空氣品質管理法第九條第二項規定訂定（4）依室內空氣品質管理法施行細則第九條第二項規定訂定。

　　註：我國室內空氣品質標準於中華民國**101 年 11 月 23 日行政院環境保護署**環署空字第1010106229 號令訂定發布全文共五條，**本標準依室內空氣品質管理法第七條第二項規定訂定之。**

2. （4）我國室內空氣品質標準內規範標準之空氣污染物為何？（1）二氧化碳（CO2）、一氧化碳（CO）及甲醛（HCHO）（2）總揮發性有機化合物（TVOC）、細菌及真菌（3）粒徑小於十微米之懸浮微粒（PM10）、粒徑小於二‧五微米之懸浮微粒（PM2.5）及臭氧（O3）（4）以上皆是。

3. （3）我國室內空氣品質標準規範之空氣污染物，標準值單位「ppm」的意思為何？（1）每立方公尺所含菌落數（2）指粒徑小於等於十微米之懸浮微粒（3）體積濃度百萬分之一（4）每平方公尺之含菌量。

4. （2）我國室內空氣品質標準規範之空氣污染物，標準值單位「CFU/m^3」的意思為何？（1）每平方公尺之含菌量。（2）每立方公尺所含之菌落數（3）指粒徑小於等於十微米之懸浮微粒（4）體積濃度百萬分之一。

5. （1）我國室內空氣品質標準中所定義之PM代表意思為何？（1）懸浮微粒（2）懸浮氣體（3）有機化合物（4）二氧化碳。

6. （3）我國室內空氣品質標準定義之PM_{10}和$IPM_{2.5}$兩種空氣污染物之差異為何？（1）濃度不同（2）兩者之濕度不同（3）兩者所指之懸浮微粒粒徑範圍不同（4）兩者所指之溫度不同。

　　註：依據我國室內空氣品質管理法，**PM_{10} 是指粒徑小於等於十微米之懸浮微粒（particulate matter），$PM_{2.5}$ 是指粒徑小於等於二‧五微米之懸浮微粒。**

7. （2）我國室內空氣品質標準內以一小時值作為標準值之空氣污染物有哪種？（1）二氧化碳（2）甲醛（HCHO）及總揮發性有機化合物（TVOC）（3）懸浮微粒（4）真菌。

8. （4）我國室內空氣品質標準內以八小時值作為標準值之空氣污染物為哪種空氣污染物質？（1）二氧化碳（CO_2）（2）一氧化碳（CO）（3）臭氧（O_3）（4）以上皆是。

9. （2）我國室內空氣品質標準內以二十四小時值作為標準值之空氣污染物有哪兩種？（1）二氧化碳及一氧化碳（2）粒徑小於十微米之懸浮微粒（PM_{10}）及粒徑小於二‧五微米之懸浮微粒（$PM_{2.5}$）（3）真菌及細菌（4）臭氧。

10. （3）我國室內空氣品質標準內以最高值作為標準值之空氣污染物有哪種？（1）二氧化碳及一氧化碳（2）甲苯（3）細菌及真菌（4）臭氧。

11. （4）我國室內空氣品質標準內規範之空氣污染物，哪種以ppm為標準值單位？（1）二氧化碳（CO_2）及一氧化碳（CO）（2）甲醛（$HCHO$）（3）總揮發性有機化合物（TVOC）及臭氧（O_3）（4）以上皆是。

12. （1）我國室內空氣品質標準內規範之空氣污染物，哪種以 $\mu g/m^3$ 為標準值單位？（1）粒徑小於十微米之懸浮微粒（PM_{10}）及粒徑小於二‧五微米之懸浮微粒（$PM_{2.5}$）（2）真菌與細菌（3）臭氧（4）總揮發性有機化合物。

13. （1）我國室內空氣品質標準內規範之空氣污染物，哪種以CFU/m^3 為標準值單位？（1）細菌及真菌（2）一氧化碳（3）臭氧（4）總揮發性有機化合物。

14. （2）我國室內空氣品質標準內所規範內之二氧化碳標準為多少ppm？（1）八小時值500ppm（2）八小時值1000ppm（3）八小時值900ppm（4）八小時值1100ppm。

15. （2）我國室內空氣品質標準內所規範內之一氧化碳標準為多少ppm？（1）八小時值1000ppm。（2）八小時值9ppm（3）八小時值19ppm（4）八小時值800ppm。

16. （1）我國室內空氣品質標準內所規範之甲醛標準為幾小時值？多少ppm？（1）一小時值0.08ppm（2）八小時值1000ppm（3）一小時值900ppm（4）八小時值100ppm。

17. （4）我國室內空氣品質標準內所規範之總揮發性有機化合物標準為何？（1）八小時值1000ppm（2）八小時值10ppm（3）一小時值0.03 ppm（4）一小時值0.56 ppm。

18. （2）我國室內空氣品質標準內所規範之細菌標準為多少CFU/m^3？（1）最高值1100 CFU/m^3（2）最高值1500 CFU/m^3（3）最高值1600 CFU/m^3（4）最高值1700CFU/m^3。

19. （3）我國室內空氣品質標準內所規範之真菌空氣污染物標準最高值為何？濃度室內外比值小於多少不在此限？ （1）最高值1100CFU/m^3。但真菌濃度室內外比值小於等於一‧三者，不在此限（2）最高值1000CFU/m^3。但真菌濃度室內外比值小於等於一‧五者，不在此限（3）最高值1000 CFU/m^3。但真菌濃度

室內外比值小於等於一‧三者，不在此限（4）　最高值1100 CFU/m³。但真菌濃度室內外比值小於等於一者，不在此限。

20.（2）我國室內空氣品質標準所規範之粒徑小於十微米之懸浮微粒標準為何？（1）二十四小時值65μg/m³（2）二十四小時值75　μg/m³（3）八小時值75　μg/m³（4）八小時值65μg/m³。

21.（1）我國室內空氣品質標準所規範粒徑小於二‧五微米之懸浮微粒標準為何？（1）二十四小時值35μg/m³（2）二十四小時值75μg/m³（3）二十四小時值65μg/m³（4）二十四小時值25μg/m³。

22.（1）我國室內空氣品質標準內所規範之臭氧標準為何？（1）八小時值0.06ppm（2）　二十四小時值75μg/m³（3）二十四小時值65μg/m³（4）八小時值0.08ppm。

註：各項室內空氣污染物之室內空氣品質標準規定如下：

項目	標準值		單位
二氧化碳（CO₂）	八小時值	一〇〇〇	ppm（體積濃度百萬分之一）
一氧化碳（CO）	八小時值	九	ppm（體積濃度百萬分之一）
甲醛（HCHO）	一小時值	〇‧〇八	ppm（體積濃度百萬分之一）
總揮發性有機化合物（TVOC，包含：十二種揮發性有機物之總和）	一小時值	〇‧五六	ppm（體積濃度百萬分之一）
細菌（Bacteria）	最高值	一五〇〇	CFU/m³（菌落數/立方公尺）
真菌（Fungi）	最高值	一〇〇〇。但真菌濃度室內外比值小於等於一‧三者，不在此限。	CFU/m³（菌落數/立方公尺）
粒徑小於等於十微米（μm）之懸浮微粒（PM₁₀）	二十四小時值	七五	μg/m³（微克/立方公尺）

項目	標準值		單位
粒徑小於等於二‧五微米（μm）之懸浮微粒（$PM_{2.5}$）	二十四小時值	三五	$\mu g/m^3$（微克/立方公尺）
臭氧（O_3）	八小時值	0‧0六	ppm（體積濃度百萬分之一）

公告場所應依其場所公告類別所列各項室內空氣污染物項目及濃度測值，經分別判定未超過第二條規定標準者，始認定符合空氣品質標準。

23. （1）有一室內場所，其二氧化碳濃度經檢測為八小時值800ppm、一氧化碳濃度經檢測為八小時值3ppm。請問是否已可認定此室內場所符合室內空氣品質標準？（1）無法判定（2）不合格（3）剛好符合（4）無規定。

   註：依室內空氣品質標準第四條：「**公告場所應依其場所公告類別所列各項室內空氣污染物項目及濃度測值，經分別判定未超過第二條規定標準者，始認定符合本標準。**」。故此題目設有陷阱，僅提供二氧化碳與一氧化碳濃度，乍看可能誤導為符合規定，但因未能確認其他污染物數值故應為無法判定是否符合標準。

24. （1）有一室內場所，其二氧化碳濃度經檢測為八小時值1100 ppm、一氧化碳濃度經檢測為八小時值5 ppm。請問是否已可認定此室內場所符合室內空氣品質標準？（1）否（2）可（3）剛好（4）無法判定。

   註：此題雖一氧化碳符合八小時值 9 ppm 規定，但**二氧化碳濃度濃度大於八小時值 1000 pmm，只要一項不合格即可判定為不符合室內空氣品質標準。**

25. （2）有一室內場所，其早上九點至下午五點，各小時之二氧化碳濃度平均值分別為840、1000、1250、800、1150、910、930、805ppm，請問該室內場所之二氧化碳是否有符合室內空氣品質標準？（1）不符合標準（2）是符合標準（3）無法判斷（4）沒有規定。

   註：我國**室內空氣品標準內規定室內場所二氧化碳八小時值需低於1000ppm**，此室內場所早上九點至下午五點（八小時）之二氧化碳濃度平均為 960.625ppm，故應符合室內空氣品質標準。

26. （3）何謂我國室內空氣品質標準內所規範之一小時值？（1）指一小時內各測點絕對值或一小時累計採樣之絕對值（2）指一小時內各測點或一小時累計採樣之開根號值（3）指一小時內各測值之算術平均值或一小時累計採樣之測值（4）以上皆非。

27. (1) 何謂我國室內空氣品質標準內所規範之八小時值？(1) 指連續八小時各測值之算術平均值或八小時累計採樣之測值 (2) 指連續八小時累計之濃度 (3) 指連續八小時累計之溼度 (4) 指連續八小時累計之溫度。

28. (1) 何謂我國室內空氣品質標準內所規範之二十四小時值？(1) 指連續二十四小時各測值之算術平均值或二十四小時累計採樣之測值。(2) 指連續二十四小時累計之濃度 (3) 指連續二十四小時累計之溼度 (4) 指連續二十四小時累計之溫度。

29. (2) 何謂我國室內空氣品質標準內所規範之最高值？(1) 依檢測單位使用之方法結果值 (2) 指依中央主管機關公告之檢測方法所規範採樣方法之採樣分析值 (3) 依衛生局公告之衛生標準值 (4) 依環保局訂定之罰款標準。

30. (4) 我國室內空氣品質標準所規範之總揮發性有機化合物包含哪些有機化合物？(1) 苯 (Benzene)、四氯化碳 (Carbontetrachloride)、氯仿 (三氯甲烷) (Chloroform) (2) 1,2-二氯苯 (1,2-Dichlorobenzene)、1,4-二氯苯 (1,4-Dichloroben-zene)、二氯甲烷 (Dichloromethane) (3) 乙苯 (EthylBenzene)、苯乙烯 (Styrene)、四氯乙烯 (Tetrachloroethylene)、三氯乙烯 (Trichloroethylene)、甲苯 (Toluene)、二甲苯 (對、間、鄰) (Xylenes) (4) 以上皆是。

註：室內空氣品質標準所稱各標準值、成分之意義如下：

一、一小時值：指一小時內各測值之算術平均值或一小時累計採樣之測值。

二、八小時值：指連續八小時各測值之算術平均值或八小時累計採樣之測值。

三、二十四小時值：指連續二十四小時各測值之算術平均值或二十四小時累計採樣之測值。

四、最高值：指依中央主管機關公告之檢測方法所規範採樣方法之採樣分析值。

五、總揮發性有機化合物 (TVOC，包含：十二種揮發性有機物之總和)：指總揮發性有機化合物之標準值係採計苯 (Benzene)、四氯化碳 (Carbon tetrachloride)、氯仿 (三氯甲烷) (Chloroform)、1,2-二氯苯 (1,2-Dichlorobenzene)、1,4-二氯苯 (1,4-Dichlorobenzene)、二氯甲烷 (Dichloromethane)、乙苯 (Ethyl Benzene)、苯乙烯 (Styrene)、四氯乙烯 (Tetrachloroethylene)、三氯乙烯 (Trichloroethylene)、甲苯 (Toluene) 及二甲苯 (對、間、鄰) (Xylenes) 等十二種化合物之濃度測值總和者。

六、真菌濃度室內外比值：指室內真菌濃度除以室外真菌濃度之比值，其室內及室外之採樣相對位置應依室內空氣品質檢驗測定管理辦法規定辦理。

31. （1）我國室內空氣品質標準內所規範之真菌濃度與室內外比值關係為何？（1）指室內真菌濃度除以室外真菌濃度之比值（2）指上樓層與下樓層真菌濃度之比值（3）指A區域與B區域真菌濃度之比值（4）指晴天與雨天真菌濃度之比值。

   註：我國室內空氣品質標準內所規範之真菌濃度，**指室內真菌濃度除以室外真菌濃度之比值**，其室內及室外之採樣相對位置應依室內空氣品質檢驗測定管理辦法規定辦理。

32. （4）室內可能會產生臭氧的污染源為何？（1）影印機、雷射印表機（2）傳真機（3）臭氧空氣清淨機（4）以上皆是。

33. （4）室內可能會產生甲醛的污染源為何？（1）木質合板、木質傢俱、隔版（2）礦纖天花板（3）黏著劑、清潔劑、強力去污劑（4）以上皆是。

   註：**室內空間內可能產生臭氧的污染源為影印機、雷射印表機、臭氧空氣清淨機及傳真機等機器。室內空間可能產生甲醛的污染源則為木質合板、木質傢俱、隔版、礦纖天花板、黏著劑、清潔劑及強力去污劑等裝修材。**

34. （4）臭氧產生的方法為（1）電化學法（2）光化學法（3）電暈放電法（4）以上皆是。

   註：臭氧的產生方法為：

   （1）**電化學法：直流電源電解法，其所生成臭氧濃度相當高。**

   （2）**光化學法：利用紫外線促進氧分子分解並聚合成臭氧，但產生臭氧量低。**

   （3）**電暈放電法：含氧氣體在交變高壓電場下產生電暈放電生成臭氧，為目前應用最廣泛使用的臭氧發生裝置。**

35. （1）室內空間若產生酚與醚污染物則他的可能來源應該是下列何者？（1）醫院的消毒劑或麻醉劑（2）抽菸與瓦斯爐（3）建材（4）地毯及棉被。

   註：酚與醚污染物來源多為一般為**醫院使用的消毒劑或麻醉劑**。

36. （3）人體對二氧化碳的忍受程度約可達1.5%，長時間二氧化碳濃度超過4%就會開始出現頭痛等神經症狀，若達到多少濃度以上則可能導致死亡？（1）6%（2）7%（3）8%（4）9%。

   註：根據研究人體對二氧化碳的忍受程度應可達1.5%，長時間處於二氧化碳濃度超過4%空間則會出現頭痛等神經症狀，若達到**8%濃度**以上則可能導致死亡。

37. （4）氡氣會產生在一般室內的哪個樓層？（1）屋頂層（2）中間層（3）1樓（4）地下室。

   註：根據調查氡氣一般在建築物的**地下室**濃度較高，研究發現氡氣會釋放 alpha 粒子，人類將其吸入肺則就會引起輻射傷害。氡氣屬放射性氣體，其無色、無味，當其存

在於大部分泥土及岩石（尤其是花崗岩）時，會產生鐳放射分解，氡氣便會因此產生。一旦當氡氣被吸入肺部，部分會積聚並繼續散發輻射，令吸入者罹患肺癌的機會變高。倘若菸草的菸霧混和高濃度的氡氣被人吸入後，更會嚴重危害健康。而吸入同樣高濃度氡氣，吸菸者則較非吸菸者罹患肺癌的機會高出三倍。

根據相關文獻，聯合國原子輻射效應科學委員會（ＵＮＳＣＥＡＲ）曾評估後指出，全球每人每年接受的天然輻射劑量其中體外劑量約占1/3，體內劑量占三分之二。體內劑量除經由蔬菜飲食途徑所造成的鉀４０占１０%外，其餘約９０%係源自氡氣及其子核種所造成。日本相關文獻更明確指出氡氣濃度白天較低(上午八時至下午六時之間)且會隨季節而產生變化：秋＞冬＞春＞夏。

38.（4）一般在室內空調運轉下，家庭寢室內空氣中負離子會降到每立方公分約多少個？（1）1000～2000（2）100～200（3）90～100（4）0～70。

　　註：一般在室內空調運轉家庭寢室中的負離子每立方公分約 **0～70 個**（森林約 1500～2500 個）。

39.（2）下列何者一般不為訂定空氣中有害物質容許濃度之參考？（1）流行病醫學調查結果（2）醫生猜想（3）過去工業上使用之經驗（4）毒物學實驗之結果。

　　註：訂定空氣中有害物質容許濃度可依**流行病學調查結果、過去工業上使用經驗或毒物學實驗之結果等**。

40.（1）空氣中厭惡性粉塵之濃度表是最常用單位是？（1）mg/m^3（2）%（3）ppm（4）f/c.c。

　　註：(1)**粉塵單位 ＝ mg/m^3**

　　　　(2)**氣體濃度含氧量 ＝ %**

　　　　(3)**臭氧、二氧化碳等 ＝ ppm**

　　　　(4)**石棉 ＝ f/c.c**

　　　　(5)**細菌、真菌等 ＝ CFV/m^3**

1.4 室內空氣品質維護管理專責人員設置管理辦法

1.4.1 模擬測驗題及註解

1. (1) 室內空氣品質維護管理專責人員設置管理辦法之法源依據爲何？(1) 依室內空氣品質管理法第九條第三項規定訂定 (2) 依據空氣污染防制法第一條規定訂定 (3) 依據室內空氣品質管理法第十九條第三項規定訂定 (4) 依據室內空氣品質管理法第九十條第三項規定訂定。

   註：依**室內空氣品質管理法第九條第三項規定訂定之**。

2. (3) 公告場所應於室內空氣品質管理法公告場所公告後多久內設置專責人員？(1) 2年內 (2) 3年內 (3) 1年內 (4) 半年內。

3. (4) 各公告場所符合哪些情形可共同設置專責人員？(1) 於同幢（棟）建築物內有二處以上之公告場所，並使用相同之中央空氣調節系統 (2) 於同一直轄市、縣（市）內之公告場所且其所有人、管理人或使用人相同 (3) 其他經中央主管機關認定之情形 (4) 以上皆是。

   註：室內空氣品質維護管理專責人員設置規定如下：

   一、本法之公告場所，應於**公告後一年內設置專責人員至少一人**。

   二、各公告場所有下列各款情形之一，並經直轄市、縣（市）主管機關同意者，**得共同設置專責人員**：

   （一）**於同幢（棟）建築物內有二處以上之公告場所，並使用相同之中央空氣調節系統。**

   （二）**於同一直轄市、縣（市）內之公告場所且其所有人、管理人或使用人相同。**

   （三）**其他經中央主管機關認定之情形。**

4. (4) 領有國內高中（職）學校畢業證書，需具幾年以上實務工作經驗得有證明文件且經訓練及格，始具室內空氣品質維護管理專責人員資格？(1) 1年以上 (2) 半年以上 (3) 2年以上 (4) 3年以上。

   註：專責人員應具有下列資格之一：

   一、領有國內學校或教育部採認之**國外學校授予副學士以上學位證書，經訓練及格者**。

   二、領有**國內高級中學、高級職業學校畢業證書，並具三年以上實務工作經驗得有證明文件，經訓練及格者**。

5.（1）室內空氣品質維護管理專責人員訓練內容之測驗或評量若不及格，得於結訓日起幾年內申請再測驗或評量？（1）1年內（2）2年內（3）5年內（4）半年內。

6.（3）專責人員訓練內容之測驗或評量若不及格，申請再測驗或評量以幾次為限？（1）1次（2）3次（3）2 次（4）沒有限制。

7.（1）室內空氣品質維護管理專責人員經第二次再測驗或評量仍未達及格標準，得於第二次再測驗或評量結束之日起多久內申請再訓練及測驗或評量？（1）3個月內（2）2個月內（3）1個月內（4）沒有限制。

8.（3）室內空氣品質維護管理專責人員經第二次再測驗或評量仍未達及格標準，得申請再訓練及測驗或評量以幾次為限？（1）3次（2）2次（3）1 次（4）4次。

9.（2）對室內空氣品質維護管理專責人員測驗或評量成績有異議者，得於成績通知單送達之次日起多久申請複查？（1）10日內（2）30日內（3）1年內（4）2年內。

10.（1）室內空氣品質維護管理專責人員訓練測驗或評量成績有異議，應向哪個單位申請複查？（1）中央主管機關（2）受訓機構（3）地方縣市政府（4）以上皆可。

11.（4）室內空氣品質維護管理專責人員訓練測驗試卷或評量紀錄自測驗或評量結束日起保存久？（1）1個月（2）半個月（3）2個月（4）3 個月。

12.（2）參加室內空氣品質維護管理專責人員訓練，缺課時數達總訓練時數多少者，應予退訓，其已繳訓練費用不予退還？（1）1/2（2）1/4（3）1/5（4）1/6。

13.（4）室內空氣品質維護管理專責人員訓練合格者，應於最後一次測驗或評量結束之翌日起幾日內，檢具相關資料，申請核發合格證書？（1）5日內（2）20日內（3）60日內（4）90日內。

14.（1）室內空氣品質維護管理專責人員訓練合格者，應向哪個單位依檢具之相關資料，申請核發合格證書？（1）中央主管機關（2）代訓機構（3）縣市政府（4）以上皆可。

15.（1）室內空氣品質維護管理專責人員訓練合格者，應檢具哪些相關資料，申請核發合格證書？（1）申請書及學經歷證明文件（2）相片及成績單（3）在職證明及健保卡（4）身分證及自然人憑證。

16.（3）　室內空氣品質維護管理專責人員未於規定期間內申請核發合格證書者，其原參加訓練之課程、內容有變更時，應就其變更部分補正參加訓練成績及格

後始得申請，補正參加訓練以幾次為限？（1）3次（2）2次（3）1次（4）4次。

註：室內空氣品質維護管理專責人員設置管理辦法之訓練，其報名、訓練方式、內容、課程、科目、測驗方式及試場規定，依**中央主管機關之規定**。訓練由中央主管機關或其委託之機關（構）辦理，並核實收取訓練費用。專責人員之訓練內容分學科與術科，各科目之測驗或評量成績以一百分為滿分，**六十分為及格**，各科目成績均達**六十分以上者，為訓練成績合格。成績不及格科目，得於結訓日起一年內申請再測驗或評量，但以二次為限。**

經第二次再測驗或評量，仍未達第一項及格標準，符合再訓練規定者，得於第二次再測驗或評量結束之日起三個月內，申請再訓練及測驗或評量，但以一次為限，其仍不合格者應重行報名參訓。

參加專責人員訓練之測驗或評量成績有異議者，得於成績通知單送達之次日起**三十日**內，以書面向中央主管機關申請複查。申請複查以一次為限。

專責人員訓練測驗試卷或評量紀錄由中央主管機關自測驗或評量結束日起保存三個月。參加專責人員之訓練，缺課時數達總**訓練時數四分之一者**，應予退訓，其已繳訓練費用不予退還。訓練合格者，**應於最後一次測驗或評量結束之翌日起九十日內，檢具申請書及第三條規定之學經歷證明文件，向中央主管機關申請核發合格證書。**

17.（4）公告場所設置室內空氣品質維護管理專責人員時，應檢具哪些資料，向直轄市、縣（市）主管機關申請核定？（1）專責人員合格證書（2）設置申請書（3）同意查詢公（勞）、健保資料同意書（4）以上皆是。

18.（2）公告場所或室內空氣品質維護管理專責人員設置內容有異動時，應於事實發生後幾日內，向原申請機關申請變更？（1）10日內（2）15日內（3）20日內（4）30日內。

19.（4）室內空氣品質維護管理專責人員因故未能執行業務時，應即指定適當人員代理，若未經主管機關核准代理期間不得超過多久？（1）半個月（2）1個月（3）2個月（4）3個月。

20.（1）室內空氣品質維護管理專責人員因故未能執行業務時，報經主管機關核准，指定人員代理可延長至幾個月？（1）6個月（2）1年（3）2年（4）3年。

註：公告場所所有人、管理人或使用人，依本辦法規定設置專責人員時，應檢具專責人員合格證書、設置申請書及同意查詢公（勞）、健保資料同意書，向直轄市、縣（市）主管機關申請核定。

前項單位或人員設置內容有異動時，公告場所所有人、管理人或使用人**應於事實發生後十五日內**，向原申請機關申請變更。

專責人員因故未能執行業務時，公告場所所有人、管理人或使用人應即**指定適當人員代理；代理期間不得超過三個月，但報經主管機關核准者，可延長至六個月。代理期滿前，應依第一項規定重行申請核定。**

前二項公告場所所有人、管理人或使用人應向主管機關報核而未報核者，**專責人員得於未執行業務或異動日起三十日內以書面向主管機關報備。** 依本辦法設置之專責人員**應為直接受僱於公告場所之現職員工**，除依第二條規定共同設置者外，**不得重複設置為他公告場所之專責人員。**

21.（4）室內空氣品質維護管理專責人員應執行哪些業務？（1）協助公告場所所有人、管理人或使用人訂定、檢討、修正及執行室內空氣品質維護管理計畫（2）同協助公告場所所有人、管理人或使用人監督室內空氣品質定期檢驗測定之進行，並作成紀錄存查（3）協助公告場所所有人、管理人或使用人公布室內空氣品質檢驗測定及自動監測結果（4）以上皆是。

註：專責人員應執行下列業務：

一、協助公告場所所有人、管理人或使用**人訂定、檢討、修正及執行室內空氣品質維護管理計畫。**

二、**監督公告場所室內空氣品質維護設備或措施之正常運作**，並向場所所有人、管理人或使用人**提供有關室內空氣品質改善及管理之建議。**

三、協助公告場所所有人、管理人或使用人**監督室內空氣品質定期檢驗測定之進行，並作成紀錄存查。**

四、協助公告場所所有人、管理人或使用人**公布室內空氣品質檢驗測定及自動監測結果。**

五、其他有關公告場所室內空氣品質維護管理相關事宜。

22.（1）室內空氣品質維護管理專責人員有哪種情形者，中央主管機關應撤銷其合格證書？（1）以詐欺、脅迫或違法方法取得合格證書及提供之學經歷證明文件有虛偽不實（2）以不實記錄填寫巡檢紀錄（3）因職務過失導致人員受空氣污染而傷亡（4）以上皆是。

註：專責人員有下列情形之一者，中央主管機關應**撤銷**其合格證書：

一、以詐欺、脅迫或違法方法取得合格證書。

二、提供之學經歷證明文件有虛偽不實。

23.（4）室內空氣品質維護管理專責人員有哪種情形者，中央主管機關應廢止其合格

證書？（1）因執行業務違法或不當，致明顯污染環境或危害人體健康與使公告場所利用其名義虛偽設置為專責人員及同一時間設置於不同之公告場所為專責人員。但屬依第二條第二款共同設置者，不在此限（2）明知為不實之事項而申報不實或於業務上作成之文書為虛偽記載及連續二次未參加在職訓練且未依第十條第二項規定向中央主管機關或其委託之機關（構）申請辦理延訓（3）其他違反本法或本辦法規定，情節重大（4）以上皆是。

註：專責人員有下列情形之一者，中央主管機關應**廢止**其合格證書：

一、因執行業務違法或不當，致**明顯污染環境或危害人體健康。**

二、使公告場所利用其名義**虛偽設置**為專責人員。

三、**同一時間設置於不同之公告場所為專責人員**。但屬依第二條第二款共同設置者，不在此限。

四、**明知為不實之事項而申報不實或於業務上作成之文書為虛偽記載。**

五、**連續二次未參加在職訓練**且未依第十條第二項規定向中央主管機關或其委託之機關（構）申請辦理延訓。

六、其他違反本法或本辦法規定，情節重大。

24.（2）室內空氣品質維護管理專責人員之合格證書經廢止或撤銷者，幾年內不得再請領？（1）1年內（2）3年內（3）5年內（4）10年內。

註：專責人員之合格證書經廢止或撤銷者，**三年內**不得再請領。

25.（1）室內空氣品質維護管理專責人員設置管理辦法施行前，曾參與講習訓練並領有上課證明者，參加本辦法訓練，得依中央主管機關之規定，於施行起幾年內申請部分課程抵免？（1）2年內（2）3年內（3）4年內（4）5年內。

註：專責人員設置管理辦法施行前，曾參與主管機關或其委託之機關（構）舉辦之專責人員講習訓練並領有上課證明者，參加本辦法訓練，得依中央主管機關之規定，**於本辦法施行起二年內申請部分課程抵免**。前項申請者，仍須參與學科與術科測驗或評量。

26.（2）室內空氣品質維護管理專責人員之訓練內容分學科與術科，各科目成績均達多少分以上者，為訓練成績合格？（1）50分（2）60分（3）70分（4）80分。

27.（4）專責人員訓練之測驗或評量成績有異議者，得申請幾次複查？（1）無限次（2）2次（3）3次（4）1次。

註：專責人員之訓練內容分學科與術科，各科目之測驗或評量成績以一百分為滿分，**六十分為及格**，各科目成績均達**六十分以上者**，為訓練成績合格。**成績不及格科目，**

得於結訓日起一年內申請再測驗或評量，但以二次為限。經第二次再測驗或評量，仍未達第一項及格標準，符合再訓練規定者，得於第二次再測驗或評量結束之日起三個月內，申請再訓練及測驗或評量，但以一次為限，其仍不合格者應重行報名參訓。參加專責人員訓練之測驗或評量成績有異議者，得於成績通知單送達之次日起**三十日**內，以書面向中央主管機關申請複查。申請複查以一次為限。

28. (1) 以國外學歷申請室內空氣品質維護管理專責人員訓練合格者，應檢附那些證明文件？（1）應併檢附中文譯本；證明文件正本及中文譯本並經我國駐外單位或外交部授權機構驗證（2）英文正本（3）簡體中文或者其他華人文字翻譯本（4）護照及其他國外合法證明。

　　註：檢具外國學歷證明文件者，**應併檢附中文譯本；證明文件正本及中文譯本並經我國駐外單位或外交部授權機構驗證。**

29. (2) 中央主管機關對於依法設置執行業務之室內空氣品質維護管理專責人員，必要時得舉辦在職訓練，專責人員因故未能參加前項在職訓練者，應如何處理？（1）有時間時再派員參加（2）專責人員或公告場所所有人、管理人或使用人應於報到日前，以書面敘明原因，向中央主管機關或其委託之機關（構）辦理申請延訓（3）派其他人員代替即可（4）管理權人自己前去即可。

　　註：專責人員或公告場所所有人、管理人或使用人應於報到日前，以書面敘明原因，向中央主管機關或其委託之機關（構）辦理申請延訓。

30. (1) 室內空氣品質維護專責人員設置管理辦法何時施行？（1）101年11月23施行（2）100年11月23日施行（3）99年11月17日施行（4）98年11月17日施行。

　　註：於**中華民國 101 年 11 月 23 日施行。**

1.5　違反室內空氣品質管理法罰鍰額度裁罰準則

1.5.1 模擬測驗題及註解

1. (1)「違反室內空氣品質管理法罰鍰額度裁罰準則」訂定法源為何？(1) 室內空氣品質管理法第十九條第二項(2) 室內空氣品質管理法第十九條第一項(3) 室內空氣品質管理法第十九條第三項 (4) 室內空氣品質管理法第十九條第四項。

   註：準則於**中華民國 101 年 11 月 23 日行政院環境保護署環署空字第 1010106156 號令訂定發布全文共九條，準則依室內空氣品質管理法第十九條第二項規定訂定之。**

2. (3) 違反室內空氣品質管理法之罰鍰額度裁罰考量為何？(1) 依「違反室內空氣品質管理法罰鍰額度裁罰準則」附表所列情事裁處 (2) 依行政罰法第十八條第一項規定，並應審酌違反本法義務行為應受責難程度、所生影響及因違反本法義務所得之利益，並得考量受處罰者之資力 (3) 以上皆是 (4) 以上皆非。

   註：違反室內空氣品質管理法規定者，罰鍰額度除依附表所列情事裁處外，**依行政罰法第十八條第一項規定，並應審酌違反本法義務行為應受責難程度、所生影響及因違反本法義務所得之利益，並得考量受處罰者之資力。**

3. (4) 下列何者為「違反室內空氣品質管理法罰鍰額度裁罰準則」之違反條款反違規行為？(1) 第七條第一項，公告場所之室內空氣品質不符合室內空氣品質標準 (2) 第八條，未符合應訂定室內空氣品質維護管理計畫相關規定 (3) 第九條第一項或第二項，未符合應置專責人員相關規定。 (4) 以上皆是。

4. (3) 一行為違反「室內空氣品質管理法」數個規定時之裁處作法為何？(依「違反室內空氣品質管理法罰鍰額度裁罰準則」) (1) 法定罰鍰額最高之規定及附表所列情事計算罰鍰額度裁處。 (2) 法定罰鍰額均相同者，應先依附表所列情事分別計算罰鍰額度，再依罰鍰額度最高者裁處之 (3) 以上皆是 (4) 以上皆非。

   註：單一行為違反本法數個規定，**應依法定罰鍰額最高之規定及附表所列情事計算罰鍰額度裁處之。** 一行為違反本法數個規定，且其法定罰鍰額均相同者，應先依附表所列情事分別計算罰鍰額度，再依罰鍰額度最高者裁處之。主管機關審酌罰鍰額度時，於違反本法義務所得之利益，未超過法定罰鍰最高額時，應依第二條附表計算罰鍰，

併加計違反本法義務所得之利益裁處，惟最高不得超過法定罰鍰最高額。**所得之利益超過法定罰鍰最高額時，應依行政罰法第十八條第二項規定，於所得利益之範圍內酌量加重，不受法定罰鍰最高額之限制。**

5. (4) 違反室內空氣品質管理法罰鍰額度計算規定的必要條件為何？(1) 包含違反條款（違規行為）、處罰條款及罰鍰範圍（新臺幣）(2) 違反程度及特性因子（A）違規行為紀錄因子（B）(3) 應處罰鍰計算方式（新臺幣）(4) 以上皆是。

6. (4) 違反「室內空氣品質管理法」第七條第一項之處罰條款及罰鍰範圍（新臺幣）為何？(1) 依第十五條第一項規定，處所有人、管理人或使用人之罰鍰為五萬元以上二十五萬元以下罰鍰。(2) 依第十五條第二項規定，處所有人、管理人或使用人之罰鍰為五千元以上二萬五千元以下罰鍰 (3) 以上皆是 (4) 以上皆非。

7. (1) 公告場所之室內空氣品質不符合室內空氣品質標準時，依「室內空氣品質管理法」第十五條第一項規定之處罰條款及罰鍰範圍（新臺幣）為何？(1) 處所有人、管理人或使用人之罰鍰為五萬元以上二十五萬元以下罰鍰 (2) 無罰則 (3) 處所有人、管理人或使用人之罰鍰為二萬元以上十五萬 (4) 處所有人、管理人或使用人之罰鍰為五十萬元以上七十五萬元以下罰鍰元以下罰鍰。

8. (4) 公告場所之室內空氣品質不符合室內空氣品質標準時，依「室內空氣品質管理法」第十五條第一項規定之二氧化碳違反程度及特性因子（A）為多少？二氧化碳濃度超過室內空氣品質標準之程度：(1) 達500％者，A=3 (2) 300％但未達500％者，A=2 (3) 未達300％者，A=1 (4) 以上皆是。

9. (4) 公告場所之室內空氣品質不符合室內空氣品質標準時，依「室內空氣品質管理法」第十五條第一項規定之甲醛、總揮發性有機污染物違反程度及特性因子(A)？甲醛、總揮發性有機污染物濃度超過室內空氣品質標準之程度為何？(1) 達1000％者，A=3 (2) 500％但未達1000％者，A=2 (3) 未達500％者，A=1 (4) 以上皆是。

10. (3) 公告場所之室內空氣品質不符合室內空氣品質標準時，依「室內空氣品質管理法」第十五條第一項規定之違規行為紀錄因子（B）及應處罰鍰計算方式（新臺幣）為何？(1) B＝自違反本法發生日（含）回溯前一年內違反相同條款未經撤銷之裁罰累積次數 (2) 二十五萬元≧（A×B×五萬元）≧五萬元 (3) 以上皆是 (4) 以上皆非。

11. (2) 公告場所之室內空氣品質不符合室內空氣品質標準時，依「室內空氣品質管

理法」第十五條第二項規定之處罰條款及罰鍰範圍（新臺幣）爲何？（1）無罰則（2）處所有人、管理人或使用人之罰鍰爲五千元以上二萬五千元以下罰鍰（3）處所有人、管理人或使用人之罰鍰爲五萬元以上二十五萬元以下罰鍰（4）處所有人、管理人或使用人之罰鍰爲五萬元以上五十萬元以下罰鍰。

12.（3）公告場所之室內空氣品質不符合室內空氣品質標準時，依「室內空氣品質管理法」第十五條第二項規定之違反程度及特性因子（A）爲多少？（1）改善期間未於場所明顯處標示室內空氣品質不合格且繼續使用該公告場所者：A=2（2）改善期間於場所標示室內空氣品質不符合規定且繼續使用該公告場所者：A=1（3）以上皆是（4）以上皆非。

13.（3）公告場所之室內空氣品質不符合室內空氣品質標準時，依「室內空氣品質管理法」第十五條第二項規定之違規行爲紀錄因子（B）及應處罰鍰計算方式（新臺幣）爲何？（1）自違反本法發生日（含）回溯前一年內違反相同條款未經撤銷之裁罰累積次數（2）二萬五千元≧（A×B×五千元）≧五千元（3）以上皆是（4）以上皆非。

14.（4）違反「室內空氣品質管理法」第九條第一項或第二項（未符合應置專責人員相關規定）之應處罰鍰計算方式（新臺幣）爲何？（1）未置室內空氣品質維護管理專責人員者：A=2；已置室內空氣品質維護管理專責人員，但其資格未符合中央主管機關規定者：A=1（2）B＝自違反本法發生日（含）回溯前一年內違反相同條款未經撤銷之裁罰累積次數（3）五萬元≧（A×B×一萬元）≧一萬元（4）以上皆是。

15.（4）違反「室內空氣品質管理法」第十二條（規避、妨礙或拒絕主管機關執行公告場所之檢查、檢驗測定、查核或命提供有關資料）之應處罰鍰計算方式（新臺幣）爲何？（1）規避、妨礙或拒絕主管機關執行公告場所之檢驗測定者：A=2；其他違反情形者：A=1。（2）B＝自違反本法發生日（含）回溯前一年內違反相同條款未經撤銷之裁罰累積次數（3）五十萬元≧（A×B×十萬元）≧十萬元（4）以上皆是。

註：如附表（下頁）

項次	違反條款 （違規行為）	處罰條款及罰鍰範圍（新臺幣）	違反程度及特性因子 (A)	違規行為紀錄因子 (B)	應處罰鍰計算方式（新臺幣）
一	第七條第一項 （公告場所之室內空氣品質不符合室內空氣品質標準）	依第十五條第一項規定，處所有人、管理人或使用人之罰鍰為：五萬元以上二十五萬元以下罰鍰	1. 二氧化碳濃度超過室內空氣品質標準之程度： (1)達 500%者，A=3 (2)達 300%但未達 500%者，A=2 (3)未達 300%者，A=1 2. 甲醛、總揮發性有機污染物濃度超過室內空氣品質標準之程度： (1)達 1000%者，A=3 (2)達 500%但未達 1000%者，A=2 (3)未達 500%者，A=1 3. 除前兩項外之室內空氣污染物濃度超過室內空氣品質標準之程度：A=1 4. 於前三項情形有同時違反二項以上者，A因子以最高者計算。	B＝自違反本法發生日（含）回溯前一年內違反相同條款未經撤銷之裁罰累積次數	二十五萬元≧(A×B×五萬元)≧五萬元

47

項次	違反條款（違規行為）	處罰條款及罰鍰範圍（新臺幣）	違反程度及特性因子 (A)	違規行為紀錄因子 (B)	應處罰鍰計算方式（新臺幣）
		依第十五條第二項規定，處所有人、管理人或使用人之罰鍰為：五千元以上二萬五千元以下罰鍰	1. 改善期間未於場所明顯處標示室內空氣品質不合格且繼續使用該公告場所者：A=2 2. 改善期間於場所標示室內空氣品質不符合規定且繼續使用該公告場所者：A=1	B＝自違反本法發生日（含）回溯前一年內違反相同條款未經撤銷之裁罰累積次數	二萬五千元≧(A×B×五千元)≧五千元
二	第八條（未符合應訂定室內空氣品質維護管理計畫相關規定）	依第十七條規定，處所有人、管理人或使用人之罰鍰為：一萬元以上五萬元以下罰鍰	1. 未訂定室內空氣品質維護管理計畫者：A=2 2. 已訂定室內空氣品質維護管理計畫，但未據以執行者：A=1 3. 公告場所之室內使用變更致影響其室內空氣品質，但未檢討修正其計畫者：A=1	B＝自違反本法發生日（含）回溯前一年內違反相同條款未經撤銷之裁罰累積次數	五萬元≧(A×B×一萬元)≧一萬元
	第九條第一項或第二項（未符合應置專責人或	依第十七條規定，處所有人、管理人或	1. 未置室內空氣品質維護管理專責人員者：	B＝自違反本法發生日（含）回溯前一年內違反相同條	五萬元≧(A×B×一萬元)≧

項次	違反條款（違規行為）	處罰條款及罰鍰範圍（新臺幣）	違反程度及特性因子 (A)	違規行為紀錄因子 (B)	應處罰鍰計算方式（新臺幣）
	員相關規定）	使用人之罰鍰為： 一萬元以上五萬元以下罰鍰	A=2 2. 已置室內空氣品質維護管理專責人員，但其資格未符合中央主管機關規定者：A=1	款未經撤銷之裁罰累積次數	一萬元
四	第十條（定期實施室內空氣品質檢驗測定、自動監測設施連續監測結果作成之紀錄有虛偽記載者）	依第十三條規定，處所有人、管理人或使用人之罰鍰為： 十萬元以上五十萬元以下罰鍰	1. 每次定期實施室內空氣品質檢驗測定作成之紀錄有虛偽記載者：A=1 2. 每次自動監測設施連續監測結果作成之紀錄有虛偽記載者：A=1 3. 前兩項均虛偽記載者：A=2	B＝自違反本法發生日（含）回溯前五年內違反相同條款未經撤銷之裁罰累積次數	十萬元≧（A×B×十萬元）≧五十萬元
五	第十條（未實施定期室內空氣品質檢驗測定、設置自動監測設施，及未符合室內空氣品質檢驗測定管理辦法規定）	依第十八條規定，處所有人、管理人或使用人之罰鍰為： 五千元以上二萬五千元以下罰鍰	1. 未實施定期室內空氣品質檢驗測定者：A=1 2. 應設置而未設置自動監測設施者：A=1 3. 前兩項以外之其他違反室內空氣品質檢驗	B＝自違反本法發生日（含）回溯前一年內違反相同條款未經撤銷之裁罰累積次數	二萬五千元≧(A×B×五千元)≧五千元

項次	違反條款（違規行為）	處罰條款及罰鍰範圍（新臺幣）	違反程度及特性因子（A）	違規行為紀錄因子（B）	應處罰鍰計算方式（新臺幣）
			測定管理辦法規定之情形者：A＝1 4. 於前三項情形有同時違反二項以上者，A因子得併計。		
六	第十一條（檢驗測定機構違反本法規定）	依第十六條規定，處檢驗測定機構之罰鍰為：五萬元以上二十五萬元以下罰鍰	1. 未取得中央主管機關核發許可從事受託室內空氣污染物項目檢驗測定者：A＝2 2. 除中央主管機關另有規定，其他違反情形者：A＝1	B＝自違反本法發生日（含）回溯前一年內違反相同條款未經撤銷之裁罰累積次數	二十五萬元≧（A×B×五萬元）≧五萬元
七	第十二條（規避、妨礙或拒絕主管機關執行公告場所之檢查、檢驗測定、查核或命提供有關資料）	依第十四條規定，處所有人、管理人或使用人之罰鍰為：十萬元以上五十萬元以下罰鍰	1. 規避、妨礙或拒絕主管機關執行公告場所之檢驗測定者：A＝2 2. 其他違反情形者：A＝1	B＝自違反本法發生日（含）回溯前一年內違反相同條款未經撤銷之裁罰累積次數	五十萬元≧（A×B×十萬元）≧十萬元

16. （4）主管機關審酌違反「室內空氣品質管理法」罰鍰額度時，「違反室內空氣品質管理法罰鍰額度裁罰準則」的考量及作法為何？（1）主管機關審酌罰鍰額度時，於違反「室內空氣品質管理法」義務所得之利益（2）未超過法定罰鍰最高額時，依「違反室內空氣品質管理法罰鍰額度裁罰準則」第二條附表計算罰鍰，併加計違反本法義務所得之利益裁處（3）惟最高不得超過法定罰鍰最高額（4）以上皆是。

註：主管機關審酌違反「室內空氣品質管理法」罰鍰額度時，「違反室內空氣品質管理法罰鍰額度裁罰準則」的考量及作法如下：

違反室內空氣品質管理法規定者，罰鍰額度除依附表所列情事裁處外，**依行政罰法第十八條第一項規定，並應審酌違反本法義務行為應受責難程度、所生影響及因違反本法義務所得之利益，並得考量受處罰者之資力。**單一行為違反本法數個規定，**應依法定罰鍰額最高之規定及附表所列情事計算罰鍰額度裁處之。**

一行為違反本法數個規定，且其法定罰鍰額均相同者，應先依附表所列情事分別計算罰鍰額度，再依罰鍰額度最高者裁處之。主管機關審酌罰鍰額度時，於違反本法義務所得之利益，未超過法定罰鍰最高額時，應依第二條附表計算罰鍰，併加計違反本法義務所得之利益裁處，惟最高不得超過法定罰鍰最高額。

所得之利益超過法定罰鍰最高額時，應依行政罰法第十八條第二項規定，於所得利益之範圍內酌量加重，不受法定罰鍰最高額之限制。

17. （1）「違反室內空氣品質管理法罰鍰額度裁罰準則」第五條所指「所得之利益超過法定罰鍰最高額時」的處理作法為何？（1）第五條第一項所得之利益超過法定罰鍰最高額時，應依行政罰法第十八條第二項規定，於所得利益之範圍內酌量加重，不受法定罰鍰最高額之限制（2）第五條第一項所得之利益超過法定罰鍰最高額時，應依行政罰法第十八條第二項規定，於所得利益之範圍內酌量加重，受法定罰鍰最高額之限制（3）第五條第一項所得之利益超過法定罰鍰最高額時，得不需依行政罰法第十八條第二項規定，於所得利益之範圍內酌量加重，更不受法定罰鍰最高額之限制（4）無規定。

18. （1）違反「室內空氣品質管理法」之裁罰計算的規定為何？（1）依「室內空氣品質管理法」所為按次處罰之每次罰鍰額度，屬未於改善期限屆滿前向主管機關報請查驗，視為未完成改善或補正者，依最近一次所處罰鍰額度裁處之；屬報請主管機關查驗而認定未完成改善或補正者，依查驗當日附表所列

情事裁處之(2)依「室內空氣品質管理法」所為按次處罰之每次罰鍰額度，屬未於改善期限屆滿前向主管機關報請查驗，視為未完成改善或補正者，依最後一次所處罰鍰額度裁處之；屬報請主管機關查驗而認定未完成改善或補正者，依主管機關認定所列情事裁處之(3) 依「室內空氣品質管理法」所為按次處罰之每次罰鍰額度，屬未於改善期限屆滿前向主管機關報請查驗，視為未完成改善或補正者，依未完成日認定之罰鍰額度裁處之；屬報請主管機關查驗而認定未完成改善或補正者，依查驗當日附表所列情事裁處之(4)檢查員自由心證認定後進行裁處之。

19.(2)違反我國「室內空氣品質管理法」之第二十一條各款規定情節重大情形之一者的裁罰規定之裁處原則為何？(1)無特別規定(2)以各該條最高罰鍰額度裁處之(3)以各該條最低罰鍰額度裁處之(4) 以各該條罰鍰額度平均值裁處之。

20.(1)公告場所未於改善期間積極進行污染改善與控管，主管機關處理方式為何？ (1) 公告場所所有人、管理人或使用人於公告場所改善期間，未進行室內空氣污染物改善及控管，經主管機關認定其違規行為更形惡化者，按其違規行為，依本準則按次處罰(2) 公告場所所有人、管理人或使用人於公告場所改善期間，未進行室內空氣污染物改善及控管，經主管機關認定其違規行為更形惡化者，按其違規行為，依本準則最高罰則一次處罰(3) 公告場所所有人、管理人或使用人於公告場所改善期間，未進行室內空氣污染物改善及控管，經主管機關認定其違規行為更形惡化者，按其違規行為，依本準則最高罰則處理並另加行政罰則予以警惕。

21.(3)依室內空氣品質管理法所為按次處罰之每次罰鍰額度，屬未於改善期限屆滿前向主管機關報請查驗，視為未完成改善或補正者，依最近一次所處罰鍰額度裁處之；屬報請主管機關查驗而認定未完成改善或補正者，依違反室內空氣品質管理法罰鍰額度裁罰準則其裁處基準為何？(1)依檢查員認定之(2)依檢查單位最後開會認定之事項裁罰之(3)依查驗當日附表所列情事裁處之(4)依檢查機構最後判讀結果開會認定裁罰之。

註：依室內空氣品質管理法所為按次處罰之每次罰鍰額度，屬未於改善期限屆滿前向主管機關報請查驗，**視為未完成改善或補正者，依最近一次所處罰鍰額度裁處之；屬報請主管機關查驗而認定未完成改善或補正者，依查驗當日附表所列情事裁處之。**

屬室內空氣品質管理法第二十一條各款規定情節重大情形之一者，得以各該條最高罰鍰額度裁處之。

公告場所所有人、管理人或使用人於公告場所改善期間，未進行室內空氣污染物改善及控管，經主管機關認定其違規行為更形惡化者，按其違規行為，依違反室內空氣品質管理法罰鍰額度裁罰準則按次處罰。

22. （1）「違反室內空氣品質管理法罰鍰額度裁罰準則」何時施行？（1）101年11月23日施行（2）100年11月23日施行（3）99年11月17日施行（4）98年11月17日施行。

註：違反室內空氣品質管理法罰鍰額度裁罰準則**自中華民國101年11月23日施行。**

23. （4）「違反室內空氣品質管理法罰鍰額度裁罰準則」，罰鍰額度除依附表所列情是裁處外，依行政罰第18條1項規定，並審酌違反本法義務行為？（1）應受責難程度，所生影響（2）因違反本法所得之利益（3）受處罰者之資力（4）以上皆是。

註：依據「違反室內空氣品質管理法罰鍰額度裁罰準則」第2條規定：違反本法規者，罰鍰額度除依附表所列情事裁處外，**依行政罰法第18條第1項規定，並應審酌違反本法義務行為應受責難程度、所生影響及因違反本法義務所得之利益，並得考量受處罰者之資力。**

（行政罰法第18條第1項：裁處罰鍰，應審酌違反行政法尚義務行為應受責難程度、所生影響及因違反行政法上義務所得之利益，並得考量受處罰者之資力。）

1.6 室內空氣品質檢驗測定管理辦法

1.6.1 模擬測驗題及註解

1. (1) 何謂定期檢測及連續監測？（1）定期檢測：經公告之公告場所應於規定之一定期限內辦理室內空氣污染物濃度量測，並定期公布檢驗測定結果。連續監測：經中央主管機關指定應設置自動監測設施之公告場所，其所有人、管理人或使用人設置經認可之自動監測設施，應持續操作量測室內空氣污染物濃度，並即時顯示最新量測數值，以連續監測其室內空氣品質（2）定期檢測為公告單位委託專業技術服務機構定期檢測將結果自行存查，連續檢測則為主管機關派員連續24小時檢測之結果（3）定期檢測為公告場所自行向主管機關每月申報固定日期作檢測，檢測結果提送中央主管機關，連續檢測則為公告場所連續3日檢測之成果，成果需做成紀錄已備查閱。

   註：室內空氣品質檢驗測定管理辦法所稱室內空氣品質檢驗測定，分下列二種：

   一、**定期檢測：經室內空氣品質管理法公告之公告場所應於規定之一定期限內辦理室內空氣污染物濃度量測，並定期公布檢驗測定結果。**

   二、**連續監測：經中央主管機關指定應設置自動監測設施之公告場所，其所有人、管理人或使用人設置經認可之自動監測設施，應持續操作量測室內空氣污染物濃度，並即時顯示最新量測數值，以連續監測其室內空氣品質。**

2. (3) 真菌室內空氣污染物之定期檢測，室外測值採樣相對位置之規定為何？（1）公告場所使用中央空調系統設備將室外空氣引入室內者，採樣儀器架設應鄰近空調系統之外氣引入口且和外氣引入口同方位，儀器採樣口高度與空調系統之外氣引入口相近(2)公告場所以自然通風或使用窗型、分離式冷氣機者，採樣儀器架設應位於室內採樣點相對直接與室外空氣流通之窗戶或開口位置（3）以上皆是（4）以上皆非。

   註：進行真菌室內空氣污染物之定期檢測，**室外測值採樣相對位置**應依下列規定：

   一、公告場所使用中央空調系統設備將室外空氣引入室內者，**採樣儀器架設應鄰近空調系統之外氣引入口且和外氣引入口同方位，儀器採樣口高度與空調系統之外氣引入口相近。**

   二、公告場所以**自然通風或使用窗型、分離式冷氣機者，採樣儀器架設應位於室內採樣點相對直接與室外空氣流通之窗戶或開口位置。**

3.（4）自動監測儀器應依規定進行哪種例行校正測試及查核？（1）零點及全幅偏移測試應每半年進行一次（2）定期進行例行保養，並以標準氣體及相關校正儀器進行定期校正查核（3）其他經中央主管機關指定之事項（4）以上皆是。

　　註：公告場所設置自動監測設施，應進行校正及維護儀器。自動監測儀器應依下列規定進行例行校正測試及查核：

　　一、零點及全幅偏移測試應每半年進行一次。

　　二、定期進行例行保養，並以標準氣體及相關校正儀器進行定期校正查核。

　　三、其他經中央主管機關指定之事項。

4.（1）何謂室內樓地板面積？（1）指公私場所建築物之室內空間，全部或一部分經公告適用室內空氣品質管理法者，其樓地板面積總和，但不包括露臺、陽（平）臺及法定騎樓面積（2）公告場合的室內空間不包括桌椅等固定設備之面積（3）公告場合之室內空間不包括浴廁、倉庫等無人員使用之空間（4）樓地板面積為所在樓層之人員走動動線之面積，不包括未鋪設鋪面之地板。

　　註：室內樓地板面積：**指公私場所建築物之室內空間，全部或一部分經公告適用室內空氣品質管理法者，其樓地板面積總和，但不包括露臺、陽（平）臺及法定騎樓面積。**

5.（4）巡查檢驗應佈巡檢點之數目之訂定原則？（1）室內樓地板面積小於等於二千平方公尺者，巡檢點數目至少五點。室內樓地板面積大於二千平方公尺小於或等於五千平方公尺者，以室內樓地板面積每增加四百平方公尺應增加一點，累進統計巡檢點數目；或以巡檢點數目至少十點。（2）室內樓地板面積大於五千平方公尺小於或等於一萬五千平方公尺者，以室內樓地板面積每增加五百平方公尺應增加一點，累進統計巡檢點數目；或以巡檢點數目至少二十五點。（3）室內樓地板面積大於一萬五千平方公尺小於或等於三萬平方公尺者，以室內樓地板面積每增加六百二十五平方公尺應增加一點，累進統計巡檢點數目，且累進統計巡檢點數目不得少於二十五點；或以巡檢點數目至少四十點。室內樓地板面積大於三萬平方公尺者，以室內樓地板面積每增加九百平方公尺應增加一點，累進統計巡檢點數目，且累進統計巡檢點數目不得少於四十點　（4）以上皆是。

　　註：巡查檢驗應佈巡檢點之數目依下列原則定之：

　　一、室內樓地板面積小於等於二千平方公尺者，巡檢點數目至少五點。

　　二、室內樓地板面積大於二千平方公尺小於或等於五千平方公尺者，以室內樓地板面積每增加四百平方公尺應增加一點，累進統計巡檢點數目；或以巡檢點數目至少十點。

三、室內樓地板面積大於五千平方公尺小於或等於一萬五千平方公尺者，以室內樓地板面積每增加五百平方公尺應增加一點，累進統計巡檢點數目；或以巡檢點數目至少二十五點。

四、室內樓地板面積大於一萬五千平方公尺小於或等於三萬平方公尺者，以室內樓地板面積每增加六百二十五平方公尺應增加一點，累進統計巡檢點數目，且累進統計巡檢點數目不得少於二十五點；或以巡檢點數目至少四十點。

五、室內樓地板面積大於三萬平方公尺者，以室內樓地板面積每增加九百平方公尺應增加一點，累進統計巡檢點數目，且累進統計巡檢點數目不得少於四十點。

6.（3）依據我國室內空氣品質管理法，公告場所設置自動監測設施之數目，除中央主管機關另有規定者外，依其公告管制室內空間樓地板面積距離多少，應設置一台自動監測設施？（1）室內樓地板面積每五千平方公尺（2）室內空間樓地板面積每六千平方公尺（3）室內空間樓地板面積每二千平方公尺（含未滿）（4）室內空間樓地板面積每三千平方公尺。

註：公告場所設置自動監測設施之數目，除中央主管機關另有規定者外，**依其公告管制室內空間樓地板面積每二千平方公尺（含未滿），應設置一台自動監測設施。但其樓地板面積有超過四千平方公尺以上之單一無隔間室內空間，得減半計算應設置自動監測設施數目，且減半計算後數目不得少於二台。**

7.（1）依據我國室內空氣品質管理法，公告場所設置自動監測設施應量測之室內空氣污染物項目有哪種？（1）二氧化碳及其他經中央主管機關指定者（2）真菌及其他經中央主管機關指定者（3）黴菌及其他經中央主管機關指定者（4）以上皆是。

註：公告場所設置**自動監測設施應量測**之室內空氣污染物項目如下：

一、二氧化碳。

二、其他經中央主管機關指定者。

8.（2）依據我國室內空氣品質管理法，室內空氣品質定期檢測結果及連續監測結果紀錄資料，應逐年次彙集建立書面檔案或可讀取之電子檔，應保存幾年？（1）保存十年（2）保存五年（3）保存兩年（4）保存三年。

註：前列室內空氣品質定期檢測結果及連續監測結果紀錄資料，應逐年次彙集建立書面檔案或可讀取之電子檔，**保存五年**。

9.（3）室內空氣品質檢驗測定管理辦法依據室內空氣品質管理法第幾條規定訂定？（1）第三條第一項（2）第四條第二項（3）第十條第三項（4）第十一條第一項。

註：室內空氣品質管理辦法於**中華民國 101 年 11 月 23 日訂，依室內空氣品質管理法第
十條第三項規定訂定之。**

10. (1) 何謂我國室內空氣品質管理法之巡查檢驗？（1）係指以可直接判讀之巡檢
式檢測儀器進行簡易量測室內空氣污染物濃度之巡查作業（2）用巡邏的方
式以身體驗值作為登錄（3）以巡查的方式檢查自動檢測儀器之讀值（4）以
巡查的方式檢查固定式檢測器之品質及精確度。

註：**巡查檢驗：指以可直接判讀之巡檢式檢測儀器進行簡易量測室內空氣污染物濃度之
巡查作業。**

11. (1) 何謂巡檢式檢測儀器？（1）具有量測室內空氣污染物濃度功能，可直接判
讀及方便攜帶之檢測儀器（2）依服裝附著空氣污染物方式以巡邏方式確認
該空間污染物數量（3）巡查時走動之鞋子具有偵測污染物數量之功能（4）
由自動控制飛機自動檢測空氣中之污染物人員不需接近。

註：**巡檢式檢測儀器：指具有量測室內空氣污染物濃度功能，可直接判讀及方便攜帶之
檢測儀器。**

12. (3) 依據我國室內空氣品質管理法，巡查檢驗應量測之室內空氣污染物項目，除
中央主管機關另有規定外，至少應包含哪項空氣污染物？（1）眞菌（2）黴
菌（3）二氧化碳（CO2）（4）懸浮微粒。

註：巡查檢驗應量測之室內空氣污染物項目，除中央主管機關另有規定外，至少應包含
二氧化碳。

13. (2) 依據我國室內空氣品質管理法，定期檢測之採樣時間應於何時進行？（1）
平常下班時刻（2）營業及辦公時段（3）連續假日（4）每年春節。

註：定期檢測之採樣時間**應於營業及辦公時段。**

14. (1) 依據我國室內空氣品質管理法，公告場所依連續監測作業計畫書進行設置自
動監測設施，於開始操作運轉前七日，應通知哪一單位？（1）直轄市、縣
（市）主管機關（2）中央主管機關（3）環境保護人員訓練所（4）環境訓
練機構。

註：公告場所依連續監測作業計畫書進行設置自動監測設施，**於開始操作運轉前七日，
應通知直轄市、縣（市）主管機關，並由直轄市、縣（市）主管機關監督下進行操
作測試，操作測試完成後，經直轄市、縣（市）主管機關同意並副知該目的事業主
管機關，始得操作運轉。**

15. (1) 依據我國室內空氣品質管理法，連續監測操作時間應為何時段進行？（1）
營業及辦公日之全日營業及辦公時段（2）非營業時間或辦公時段（3）營業

辦工時段及非營業時段各取一半值（4）連續假日時段。

註：連續監測操作時間應**為營業及辦公日之全日營業及辦公時段。**

16.（1）校正測試的零點偏移及全幅偏移為何？（1）零點偏移：指自動監測設施操作一定期間後，以零點標準氣體或校正器材進行測試所得之差值。全幅偏移：指自動監測設施操作一定期間後，以全幅標準氣體或校正器材進行測試所得之差值（2）零點偏移：指自動監測設施操作一定期間後，與新儀器中間的差值調整。全幅偏移：指自動監測設施操作一定期間後，以全面更新儀器測試所得之差值（3）零點偏移：指自動監測設施操作一定期間後，以夜間12點進行測試所得之差值。全幅偏移：指自動監測設施操作一定期間後，以全夜間進行測試所得之差值（4）以上皆非。

註：**校正測試**，指下列：

（一）**零點偏移：指自動監測設施操作一定期間後，以零點標準氣體或校正器材進行測試所得之差值。**

（二）**全幅偏移：指自動監測設施操作一定期間後，以全幅標準氣體或校正器材進行測試所得之差值。**

17.（3）依據我國室內空氣品質管理法，室內空氣品質連續監測結果紀錄，於每年幾月前，以何種方式申報前一年連續監測結果紀錄，供直轄市、縣（市）主管機關查核？（1）每年12月底以公文提送（2）每年6月底以網路申報（3）每年1月底前，以網路傳輸上網方式申報（4）無時間限制施作完成以公文或網路申報皆可。

註：第十二條規定公告場所辦理連續監測，各監測採樣位置量測之監測數值資料，即時連線顯示自動監測之最新結果，**同時於營業及辦公時段以電子媒體顯示公布於場所內或入口明顯處，並將自動監測設施監測數值資料，製成各月份室內空氣品質連續監測結果紀錄，於每年一月底前，以網路傳輸方式上網申報前一年連續監測結果紀錄，供直轄市、縣（市）主管機關查核。**

18.（4）公告場所之自動監測設施每月之監測數據小時紀錄值，其完整性應達到多少比例之有效數據？（1）百分之五十之有效數據（2）百分之六十之有效數據（3）百分之七時之有效數據（4）百分之八十之有效數據。

註：自動監測設施，應符合下列規定：

一、有效測定範圍應大於該項室內空氣污染物之室內空氣品質標準值上限。

二、配有連續自動記錄輸出訊號之設備，其紀錄值應註明監測數值及監測時間。

三、室內空氣經由監測設施之採樣口進入管線到達分析儀之時間，不得超過二十秒。

四、取樣及分析應在**六分鐘之內完成一次循環，並應以一小時平均值作為數據紀錄值。其一小時平均值為至少十個等時距數據之算術平均值。**

五、每月之監測數據小時紀錄值，**其完整性應有百分之八十有效數據。**

六、**採樣管線及氣體輸送管線材質具不易與室內空氣污染物產生反應之特性。**

19.（1）室內空氣污染物定期進行細菌及真菌的檢測時，於採樣前發現何種情形時則將該位置列為優先採樣位置？（1）有滲漏水漬或微生物生長痕跡（2）民眾檢舉空氣品質不良處（3）有人員在打噴嚏或產生過敏反應處（4）有廢棄物堆積處。

註：公告場所所有人、管理人或使用人**進行細菌及真菌室內空氣污染物**之定期檢測，於採樣前應先進行現場觀察，**發現有滲漏水漬或微生物生長痕跡，列為優先採樣之位置**，且規劃採樣點應平均分布於公告管制室內空間樓地板上。

20.（1）室內空氣品質檢驗測定之校正測試所指的偏移為哪兩種偏移？（1）零點偏移、全幅偏移（2）夜間偏移、全時偏移（3）兩點偏移、半幅偏移（4）三點偏移、中幅偏移。

註：**校正測試**，指下列：

（一）**零點偏移：指自動監測設施操作一定期間後，以零點標準氣體或校正器材進行測試所得之差值。**

（二）**全幅偏移：指自動監測設施操作一定期間後，以全幅標準氣體或校正器材進行測試所得之差值。**

21.（3）我國室內空氣品質管理法三讀通過的時間是何時？（1）102/3/17（2）101/11/23（3）100/11/8（4）100/11/23。

註：1999 年環保署委託專業單位（成功大學）評估空氣品質標準並提出建議草案，2005/9 行政院消費者保護委員會決議，由環保署擔任室內空品質主管機關，2005/12/30 環保署公告室內空氣品質建議值二類管制對象、9 項目空氣污染物質與溫度，2008/10/9 空氣品質管理法草案經行政院院會通過，**送立法院審查，2011/11/18 立法院三讀通過**，2011/11/23 總統公告室內空氣品質法，2012/11/23 公告相關子法等。

22.（1）依據我國室內空氣品質管理法，何謂巡檢點？（1）指巡查檢驗使用檢測儀器量測之採樣位置（2）巡檢時之空間名稱（3）巡檢時不符合空氣品質的點位（4）巡檢時不符空氣品質兩次標註之位置圖。

註：**巡檢點：指巡查檢驗使用檢測儀器量測之採樣位置。**

23.（3）依據我國室內空氣品質管理法，公告場所所有人、管理人或使用人應於每次實施定期檢測前幾個月內完成巡查檢驗？（1）一個月（2）半個月（3）二

個月（4）三個月。

> 註：公告場所所有人、管理人或使用人應於**每次實施定期檢測前二個月**內完成巡查檢驗。**巡查檢驗應於場所營業及辦公時段進行量測**，由室內空氣品質維護管理專責人員操**作量測或在場監督，並得以巡檢式檢測儀器量測室內空氣污染物濃度。**

24.（1）依據我國室內空氣品質管理法，公告場所巡查檢驗除應避免受到局部污染源的干擾，距離室內硬體構築或陳列設施最少幾公尺以上？（1）0.5公尺（2）0.6公尺（3）0.7公尺（4）0.8公尺。

> 註：公告場所巡查檢驗應避免受局部污染源干擾，**距離室內硬體構築或陳列設施最少0.五公尺以上及門口或電梯最少三公尺以上，且規劃選定巡檢點應平均分布於公告管制室內空間樓地板上。**

25.（2）檢驗測定機構受託從事室內空氣品質定期檢測業務，同一採樣點各室內空氣污染物項目之採樣應如何進行？（1）兩日內（2）同日（3）三日內（4）五日內。

> 註：公告場所所有人、管理人或使用人於公告管制室內空間進行定期檢測，應委託檢驗測定機構辦理檢驗測定。**但依室內空氣品質管理法第十一條第一項規定取得中央主管機關核發許可證者，得自行辦理檢驗測定。**檢驗測定機構受託從事室內空氣品質定期檢測業務，**同一採樣點各室內空氣污染物項目之採樣應同日進行。**受託檢驗測定機構為多家時，亦同。

26.（1）公告場所所有人、管理人或使用人進行定期檢測，除細菌及真菌室內空氣污染物之定期檢測外，室內空氣污染物採樣點之位置須依巡查檢驗結果，優先依怎樣之依序擇定之？（1）濃度較高巡檢點（2）濃度較低巡檢點（3）人員密集度較高巡檢點（4）人員密集度濃度較低巡檢點。

> 註：**公告場所所有人、管理人或使用人進行定期檢測，除細菌及真菌室內空氣污染物之定期檢測外，室內空氣污染物採樣點之位置須依巡查檢驗結果，優先依濃度較高巡檢點依序擇定之。但有特殊情形，經公告場所所有人、管理人或使用人檢具相關文件報請所在地直轄市、縣（市）主管機關同意者，不在此限。**

27.（4）定檢之室內空氣污染物採樣點數目為何？（1）室內樓地板面積小於或等於五千平方公尺者，採樣點至少一個及室內樓地板面積大於五千平方公尺小於或等於一萬五平方公尺者，採樣點至少二個（2）室內樓地板面積大於一萬五平方公尺小於或等於三萬平方公尺者，採樣點至少三個（3）室內樓地板面積大於三萬平方公尺者，採樣點至少四個（4）以上皆是。

> 註：定檢室內空氣污染物採樣點之數目應符合下列規定：

一、**室內樓地板面積小於或等於五千平方公尺者，採樣點至少一個。**

二、**室內樓地板面積大於五千平方公尺小於或等於一萬五平方公尺者，採樣點至少二個。**

三、**室內樓地板面積大於一萬五平方公尺小於或等於三萬平方公尺者，採樣點至少三個。**

四、**室內樓地板面積大於三萬平方公尺者，採樣點至少四個。**

28.（4）有關定檢細菌及真菌室內空氣污染物採樣點之數目規定為何？（1）依場所之公告管制室內空間樓地板面積每一千平方公尺（含未滿），應採集一點（2）但其樓地板面積有超過二千平方公尺之單一無隔間室內空間者，得減半計算採樣點數目，且減半計算數目後不得少於二點（3）以上皆非（4）以上皆是。

註：定檢細菌及真菌室內空氣污染物採樣點之數目，**依場所之公告管制室內空間樓地板面積每一千平方公尺（含未滿），應採集一點。但其樓地板面積有超過二千平方公尺之單一無隔間室內空間者，得減半計算採樣點數目，且減半計算數目後不得少於二點。**

29.（2）依據我國室內空氣品質管理法，除中央主管機關另有規定者外，應每幾年實施定期檢測室內空氣污染物濃度至少一次？（1）1年（2）2年（3）3年（4）4年。

註：公告場所定期檢測之檢驗頻率，除中央主管機關另有規定者外，**應每二年實施定期檢測室內空氣污染物濃度至少一次。**公告場所所有人、管理人或使用人實施第二次以後之定期檢測，應於第一次定期檢測月份前後三個月內辦理之。

30.（3）依據我國室內空氣品質管理法，公告場所經中央主管機關指定應設置自動監測設施者，應於公告之一定期限內辦理哪種事項？（1）檢具連續監測作業計畫書，包含自動監測設施運作及維護作業，併同其室內空氣品質維護計畫，送直轄市、縣（市）主管機關審查核准後，始得辦理設置及操作（2）依中央主管機關規定之格式、內容，以網路傳輸方式，向直轄市、縣（市）主管機關申報其連續監測作業計畫書。但中央主管機關另有規定以書面申報者，不在此限（3）以上皆是（4）以上皆非。

註：公告場所經中央主管機關指定應設置自動監測設施者，**應於公告之一定期限內辦理下列事項：**

一、**檢具連續監測作業計畫書，包含自動監測設施運作及維護作業，併同其室內空氣品質維護計畫，送直轄市、縣（市）主管機關審查核准後，始得辦理設置及操作。**

二、依中央主管機關規定之格式、內容，以網路傳輸方式，向直轄市、縣（市）主管機關申報其連續監測作業計畫書。但中央主管機關另有規定以書面申報者，不在此限。

31.（3）依據我國室內空氣品質管理法，自動監測設施校正測試及查核應作成紀錄，紀錄方式應依主管機關同意之方式為之，並逐年次彙集建立書面檔案或可讀取之電子檔，保存幾年以備查閱？（1）1年（2）2年（3）3年（4）5年。

註：自動監測設施校正測試及查核應作成紀錄，紀錄方式應依主管機關同意之方式為之，並逐年次彙集建立書面檔案或可讀取之電子檔，**保存五年**，以備查閱。公告場所操作中自動監測設施進行汰換或採樣位置變更，致無法連續監測其室內空氣品質時，除應依室內空氣品質管理法第十二條第一項規定辦理外，其所有人、管理人或使用人於汰換或**變更前三十日報請直轄市、縣（市）主管機關同意者**，得依其同意文件核准暫停連續監測，但任一自動監測設施以**不超過三十日**為限，**其須延長者，應於期限屆滿前七日向直轄市、縣（市）主管機關申請延長**，並以**一次**為限。公告場所操作中自動監測設施故障或損壞，**致無法連續監測室內空氣品質時，其所有人、管理人或使用人於發現後二日內，通知直轄市、縣（市）主管機關，得暫停連續監測。但超過三十日仍無法修復者**，應依前項規定辦理。

32.（1）空氣品質管理法第六條規定公告場所所有人、管理人或使用人辦理定期檢測，其室內空氣品質定期檢測結果應自定期檢測採樣之日起幾日內，併同其室內空氣品質維護計畫，以網路傳輸方式申報，供直轄市、縣（市）主管機關查核，同時於主要場所入口明顯處公布？（1）30日（2）15日（3）19日（4）23日。

註：空氣品質管理法第六條規定公告場所所有人、管理人或使用人辦理定期檢測，其室內空氣品質定期檢測結果應自**定期檢測採樣之日起三十日內，併同其室內空氣品質維護計畫，以網路傳輸方式申報，供直轄市、縣（市）主管機關查核，同時於主要場所入口明顯處公布。**

33.（1）我國室內空氣品質檢驗測定管理辦法何時施行？（1）101年11月23日施行（2）100年11月23日施行（3）99年11月17日施行（4）98年11月17日施行。

註：室內空氣品質檢驗測定管理辦法自中華民國**101 年 11 月 23 日施行。**

第二章

室內空氣品質與管理概論

2.1 練習測驗題及註解

1. （1）平均每人每天待在室內時間比例多高？（1）平均每人每天待在室內的時間達80 ～ 90%（2）平均每人每天待在室內的時間達60 ～ 70%（3）平均每人每天待在室內的時間達95 ～ 97%（4）平均每人每天待在室內的時間達55～59%。

   註： 環保署表示，隨著人類工作習慣的改變，**平均每人每天待在室內的時間長達 80%～90%**。

2. （4）我國室內空氣品質管理法的九大污染指標包括何者？（1）一氧化碳 （Carbon Oxide, CO）及二氧化碳 （Carbon Dioxide, CO2）、臭氧 （Ozone, O3）與總揮發性有機物（Total Volatile Organic Compounds,TVOCs）及甲醛（Formaldehyde, HCHO）（3） 懸浮微粒 （Particulate Matter, PM_{10}）、細懸浮微粒（Fine Particulate Matters, $PM_{2.5}$）及眞菌 （Fungi）與細菌 （Bacteril） （4）以上皆是。

   註：影響室內空氣品質的重要因子如拜香等行為可能為室內一氧化碳（CO）、懸浮微粒（PM）或總揮發性有機化合物（TVOC）的來源，而一般事務機或影印機的使用則可能增加臭氧（O_3）的濃度。而室內空氣品質管理法所列的九大污染指標為**一氧化碳（CO）、二氧化碳（CO_2）、臭氧（O_3）、總揮發性有機化合物（TVOC）、甲醛（HCHO）、粒徑小於 2.5μm 之懸浮微粒（$PM_{2.5}$）、粒徑小於 10μm 之懸浮微粒（PM_{10}）、真菌（Fungi）與細菌（Bacteria）**。

3. （3）室內空氣污染物濃度的高低與哪種條件有關？（1）與室內裝修的品質有關（2）與室內燈光照明有關（3）室內空氣污染物濃度的高低多和室內人員的活動與設備的使用有關（4）與室內地板材質及清潔度有關。

   註：**室內空氣污染物濃度的高低多和室內人員的活動及其設備的使用有關聯性。**

4. （2）CO與人體血紅素結合能力爲氧氣與血紅素結合的多少倍？ （1）CO與人體血紅素的結合能力約爲氧氣與血紅素結合能力的120倍（2）CO與人體血紅素的結合能力約爲氧氣與血紅素結合能力的210倍（3）CO與人體血紅素的結合能力約爲氧氣與血紅素結合能力的179倍（4）CO與人體血紅素的結合能力約爲氧氣與血紅素結合能力的300倍。

   註： CO 氣體進入體內時，會很快與人體內血紅素結合，而造成缺氧，體溫下降，體能減弱及意識不明等現象,CO與人體血紅素的結合能力約為氧氣與血紅素結合能力的 <u>210</u>

倍，故當暴露的 CO 濃度越高，人體血中氧氣含量越低，易造成缺氧、神經系統受損甚致死亡。

5. （1）一氧化碳之主要生成機制及暴露途徑爲何？（1）CO的分子量約28 g/mole，燃燒不完全爲主要的生成機制，而呼吸吸入則是主要的暴露途徑（2）CO的分子量約48 g/mole，溫度爲主要的生成機制，而空氣爲主要的暴露途徑（3）CO的分子量約38 g/mole，抽煙爲主要的生成機制，而皮膚接觸則是主要的暴露途徑（4）CO的分子量約58 g/mole，潮濕爲主要的生成機制，而接觸則是主要的暴露途徑。

　　註：一氧化碳（Carbon Oxide, CO）：CO 的分子量約爲 28g/mole，燃燒不完全爲主要的生成機制，而呼吸吸入則是主要的暴露途徑。一氧化碳中毒症狀包括視網膜出血，以及異常櫻桃紅色的血。

6. （4）一般室內空間CO主要貢獻來源（1）二手煙、烹飪（2）拜香（3）室外交通源（4）以上皆是。等燃燒行爲都爲主要的CO貢獻源。

　　註：CO 常見污染來源通常爲二手煙、烹飪、拜香、室外交通源及其他燃燒源。

7. （1）如何評估室內的通風效率？（1）室內外CO_2濃度的差常被用於評估室內的通風效率（2）室內機具抽風量常被用於評估室內通風效率（3）室內裝修材料逸散率常被用於評估通風效率（4）以上皆非。

　　註：室內外CO_2濃度的差經常被利用於評估室內的通風效率。

8. （1）何謂通風效率及其代表意義？（1）室內外CO_2濃度的差常被用於評估室內的通風效率。由於室內外的CO_2濃度差值越大，通風換氣效率越差，通風換氣效率差也表示污染物不易被移除（2）室內機具抽風量常被用於評估室內通風效率。機具抽風量越大，通風效率越大（3）室內裝修材料逸散率常被用於評估通風效率。逸散率表示通風效率越大（4）以上皆非。

　　註：室內環境 CO_2 濃度的高低多和人員的密度跟通風換氣效率有關，室外 CO_2 濃度一般大都在 350-450ppm 之間，故一般以室內外 CO_2 濃度的差異來評估通風效率，差值越大通風效率越差。CO_2 濃度高相對室內人員病態大樓症候群風險逐漸升高，CO_2 濃度 800ppm 以下則逐漸降低。

9. （4）一般公共空間中，室內二氧化碳濃度與哪些因素有關？（1）室內的人員密度（2）通風換氣效率及人爲燃燒或拜香（3）室外交通污染源（4）以上皆是。

　　註：二氧化碳：常見污染源爲二手煙、烹飪、拜香、室外交通源及呼吸，另外人太多，二氧化碳產生量亦大。

10. （4）二氧化碳 （Carbon Dioxide, CO_2） 的特色爲何？（1）分子量約44 g/mole（2）爲一種無色、無臭和無刺激性的氣體（3）室內二氧化碳濃度過高將影響室內

空氣品質（4）以上皆是。

> 註：二氧化碳（Carbon Dioxide, CO_2）：**CO_2的分子量約為 44g/mole，來源多來自人為燃燒及室內人員的呼吸，其中人員呼吸為主要生成的原因**，為一種無色、無臭和無刺激性的氣體，室內環境二氧化碳濃度過高將影響室內空氣品質。

11.（3）室內空氣污染指標CO_2之主要貢獻源為何？（1）冷氣空調系統產生（2）事務機及影印機產生（3）人員呼吸生成的CO_2（4）照明設備產生。

> 註：二氧化碳（Carbon Dioxide, CO_2）：**CO_2的分子量約為 44g/mole，來源多來自人為燃燒及室內人員的呼吸，其中人員呼吸為主要生成的原因。**

12.（1）依據研究結果顯示當CO_2濃度在多少ppm以下時，室內人員之病態大樓症候群風險會逐漸降低？（1）在CO_2濃度為800 ppm以下（2）在CO_2濃度為1000 ppm以下（3）在CO_2濃度為600ppm以下（4）在CO_2濃度為900 ppm以下。

> 註：**據研究結果顯示當 CO_2 濃度在 800ppm 以下時，室內人員之病態大樓症候群風險即會逐漸降低。**

13.（2）一般室外二氧化碳之濃度範圍約為多少？（1）室外CO_2濃度均在250-350 ppm之間（2）室外CO_2濃度均在350-450 ppm之間（3）室外CO_2濃度均在450-490 ppm之間（4）室外CO_2濃度均在950-1050 ppm之間。

> 註：基本上，二氧化碳平時對人體健康並無影響，但當二氧化碳濃度超過 1000ppm 即可能產生不良影響，故歐美各國均將標準訂在 1000ppm 以下。**一般室外二氧化碳之濃度範圍**一般都在 350-450ppm 之間。

14.（4）室內空氣污染物型態與污染物種類為？（1）氣態污染物：一氧化碳、二氧化碳、甲醛、揮發性有機物、臭氧及粒狀污染物：$PM_{2.5}$、PM_{10}、細菌、真菌（2）固體污染物：垃圾、廢棄物品（3）液態污染物：污水、廢水（4）以上皆是。

> 註：1.**氣態**污染物：
>
> （1）**一氧化碳：常見污染源為二手煙、烹飪、拜香、室外交通源及其他燃燒源。**
>
> （2）**二氧化碳：常見污染源為二手煙、烹飪、拜香、室外交通源及呼吸。**
>
> （3）**甲醛：常見污染源為二手煙、室內建材裝潢及室內光化反應。**
>
> （4）**揮發性有機物：二手煙、室內建材裝潢、烹飪、拜香、清潔劑、芳香劑、油漆、殺蟲劑及室外交通源。**
>
> （5）**臭氧：事務機、印表機、影印機及室外光化反應。**
>
> 2.**粒狀**污染物：**$PM_{2.5}$及PM_{10}：二手煙、烹飪、拜香、含石棉的建材、地板、耐火材質、室外交通源或其他燃燒源。**
>
> 3.**生物性**污染源：**細菌及真菌：潮濕的家俱或建材、除濕機及增濕器、地毯、寵物、**

空調、室外裸露土壤或植物表面。

　　4. 固體污染物：垃圾、廢棄物品。

　　5. 液態污染物：污水、廢水。

15. （3）室內之事務機（影印機、印表機）容易產生何種污染濃度增加？（1）二氧化碳（2）一氧化碳（3）臭氧（4）四氧化氫。

　　註：室內空間中事務機、印表機、影印機及室外光化反應為產生的來源，市面上許多以 O_3 為殺菌原理的殺菌機及光觸媒空氣清淨機也可能產生臭氧。

16. （4）下列何者為室內氣態污染物之常見污染來源？（1）二手煙、烹飪、拜香、室外交通源或其他燃燒源（2）呼吸、室內建材裝潢、清潔劑、芳香劑、油漆、殺蟲劑、事務機（3）影印機、印表機、室外光化反應（4）以上皆是。

　　註：氣態污染物常見污染來源：二手煙、烹飪、拜香、室外交通源或其他燃燒源、呼吸、室內建材裝潢、清潔劑、芳香劑、油漆、殺蟲劑、事務機、影印機、印表機、室外光化反應。

17. （4）下列何者為室內氣態污染物之污染物種及常見污染源？（1）一氧化碳：二手煙、烹飪、拜香、室外交通源或其他燃燒源（2）二氧化碳：二手煙、烹飪、拜香、室外交通源、呼吸及甲醛：二手煙、室內建材裝潢、室外光化反應（3）揮發性有機物：二手煙、室內建材裝潢、烹飪、拜香、清潔劑、芳香劑、油漆、殺蟲劑、室外交通源及臭氧：事務機（影印機、印表機）、室外光化反應（4）以上皆是。

18. （4）下列何者為室內粒狀污染物之污染物種及常見污染源？（1）$PM_{2.5}$、PM_{10}：二手煙、烹飪、拜香、含石棉的建材、地板、耐火材質、室外交通源或其他燃燒源（2）細菌、真菌：潮濕的傢俱或建材、除濕機、增濕器、地毯、寵物、空調、室外裸露土壤或植物表面（3）以上皆非（4）以上皆是。

19. （4）粒狀污染物中之 $PM_{2.5}$ 其常見之污染源為何？（1）二手煙、烹飪及拜香（2）含石棉的建材、地板（3）耐火材質、室外交通源或其他燃燒源（4）以上皆是。

20. （4）粒狀污染物中之 PM_{10} 其常見之污染源為何？（1）二手煙及烹飪（2）拜香及含石棉的建材（3）地板、耐火材質及室外交通源或其他燃燒源（4）以上皆是。

　　註：氣態粒狀污染物：$PM_{2.5}$ 及 PM_{10}：二手煙、烹飪、拜香、含石棉的建材、地板、耐火材質、室外交通源或其他燃燒源。細菌、真菌：潮濕的傢俱或建材、除濕機、增濕器、地毯、寵物、空調、室外裸露土壤或植物表面。

21. （4）臭氧（Ozone, O_3）的特色？（1）O_3 的分子量約48 g/mole（2）為一種具有氧

化性和刺激性的淡藍色氣體（3）其氧化能力僅次於氟，一般多用於消毒（4）以上皆是。

> 註：臭氧（Ozone, O₃）：**O₃的分子量約為48g/mole**，為一種具有氧化性與刺激性的淡藍色氣體，氧化能力僅次於氟，一般用於消毒。

22.（4）室內空間中，O₃（臭氧）主要貢獻來源為何？（1）來自事務機 （影印機、印表機等）的操作（2）透過室外光化反應生成的O₃（3）以O₃為殺菌原理的殺菌機（4）以上皆是。

> 註：**臭氧主要貢獻來源：事務機、印表機、影印機、以臭氧為殺菌原理的殺菌機及室外光化反應。**

23.（1）何謂總有機揮發物（Total Volatile Organic Compounds,TVOCs）？（1）TVOCs 係指蒸汽壓大於0.1 mmHg的有機氣體總稱，如苯、甲苯或甲醛等（2）TVOCs 係指蒸汽壓大於0.2mmHg的有機氣體總稱，如莞、甲莞等（3）TVOCs 係指蒸汽壓大於0.4 mmHg的有機氣體總稱，如錞、甲醇等（4）以上皆非。

> 註：總揮發性有機化合物（Total Volatile Organic Compounds, TVOC）：**TVOC 係指蒸氣壓大於 0.1mmHg 的有機氣體總稱**，如苯、甲苯或甲醛，包含黏著劑、地毯、清潔劑、油漆、事務機及辦公家俱等，都是室內重要的 TVOC 的來源。**因此在較新的空間中所測的 TVOC 較高。**除此之外 TVOC 也可能來自真菌或細菌代謝過程中生成的有機物，此類 TVOC 統稱為 MVOCs。

24.（4）常見的室內TVOCs來源與種類有哪種？（1）黏著劑、地毯、清潔劑（2）鋪地板油布、辦公家具、油漆、（3）使用事務機、橡膠地板、紡織品、壁紙、窗簾、室內人員活動（4）以上皆是。

> 註：**常見的室內 TVOCs 來源與種類：鋪地板、辦公家具、油漆、橡膠地板、紡織品、壁紙、窗簾、黏著劑、地毯及室內人員活動等、清潔劑、芳香劑、事務機等。**

25.（4）氣態污染物中之揮發性有機物其常見之污染源為何？（1）二手煙及室內建材裝潢（2）烹飪及拜香（3）清潔劑及室外交通源（4）以上皆是。

> 註：**揮發性有機物：二手煙、室內建材裝潢、烹飪、拜香、清潔劑、芳香劑、油漆、殺蟲劑及室外交通源。**

26.（4）生物性污染物中之細菌其常見之污染源為何？（1）潮濕的傢俱或建材、除濕機及增濕器（2）地毯及寵物（3）空調及室外裸露土壤或植物表面（4）以上皆是。

> 註：**生物性**污染源：**細菌及真菌：潮濕的家俱或建材、除濕機及增濕器、地毯、寵物、空調、室外裸露土壤或植物表面。**

27.（4）生物性污染源中之真菌其常見之污染源為何？（1）潮濕的傢俱或建材、除

濕機及增濕器（2）地毯及寵物（3）空調及室外裸露土壤或植物表面（4）以上皆是。

註：**生物性**污染源：**細菌及真菌：潮濕的家俱或建材、除濕機及增濕器、地毯、寵物、空調、室外裸露土壤或植物表面。**

28.（1）來自於真菌或細菌代謝過程中所生成的有機物統稱為何？（1）室內的TVOCs也可能來自真菌或細菌代謝過程中生成的有機物，此類TVOCs 統稱為MVOCs （Microbial VolatileOrganic Compounds）（2）室內的TVOCs也可能來自真菌或細菌代謝過程中生成的有機物，此類TVOCs 統稱為VVOCs （vicrobial VolatileOrganic Compounds）（3）室內的TVOCs也可能來自真菌或細菌代謝過程中生成的有機物，此類TVOCs 統稱為AVOCs （Aicrobial VolatileOrganic Compounds）（4）以上皆非。

註：**室內的TVOCs也可能來自真菌或細菌代謝過程中生成的有機物，此類TVOCs 統稱為MVOCs （Microbial VolatileOrganic Compounds）。**

29.（1）何謂MVOCs？其種類約有多少？（1）來自真菌或細菌代謝過程中生成的有機物，此類TVOCs 統稱為MVOCs （Microbial Volatile Organic Compounds），目前發現的MVOC種類約有200種（2）來自二氧化碳或一氧化碳代謝過程中生成的氣狀物，此類TVOCs 統稱為MVOCs （Microbial Volatile Organic Compounds），目前發現的MVOC種類約有300種（3）來自臭氧代謝過程中生成的有機物，此類TVOCs 統稱為MVOCs （Microbial Volatile Organic Compounds），目前發現的MVOC種類約有400種（4）以上皆非。

註：**來自真菌或細菌代謝過程中生成的有機物，此類TVOCs 統稱為MVOCs （Microbial Volatile Organic Compounds），目前發現的MVOC種類約有200種。**

30.（3）MVOCs由何者代謝所生成？（1）二氧化碳、一氧化碳（2）臭氧及氧氣（3）真菌、細菌（4）以上皆非。

註：**來自真菌或細菌代謝過程中生成的有機物，此類TVOCs 統稱為MVOCs （Microbial Volatile Organic Compounds）。**

31.（4）氣態污染物中之甲醛其常見之污染源為何？（1）二手煙（2）室內建材裝潢（3）室外光化學反應（4）以上皆是。

註：**甲醛：常見污染源為二手煙、室內建材裝潢及室內光化反應。**

32.（2）IARC及美國職業安全衛生技師協會皆將哪種污染物明確列為人類致癌物質？（1）氫氣（2）甲醛（3）臭氧（4）瓦斯。

註：**IARC及美國職業安全衛生技師協會皆將甲醛明確列為人類致癌物質。**

33.（4）甲醛 （Formaldehyde, HCHO）特色為何？（1）HCHO為一種透明且具刺激

味的氣體（2）濃度達0.04 ppm時即可聞到甲醛的味道（3）分子量約30g/mole（4）以上皆是。

34.（4）甲醛的暴露對人體的傷害有哪種？（1）造成眼睛、皮膚刺激（2）造成喉嚨的刺激（3）導致人類罹患癌症（4）以上皆是。

> 註：**甲醛的暴露對人體的傷害如下：**
> **（1）造成眼睛、皮膚刺激**
> **（2）造成喉嚨的刺激**
> **（3）導致人類罹患癌症等。**

35.（4）下列何者為一般室內空間中甲醛（Formaldehyde, HCHO）的貢獻來源？（1）二手菸、烹飪或蠟燭的燃燒（2）傢俱或木製產品表面的黏著劑及壁紙（3）清潔劑及尿素甲醛泡棉絕緣材料與室外光化反應生成的甲醛（4）以上皆是。

> 註：甲醛（Formaldehyde, HCHO）：**甲醛是一種透明糢具刺激味的氣體，濃度約 0.04ppm 即可聞到味道，分子量約為 30g/me。IARC 已於 2006 年將甲醛列為人類致癌物。一般室內甲醛來自燃燒生成，包含二手煙、烹飪或蠟燭，另外室外光化反應也為甲醛的來源之一，而室內主要來原則為傢俱（塗裝劑），建材甲醛逸散率在＜1920μg/㎡/day 以下（尿素甲醛泡棉絕緣材料），即為內政部建築研究所所定義的低甲醛逸散之綠建材。**

36.（1）下列建材（玻璃纖維製品、彈性地板、衣服、紙製品、尿素甲醛泡棉絕緣材料）之甲醛逸散率大小排序為何？（1）尿素甲醛泡棉絕緣材料>紙製品>玻璃纖維製品>衣服>彈性地板（2）玻璃纖維製品>紙製品>尿素甲醛泡棉絕緣材料>衣服>彈性地板（3）玻璃纖維製品>衣服>尿素甲醛泡棉絕緣材料>紙製品>彈性地板（4）以上皆非。

> 註：依據甲醛逸散率大小排序為**尿素甲醛泡棉絕緣材料>紙製品>玻璃纖維製品>衣服>彈性地板。**

37.（4）下列何者為內政部建研所定義之低甲醛逸散綠建材？（1）尿素甲醛泡棉絕緣材料（2）軟木合版、紙製品、玻璃纖維製品（3）衣服、彈性地板、地毯、窗簾物品（4）以上皆是。

> 註：內政部建研所定義之低甲醛逸散綠建材為
> **（1）尿素甲醛泡棉絕緣材料**
> **（2）軟木合版、紙製品、玻璃纖維製品**
> **（3）衣服、彈性地板、地毯、窗簾物品等。**

38.（3）衣服之甲醛逸散率（$\mu g/m^2/$日）之範圍為何？（1）衣服之甲醛逸散率為40-670 $\mu g/m^2/$日（2）衣服之甲醛逸散率為55-770 $\mu g/m^2/$日（3）衣服之甲醛逸散率

為35-570μg/m²/日（4）衣服之甲醛逸散率為65-870μg/m²/日。

註：<u>衣服之甲醛逸散率為 35-570μg/m2/ 日。</u>

39.（2）我國內政部建研所定義之低甲醛逸散綠建材為何？（1）甲醛逸散率在< 1820 μg/m²/day以下者　（尿素甲醛泡棉絕緣材料），即為內政部建研所定義的低甲醛逸散之綠建材（2）甲醛逸散率在< 1920 μg/m²/day以下者　（尿素甲醛泡棉絕緣材料），即為內政部建研所定義的低甲醛逸散之綠建材（3）甲醛逸散率在< 2020 μg/m²/day以下者　（尿素甲醛泡棉絕緣材料），即為內政部建研所定義的低甲醛逸散之綠建材（4）甲醛逸散率在< 1420 μg/m²/day以下者（尿素甲醛泡棉絕緣材料），即為內政部建研所定義的低甲醛逸散之綠建材。

40.（2）我國內政部建築研究所定義的綠建材其每日的甲醛逸散率需小於多少μg/m²？（1）每日2920μg/m²（2）每日1920μg/m²（3）每日1820μg/m²（4）每日1620μg/m²。

註：<u>內政部建研所定義之低甲醛逸散綠建材為甲醛逸散率在< 1920μg/m2/day 以下者，即為內政部建研所定義的低甲醛逸散之綠建材。</u>

41.（3）人類頭髮、沙石、PM$_{2.5}$及PM$_{10}$依粒徑大小排序為何？（1）沙石>頭髮> PM$_{2.5}$> PM$_{10}$（2）頭髮>沙石> PM$_{2.5}$> PM$_{10}$（3）沙石>頭髮>PM$_{10}$>PM$_{2.5}$（4）頭髮> PM$_{10}$ > PM$_{2.5}$>沙石。

註：懸浮微粒（Particulate Matter, PM）：<u>懸浮微粒係指漂浮在空氣中的微小顆粒，依顆粒粒徑可分為 2.5μm（10⁻⁶m）的 PM$_{2.5}$ 及粒徑小於 10μm 的 PM$_{10}$，當微粒越小，越易進入人體的氣管或肺泡區，其微粒附著成份有金屬、有機物和陰陽離子等，室內燃燒行為或室外交通源及室內裝修燈有可能是貢獻源。</u>一根頭髮髮徑約 50-70μm，一般肉眼可見之沙石粒徑約 90μm， PM$_{2.5}$粒徑小於 2.5μm，PM$_{10}$粒徑小於 10μm，<u>故本題為沙石>頭髮>PM$_{10}$>PM$_{2.5}$。</u>

42.（4）懸浮微粒的暴露對人體的傷害為何？（1）會造成人體呼吸道疾病，如氣喘、氣管炎和支氣管炎等（2）誘發肺癌（3）以上皆非（4）以上皆是。

註：懸浮微粒的暴露對會造成<u>人體呼吸道疾病，如氣喘、氣管炎和支氣管炎等且可能誘發肺癌。</u>

43.（4）一般室內空間懸浮微粒暴露造成的人體呼吸道疾病為何？（1）氣喘（2）氣管炎及支氣管炎（3）肺癌（4）以上皆是。

註：<u>人體呼吸道疾病：如氣喘、氣管炎和支氣管炎等。</u>

44.（2）室內燃燒行為為哪種污染物之主要貢獻來源？（1）臭氧（2）PM$_{2.5}$（3）二氧化碳（4）PM$_{10}$。

註：室內燃燒行為<u>為PM$_{2.5}$污染物</u>之主要貢獻來源。

45.（1）$PM_{2.5}$與PM_{10}之差異為何？（1）依粒徑分佈多可區分成粒徑小於2.5μm（10-6 m）的$PM_{2.5}$和粒徑小於10μm的JPM_{10}（2）依據檢測氣味分布數據值分為$PM_{2.5}$及PM_{10}兩種（3）依據空氣中氣體之分子量分為$PM_{2.5}$及PM_{10}兩種（4）依據空氣中微粒之溼度分為$PM_{2.5}$及PM_{10}兩種。

註：懸浮微粒（Particulate Matter, PM）：**懸浮微粒係指漂浮在空氣中的微小顆粒，依顆粒粒徑可分為 2.5μm（10^{-6}m）的 $PM_{2.5}$ 及粒徑小於 10μm 的 PM_{10}.**

46.（4）人類頭髮、沙石、$PM_{2.5}$及PM_{10}之粒徑大小，下列何者為非？（1）一根頭髮髮徑約50-70μm、一般肉眼可見之沙石粒徑約90μm（2）$PM_{2.5}$粒徑小於2.5μm（3）PM_{10}粒徑小於10μm（4）人類頭髮最細小。

註：**沙石>頭髮>PM_{10}>$PM_{2.5}$。**

47.（4）懸浮微粒危害人體健康之嚴重程度取決於何種條件？（1）微粒尺寸與表面所附著的成份（2）當微粒粒徑越小，越易進入人體的氣管或肺泡區，而其微粒表面附著成份大多可區分成金屬、有機物（PAHs或Dioxins等）和陰陽離子等（3）室內懸浮微粒的物化特性和來源均為影響健康危害的主要因子（4）以上皆是。

註：懸浮微粒危害人體健康之嚴重程度**取決於微粒尺寸與表面所附著的成份，當微粒粒徑越小，越易進入人體的氣管或肺泡區，而其微粒表面附著成份大多可區分成金屬、有機物（PAHs 或 Dioxins 等）和陰陽離子等，因此室內懸浮微粒的物化特性和來源均為影響健康危害的主要因子。**

48.（4）微粒表面附著成份可區分為？（1）金屬（2）有機物（PAHs或Dioxins等）（3）陰陽離子（4）以上皆是。

註：**微粒表面附著成份大多可區分成：**

（1）金屬

（2）有機物（PAHs或Dioxins等）

（3）陰陽離子等。

49.（1）何為室內常見的生物性污染物？（1）真菌及細菌（2）益生菌及臭氧（3）病毒及塵蟎（4）以上皆是。

註：**生物性**污染源：**其中真菌及細菌為室內常見的生物污染物：潮濕的家俱或建材、除濕機及增濕器、地毯、寵物、空調、室外裸露土壤或植物表面。**

50.（4）何謂生物氣膠？（1）毛髮、皮屑（2）花粉、病毒（3）真菌、細菌及塵蟎（4）以上皆是。

51.（4）生物氣膠（Bioaerosol）是指一種具有生物性的顆粒，生物氣膠包含哪些？（1）毛髮及皮屑（2）花粉及病毒（3）真菌、細菌及塵蟎（4）以上皆是。

註：**生物氣膠（Bioaerosol）是指一種具有生物性的顆粒，如毛髮、皮屑、花粉、病毒、真菌、細菌及塵蟎等。**

52.（1）細菌依適合生長溫度範圍又可區分為哪兩種？（1）嗜溫菌及嗜高溫菌 （2）高溫菌及低溫菌（3）高濕菌及低乾菌（4）沸點菌及燃點菌。

註：**依據細菌適合生長溫度範圍可分為：**

（1）**嗜溫菌（20-40度）**（Mesophilic bacteria，20-40℃）

（2）**嗜高溫菌（40-80度）** Thermophilic bacteria，40-80℃）

細菌多附著於人體皮膚表面，再以剝落方式散布於室內環境中，人員密集處空氣中的細菌濃度也跟著升高。

53.（4）一般室內真菌貢獻來源為何？（1）室外的裸露土壤、植物表面（2）室內受潮的建材（3）加熱器或空調管線（4）以上皆是。

註：**一般室內真菌貢獻來源為：**

（1）**室外的裸露土壤**

（2）**植物表面**

（3）**室內受潮的建材**

（4）**加熱器或空調管線等**

54.（2）真菌適合生長的空間溫度條件為何？（1）真菌較適合生長在溫度為40-44℃的空間中（2）真菌較適合生長在溫度為18-24℃的空間中（3）真菌較適合生長在溫度為38-44℃的空間中（4）真菌較適合生長在溫度為58-74℃的空間中。

55.（1）影響真菌生存的主要因素及其適合生長之溫度為何？（1）室內的溫度與相對濕度等因素均為影響真菌生存的主要因素，其中真菌較適合生長在溫度為18-24℃的空間中（2）室內的溫度與相對濕度等因素均為影響真菌生存的主要因素，其中真菌較適合生長在溫度為40-44℃的空間中（3）室內的溫度與相對濕度等因素均為影響真菌生存的主要因素，其中真菌較適合生長在溫度為38-44℃的空間中（4）室內的溫度與相對濕度等因素均為影響真菌生存的主要因素，其中真菌較適合生長在溫度為58-74℃的空間中。

註： 真菌較適合生長在溫度為 **18-24℃** 的空間中。

56.（3）何者主要影響真菌生存的因素？（1）室內的溫度（2）室內相對濕度（3）以上皆是（4）以上皆非。

57.（4）何者主要影響細菌生存的因素？（1）室內的溫度（2）室內相對濕度（3）氧氣（4）以上皆是。

註：**真菌、細菌（Fungi、Bacteria）：生物氣膠（Bioaerosol）是指一種具有生物性的顆粒，如毛髮、皮屑、花粉、病毒、真菌、細菌及塵蟎等，其中真菌及細菌為室內**

常見的生物污染物，真菌為真核生物界的一種，常見有酵母菌、菇類和黴菌。適合生長的溫度為 18-24 度，一般室外是真菌的貢獻源。而細菌則為球形或螺旋狀，室內的溫度、相對溼度及氧氣等因素為影響細菌的主要原因。

影響真菌生存的因素為室內的溫度及室內的相對濕度；影響細菌生存的因素為室內的溫度及室內的相對濕度與氧氣。

58.（4）常見之生物性污染物真菌和細菌之差異？（1）真菌為一種具有細胞核、核膜及膜狀胞器的生物體（2）細菌則不具有細胞核、核膜及膜狀胞器（3）以上皆非（4）以上皆是。

59.（1）真菌與細菌之粒徑範圍約為多少？其主要影響粒徑範圍因素為何？（1）兩者粒徑可從1 ～ 100 μm不等，粒徑範圍主要受兩因素影響為隨時間其粒徑逐漸變小，在濕氣較重的室內，容易逐漸累加而變大（2）兩者粒徑可從1 ～ 200 μm不等，粒徑範圍主要受兩因素影響為隨時間其粒徑逐漸變小，在濕氣較重的室內，容易逐漸累加而變大（3）兩者粒徑可從1～ 300 μm不等，粒徑範圍主要受兩因素影響為隨時間其粒徑逐漸變小，在濕氣較重的室內，容易逐漸累加而變大（4）兩者粒徑可從1～ 400 μm不等，粒徑範圍主要受兩因素影響為隨時間其粒徑逐漸變小，在濕氣較重的室內，容易逐漸累加而變大。

註：真菌具有細胞核、核膜及膜狀胞器生物體，細菌則不具有細胞核、核膜及膜狀胞器。兩者粒徑可從1 ～ 100 μm不等，兩者粒徑隨時間逐漸變小，濕度越大則逐漸變大。

60.（4）可能對於人體健康有各種不同層面影響的室內空氣污染源為何？（1）建材傢俱中所可能釋放的甲醛及揮發性有機化合物質（2）建築物中事務機器如影印機的操作所排放之二氧化碳及臭氧（3）經由空調系統或其他相關污染源所可能傳播的生物性氣膠及室內活動型態所造成的污染，如抽菸所引起之各種化學物質與呼吸性微粒 （respirable particulate） 之積聚多項空氣污染物（4）以上皆是。

註：可能對於人體健康有各種不同層面影響的室內空氣污染源包括：

（1）建材傢俱中所可能釋放的甲醛及揮發性有機化合物質。

（2）建築物中事務機器如影印機的操作所排放之二氧化碳及臭氧。

（3）經由空調系統或其他相關污染源所可能傳播的生物性氣膠。

（4）室內活動型態所造成的污染，如抽菸所引起之各種化學物質與呼吸性微粒 （respirable particulate） 之積聚多項空氣污染物。

61.（1）依據2000 年WHO 統計導因於室內及室外污染暴露之年死亡約有多少人次？（1）根據世界衛生組織（World Health Organization, WHO）於2000 的初步估

算，全球每年約有280 萬人次死亡直接與室內空氣污染有關，佔了每年全球死亡人次的2.7%（2）根據世界衛生組織（World Health Organization, WHO）於2000 的初步估算，全球每年約有380 萬人次死亡直接與室內空氣污染有關，佔了每年全球死亡人次的7.7%（3） 根據世界衛生組織（World Health Organization, WHO）於2000 的初步估算，全球每年約有480 萬人次死亡直接與室內空氣污染有關，佔了每年全球死亡人次的3.7%（4） 根據世界衛生組織（World Health Organization, WHO）於2000 的初步估算，全球每年約有780 萬人次死亡直接與室內空氣污染有關，佔了每年全球死亡人次的5.7%。

62.（1）根據世界衛生組織（World Health Organization, WHO）於2000 的初步估算，直接與室內空氣污染有關的死亡約佔了每年全球死亡人次的多少百分比（%）？（1）2.7%（2）7.7%（3）3.7%（4）5.7。

註：根據調查人類不吃飯可以活約 5 個星期，不喝水約可活 5 天，只要 5 分鐘沒空氣，人就會活不了。根據我國環保署屬委託專業者進行調查，國內約三成左右建築物室內空氣品質不佳。根據**世界衛生組織**於 2000 年的初步估算，全球每年約有 280 萬人次死亡原因直接與室內空氣污染有關聯，**佔全球每年死亡人次的 2.7%。**

63.（4）美國初步估算每年因室內工作環境空氣品質不良所導因的各項疾病在整體社會經濟成本支出之情形下列何者爲是？（1）各類非特異性建築相關症狀，亦即病態建築症候群（200-700億美金）（2）受建築物影響、居住者來源之傳染性呼吸道疾病（320億美金）（3）過敏性呼吸道疾病（39-41億美金）（4）以上皆是。

註：**美國初步估算每年因室內工作環境空氣品質不良所導因的各項疾病在整體社會經濟成本支出之情形**

（1）各類非特異性建築相關症狀，亦即病態建築症候群（200-700億美金）

（2）受建築物影響、居住者來源之傳染性呼吸道疾病（320 億美金）

（3）過敏性呼吸道疾病（39-41億美金）

64.（4）室內工作環境中空氣污染物所導致的各類與室內空氣品質危害相關的疾病或症狀爲何？（1）呼吸道傳染性疾病（居住者來源、建築物來源）（2）過敏性呼吸道疾病（3）非特異性建築相關症狀（病態建築症候群）（4）以上皆是。

註：**室內工作環境中空氣污染物所導致的各類與室內空氣品質危害相關的疾病或症狀有下列樣目：**

（1）呼吸道傳染性疾病（居住者來源、建築物來源）

（2）過敏性呼吸道疾病

（3）**非特異性建築相關症狀（病態建築症候群）。**

65.（1）在印度與不良室內空氣品質相關性最高且患病人次與損失人年最高的疾病為何？（1）最高的疾病為急性呼吸道感染（每年有27-40 萬人次），其次則為肺結核感染（每年有5.3-13 萬人次）（2）最高的疾病為肺結核（每年有27-40 萬人次），其次則為肺癌（每年有5.3-13 萬人次）（3）最高的疾病為神經毒感染（每年有27-40 萬人次），其次則為過敏性呼吸道感染（每年有5.3-13 萬人次）（4）最高的疾病為皮膚感染（每年有27-40 萬人次），其次則過敏性鼻炎感染（每年有5.3-13 萬人次）。

註：在印度與不良室內空氣品質相關性最高且患病人次與損失人年最高的疾病為最高的疾病為**急性呼吸道感染（每年有 27-40 萬人次），其次則為肺結核感染（每年有 5.3-13 萬人次）。**

66.（4）下列何者為發展中國家及先進國家之建築相關疾病有之差異？（1）在許多發展中之國家，因室內燃煤等固體燃料之使用，使得室內空間充斥著燃燒所產生之大量懸浮微粒、一氧化碳、二氧化氮、二氧化硫及具致癌性之多環芳香烴化合物，產生污染物較多（2）發展中國家每日大量暴露在污染下，增加了罹患急性下呼吸道感染、慢性阻塞性肺疾病及肺癌之風險，許多研究也持續證實室內空氣品質及通風換氣效率可影響肺結核、氣喘等疾病之罹患率（3）先進國家雖缺乏系統性之環境流行病學整合研究，許多的案例報告陸陸續續來自於先進住宅及高科技、氣密及中央空調大樓，這些案例主要包含傳染性疾病、過敏性疾病及一些刺激性物質引起之黏膜病（4）以上皆是。

註：**發展中國家及先進國家之建築相關疾病有些差異，在許多發展中之國家，因室內燃煤等固體燃料之使用，使得室內空間充斥著燃燒所產生之大量懸浮微粒、一氧化碳、二氧化氮、二氧化硫及具致癌性之多環芳香烴化合物，在此每日大量暴露下，增加了罹患急性下呼吸道感染、慢性阻塞性肺疾病及肺癌之風險，許多研究也持續證實室內空氣品質及通風換氣效率可影響肺結核、氣喘等疾病之罹患率。先進國家雖缺乏系統性之環境流行病學整合研究，許多的案例報告陸陸續續來自於先進住宅及高科技、氣密及中央空調大樓，這些案例主要包含傳染性疾病、過敏性疾病及一些刺激性物質引起之黏膜疾病。**

67.（4）依照不同程度及類型之室內空氣污染物暴露，可將與室內空氣品質不良有關之健康危害依嚴重程度之不同而區分，下列何者為非？（1）第一類為較輕微的、沒有特定病因之各類不適症狀，統稱為病態建築症候群（sick building syndrome, SBS）（2）第二類為已知之特定病因且該病因的存在與建築空間的特性密切有關，一般統稱為建築相關疾病（building relatedillness, BRI）（3）

第三類為具有致癌特性，並且在長期累積刺激之下對於心臟血管及呼吸道等慢性疾病（4）一般統稱為空調系統職業病（sick air handling unit,SAHU），具有長期累積造成的全身各部位病變。

註：依照不同程度及類型之室內空氣污染物暴露，可將與室內空氣品質不良有關之健康危害依嚴重程度之不同而區分為三類

(1) 第一類為較輕微的、沒有特定病因之各類不適症狀，統稱為病態建築症候群(sick building syndrome, SBS)

(2) 第二類為已知之特定病因且該病因的存在與建築空間的特性密切有關，一般統稱為建築相關疾病（building relatedillness,BRI）

(3) 第三類為具有致癌特性，並且在長期累積刺激之下對於心臟血管及呼吸道等慢性疾病。

68. (4) 室內空氣污染物相關的健康效應為何？（1）傳染性呼吸道疾病及氣喘、過敏性肺炎及過敏性疾病（2）非特異性的建築相關（3）呼吸道感染及菸害產生的健康效應（4）以上皆是。

69. (2) 非特異性的建築相關症狀之發生時間為何？（1）非特異性的建築相關症狀通常是發生在休息時間（急性且短期暴露）（2）非特異性的建築相關症狀通常是發生在工作時間（慢性且長期暴露）（3）非特異性的建築相關症狀通常是發生在下班時間（慢性但無暴露）（4）都有可能。

註：室內空氣污染物相關的健康效應有傳染性呼吸道疾病及氣喘、過敏性肺炎及過敏性疾病、非特異性的建築相關、呼吸道感染及菸害產生的健康效應。非特異性的建築相關症狀通常是發生在工作時間（慢性且長期暴露）。

70. (4) 下列何者為世界衛生組織認定之病態建築症候群之症狀？（1）感覺刺激性症狀，包括感覺乾燥、眼睛刺痛、喉嚨沙啞等及神經毒性及一般症狀，包括頭痛、頭昏眼花、容易疲倦、嘔吐、難以集中精神等（2）皮膚刺激性症狀，包括皮膚乾燥、皮膚紅腫疼痛、皮膚刺痛及非特異性過敏性呼吸道症狀，包括流鼻水、流眼淚、無氣喘病史員工發生類似氣喘症狀等（3）臭味及味覺異常，對於臭味的感覺特別敏感等（4）以上皆是。

註：1980年世界衛生組織將常使用人員抱怨症狀歸類分為五大類：

(1) 感覺刺激性症狀，包括感覺乾燥、眼睛刺痛及喉嚨沙啞等。

(2) 神精毒性及一般症狀，包括頭痛、頭昏眼花、容易疲倦、嘔吐及難以集中等。

(3) 皮膚刺激性症狀，包括皮膚乾燥、皮膚紅腫疼痛及皮膚刺痛。

(4) 非特異性過敏性呼吸道症狀，包括流鼻水、流眼淚及無氣喘病史員工發生類似氣喘症狀等。

(5) **臭味及味覺異常，對於臭味特敏感等。**

一般相信病態建築症候群可能的病因是屬於多重至病原所致，**包括大樓的建築設計參數（通風、溫度、溼度及照明等），室內的污染源（影印機、地毯、二手菸及揮發性有機物等），個人的特徵（性別、對化學物質的敏感度），社會心理因素（員工對工作壓力、滿足感）等。**

71.（1）何謂「病態建築」（sick building）？（1）建築物通常是密閉的、沒有可開啟的窗戶但具有空調系統，因此該類建築大廈有時被稱為「病態建築」（sickbuilding）（2）建築物不具有空調系統，導致過熱或過冷，因此該類建築大廈有時被稱為「病態建築」（sickbuilding）（3）建築物具有空調系統但是具有許多病菌，因此該類建築大廈有時被稱為「病態建築」（sickbuilding）（4）建築物通常是密閉的、沒有可開啟的窗戶且具有許多病毒的場所，因此該類建築大廈有時被稱為「病態建築」（sickbuilding）。

註：1970 年左右一種沒有確定病兆的症候群在歐美被發現。發生該症候群的建築物通常是封閉的、沒有開啟窗戶的但有空調系統，該類建築物有實被稱為**病態建築（sick building），該症候群就被稱為病態建築症候群。**

72.（4）發生「病態建築症候群」（sick building syndrome, SBS）的建築物通常具備哪些特性？（1）易產生刺激性反應及感染過敏性疾病（2）易感染癌症、心臟病及慢性阻塞性肺疾病（3）建築物通常是密閉的及沒有可開啟的窗戶但具有空調系統（4）以上皆是。

註：**發生「病態建築症候群」（sick building syndrome, SBS）的建築物通常具備三種特性**
（1）易產生刺激性反應及感染過敏性疾病
（2）易感染癌症、心臟病及慢性阻塞性肺疾病
（3）建築物通常是密閉的及沒有可開啟的窗戶但具有空調系統等。

73.（4）「病態建築症候群」的危險因子一般認為可能的病因是屬於「多重致病原」，可以歸納哪種因素？（1）建築相關員工抱怨症候群及非特異性建築相關症候群（2）病態辦公室症候群（3）密閉建築症候群（4）以上皆是。

註：「病態建築物症候群」，有學者建議以「呼吸道炎症和全身性徵候(Airway Inflammation and Systemic Symptoms)」一詞替代，通常是辦公大樓員工對室內工作境的一種身心反應，屬於慢性、非特異性且不舒服的症候群。病態建築物症候群的症狀，包括眼睛不適、鼻塞、流鼻水、咳嗽、喉嚨不適、呼吸短促、胸部不適、皮膚不適、頭痛、嗜睡、疲倦與精神無法集中；上述症狀在使用中央空調系統建築大樓中的工作者經常可見，一般在員工下班之後該症狀會明顯的減輕或消失。**故建築相關員工抱**

怨症候群及非特異性建築相關症候群、病態辦公室症候群及密閉建築症候群都是相關因素。

74.（4）室內空氣污染之病因包含哪種？（1）大樓的建築設計參數（通風、溫度、溼度、照明等）（2）室內的污染源（地毯、影印機、二手菸、揮發性有機物等）。（3）個人的特徵（性別、對化學物質的敏感度等）及社會心理因素（員工對工作的壓力、滿足感）（4）以上皆是。

　　註：室內空氣污染之病因包含（大樓的建築設計參數（通風、溫度、溼度、照明等）、室內的污染源（地毯、影印機、二手菸、揮發性有機物等）及個人的特徵（性別、對化學物質的敏感度等）及社會心理因素（員工對工作的壓力、滿足感）等。

75.（3）病態建築症候群（sick building syndrome, SBS）與建築相關疾病（building related illness, BRI））兩者都是描述室內空氣品質不良有關之健康危害的異同為何？（1）病態建築症候群常用許多如「建築相關員工抱怨症候群」、「非特異性建築相關症候群」、「病態辦公室症候群」、「密閉建築症候群」等名詞。為較輕微的、沒有特定病因之各類不適症狀，包括：眼睛、鼻或咽喉刺激性症狀；皮膚刺激性症狀；神經毒性症狀；非特異性呼吸道症狀；對氣味的感受的症狀（2）建築相關疾病為已知之特定病因且該病因的存在與建築空間的特性密切有關，包括：過敏性肺炎、氣喘、肺結核、退伍軍人症等疾病，均可依臨床診斷標準確認診斷疾病並且具有明確之病因（3）以上皆是（4）以上皆非。

76.（4）因病態建築症候群造成之眼睛、鼻或咽喉刺激性症狀為何？（1）乾燥及流淚（2）眼睛不適（3）喉嚨沙啞（4）以上皆是。

　　註：因病態建築症候群造成之眼睛、鼻或咽喉刺激性症狀為乾燥及流淚、眼睛不適、喉嚨沙啞等。

77.（4）常見病態建築症候群的類別？（1）眼睛、鼻或咽喉刺激性症狀及皮膚刺激性症狀（2）神經毒性症狀及非特異性呼吸道症狀（3）對氣味的感受的症狀（4）以上皆是。

　　註：常見病態建築症候群的類別分為下列症狀：

　　（1）眼睛、鼻或咽喉刺激性症狀及皮膚刺激性症狀

　　（2）神經毒性症狀及非特異性呼吸道症狀

　　（3）對氣味的感受的症狀。

78.（4）常見病態建築症候群的症狀？（1）眼睛、鼻或咽喉刺激性症狀及皮膚刺激性症狀：乾燥、流淚、眼睛不適、喉嚨沙啞（2）神經毒性症狀及非特異性呼吸道症狀：皮膚紅腫、皮膚刺激、皮膚乾燥及精神疲勞、記憶減退、

打瞌睡、困倦、注意力不集中、頭痛、頭昏眼花、噁心及流鼻水、流眼淚、類似氣喘的症狀、胸腔有雜音（3）對氣味的感受的症狀：改變嗅覺的易感受性、使人不愉快的氣味或味覺（4）以上皆是。

註：常見**病態建築症候群有下列症狀：**

(1) **眼睛、鼻或咽喉刺激性症狀及皮膚刺激性症狀：乾燥、流淚、眼睛不適、喉嚨沙啞**

(2) **神經毒性症狀及非特異性呼吸道症狀：皮膚紅腫、皮膚刺激、皮膚乾燥及精神疲勞、記憶減退、打瞌睡、困倦、注意力不集中、頭痛、頭昏眼花、噁心及流鼻水、流眼淚、類似氣喘的症狀、胸腔有雜音**

(3) **對氣味的感受的症狀：改變嗅覺的易感受性、使人不愉快的氣味或味覺。**

79.（4）因病態建築症候群造成之皮膚刺激性症狀為何？（1）皮膚紅腫（2）皮膚刺激（3）皮膚乾燥（4）以上皆是。

80.（4）因病態建築症候群造成之神經毒性症狀為何？A.精神疲勞B.記憶減退C.打瞌睡D.困倦E.注意力不集中F.頭痛G.頭昏眼花H.噁心（1）ABC（2）ABCD（3）ABCDEF（4）ABCDEFGH。

81.（4）因病態建築症候群造成之非特異性呼吸道症狀為何？（1）流鼻水及流眼淚（2）類似氣喘的症狀（3）胸腔有雜音（4）以上皆是。

82.（3）因病態建築症候群造成之對氣味的感受的症狀為何？（1）改變嗅覺的易感受性（2）使人不愉快的氣味或味覺（3）以上皆是（4）以上皆非。

註：(1) **病態建築症候群造成之皮膚刺激性症狀為皮膚紅腫、皮膚刺激、皮膚乾燥等。**

(2) **病態建築症候群造成之神經毒性症狀為精神疲勞、記憶減退、打瞌睡、困倦、注意力不集中、頭痛、頭昏眼花及噁心。**

(3) **病態建築症候群造成之非特異性呼吸道症狀為流鼻水及流眼淚、類似氣喘的症狀、胸腔有雜音等。**

(4) **因病態建築症候群造成之對氣味的感受的症狀為改變嗅覺的易感受性、使人不愉快的氣味或味覺等。**

83.（4）何謂建築相關疾病（building related illness, BRI）？（1）鼻炎、鼻竇炎（2）過敏性肺炎、氣喘、有機粉塵毒性症候群、過敏性結膜炎、刺激性結膜炎（3）退伍軍人症、結核病（4）以上皆是。

84.（4）常見之建築相關疾病？（1）鼻炎、鼻竇炎、過敏性肺炎及氣喘（2）有機粉塵毒性症候群、過敏性結膜炎及刺激性結膜炎（3）退伍軍人症及結核病（4）以上皆是。

註：建築**相關疾病為在環境流行病學、毒理學及臨床試驗可證實為為建築環境相關聯之**
疾病，建築相關疾病如過敏性肺癌、氣喘、肺結核、鼻炎、鼻竇炎、過敏性肺炎、
有機粉塵毒性症候群、過敏性結膜炎、刺激性結膜炎、退伍軍人症等疾病，均可依
臨床診斷表標準確認診斷疾病並具有明確之病因。故其與病因及致病機轉不明之病
態建築症候群並不相同。

85. （4）氣喘之致病原因為何？（1）清潔劑、揮發性有機化合物（2）灰塵、黴菌、
細菌（3）相對溼度太低（4）以上皆是。

86. （1）有機粉塵毒性症候群（organic dust toxic syndrome）之症狀及致病機轉為何？
（1）咳嗽、呼吸短促、肌肉疼痛、發燒，致病機轉為細菌內毒素毒性反應（2）
打噴嚏、呼吸停止、頭疼痛，致病機轉為細菌內分解反應（3）流眼淚、腰痠、
手臂疼痛、味覺遲鈍，致病機轉為細菌內刺激反應（4）以上皆非。

註：**氣喘之致病原因為清潔劑、揮發性有機化合物、灰塵、黴菌、細菌及相對溼度太低**
等因素。有機粉塵毒性症候群（organic dust toxic syndrome）之症狀及致病機轉
為何咳嗽、呼吸短促、肌肉疼痛、發燒，致病機轉為細菌內毒素毒性反應、打噴嚏、
呼吸停止、頭疼痛，致病機轉為細菌內分解反應、流眼淚、腰痠、手臂疼痛、味覺
遲鈍，致病機轉為細菌內刺激反應等。

87. （4）結核病之診斷標準為何？（1）病人檢體檢出病原菌（2）皮膚測試陽性反應
（3）胸部X光檢查結果（4）以上皆是。

註：**結核病之診斷標準如下：**
（1）病人檢體檢出病原菌
（2）皮膚測試陽性反應
（3）胸部X光檢查結果。

88. （4）在World Health Report 2002 因室內空氣品質產生之疾病與健康危害為何？（1）
小於五歲孩童之急性下呼吸道感染、慢性阻塞性肺疾病（成人）、肺癌（燃
煤有關）及肺結核（2） 白內障、上呼吸道肺癌、氣喘及新生兒體重過輕（3）
提高胎兒出生前死亡率及中耳炎（4）以上皆是。

註：**在World Health Report 2002 因室內空氣品質產生之疾病與健康危害為下列項目：**
（1）小於五歲孩童之急性下呼吸道感染、慢性阻塞性肺疾病（成人）、肺癌（燃煤
有關）及肺結核
（2）白內障、上呼吸道肺癌、氣喘及新生兒體重過輕
（3）提高胎兒出生前死亡率及中耳炎等。

89. （4）常見之建築相關疾病-鼻炎（rhinitis）引發之病症為何？（1） 鼻塞及流鼻水
（2） 鼻竇充血（3） 流鼻血（4）以上皆是。

90. （3）常見之建築相關疾病-過敏性肺炎（hypersenitivitypneumonitis）引發之病症為何？（1）咳嗽及呼吸短促（2）肌肉疼痛及發燒（3）以上皆是（4）以上皆非。

91. （3）常見之建築相關疾病-氣喘（asthma）引發之病症為何？（1）咳嗽及喘鳴（2）呼吸短促及胸悶難受（3）以上皆是（4）以上皆非

92. （4）常見之建築相關疾病-有機粉塵毒性症候群（organic dusttoxic syndrome）引發之病症為何？（1）咳嗽（2）呼吸短促（3）肌肉疼痛及發燒（4）以上皆是。

93. （4）常見之建築相關疾病-過敏性結膜炎（allergicconjunctivitis）引發之病症為何？（1）眼睛刺激（2）乾澀（3）流淚（4）以上皆是。

94. （4）常見之建築相關疾病-刺激性結膜炎（irritantconjunctivitis）引發之病症為何？（1）眼睛刺激（2）乾澀（3）流淚（4）以上皆是。

95. （4）常見之建築相關疾病-退伍軍人症（legionnaire's diseases）引發之病症為何？（1）咳嗽（2）多痰（3）發燒（4）以上皆是。

96. （4）常見之建築相關疾病-結核病（tuberculosis）引發之病症為何？（1）咳嗽（2）多痰（3）發燒及體重減輕（4）以上皆是。

　　註：（1）常見之建築相關疾病-鼻炎（rhinitis）引發之病症為鼻塞及流鼻水、鼻竇充血及流鼻血等。

　　　　（2）常見之建築相關疾病-過敏性肺炎（hypersenitivitypneumonitis）引發之病症為咳嗽、呼吸短促肌肉疼痛及發燒等。

　　　　（3）常見之建築相關疾病-氣喘（asthma）引發之病症為咳嗽及喘鳴、呼吸短促及胸悶難受等。

　　　　（4）常見之建築相關疾病-有機粉塵毒性症候群（organic dusttoxic syndrome）引發之病症為咳嗽、呼吸短促、肌肉疼痛及發燒等。

　　　　（5）常見之建築相關疾病-過敏性結膜炎（allergicconjunctivitis）引發之病症為眼睛刺激、乾澀及流淚等。

　　　　（6）常見之建築相關疾病-刺激性結膜炎（irritantconjunctivitis）引發之病症為眼睛刺激、乾澀及流淚等。

　　　　（7）常見之建築相關疾病-退伍軍人症（legionnaire's diseases）引發之病症為咳嗽、多痰及發燒等。

　　　　（8）常見之建築相關疾病-結核病（tuberculosis）引發之病症為咳嗽、多痰、發燒及體重減輕等。

97. （4）常見之建築相關疾病-鼻炎（rhinitis）其致病原因為何？（1）工作環境中之致敏原暴露（2）無碳的影印紙及光化反應產物（3）間接暴露如工作人員

衣物帶有來自家中的貓毛及殺蟲劑（4）以上皆是。

98.（4）常見之建築相關疾病-鼻竇炎（sinusitis）其致病原因為何？（1） 工作環境中之致敏原暴露（2）無碳的影印紙及光化反應產物（3）間接暴露如工作人員衣物帶有來自家中的貓毛及殺蟲劑（4）以上皆是。

99.（3）常見之建築相關疾病- 過敏性肺炎（hypersenitivitypneumonitis）其致病原因為何？（1）黴菌（2）嗜熱菌（3）以上皆是（4）以上皆非。

100.（4）常見之建築相關疾病-氣喘（asthma）其致病原因為何？（1）清潔劑及揮發性有機化合物（2）灰塵（3）黴菌、細菌及相對溼度太低（4）以上皆是。

　　註：（1）**常見之建築相關疾病-鼻炎（rhinitis）其致病原因為工作環境中之致敏原暴露、無碳的影印紙及光化反應產物、間接暴露如工作人員衣物帶有來自家中的貓毛及殺蟲劑等。**

　　　　（2）**常見之建築相關疾病-鼻竇炎（sinusitis）其致病原因為工作環境中之致敏原暴露、無碳的影印紙及光化反應產物、間接暴露如工作人員衣物帶有來自家中的貓毛及殺蟲劑等。**

　　　　（3）**常見之建築相關疾病- 過敏性肺炎（hypersenitivitypneumonitis）其致病原因為黴菌、嗜熱菌等。**

　　　　（4）**常見之建築相關疾病-氣喘(asthma)其致病原因為清潔劑及揮發性有機化合物、灰塵、黴菌、細菌及相對溼度太低等。**

101.（4）常見之建築相關疾病-有機粉塵毒性症候群（organic dusttoxic syndrome）其致病原因為何？（1）革蘭氏陽性菌（2）黴菌（3）熱衰解時所產生之聚合物（4）以上皆是。

102.（3）常見之建築相關疾病- 過敏性結膜炎（allergicconjunctivitis）其致病原因為何？（1）黴菌（2）致敏原（3）以上皆是（4）以上皆非。

103.（4）常見之建築相關疾病- 過刺激性結膜炎（irritantconjunctivitis）其致病原因為何？（1）刺激物質及揮發性有機化合物（2）灰塵（3）低溼度（4）以上皆是。

104.（2）常見之建築相關疾病-退伍軍人症（legionnaire's diseases）其致病原因為何？（1）退伍軍人菌滋生並伴隨著飛沫擴散（2）退伍軍人菌滋生並伴隨著氣膠化擴散（3）退伍軍人菌滋生並伴隨著液化擴散（4）以上皆非。

105.（2）常見之建築相關疾病-結核病（tuberculosis）其致病原因為何？（1）原菌隨著水源氣膠化擴散（2）原菌隨著飛沫等生物檢體氣膠化擴散（3）原菌隨著寵物帶原氣膠化擴散（4）以上皆非。

註：（1）<u>常見之建築相關疾病-有機粉塵毒性症候群（organic dusttoxic syndrome）其致病原因為革蘭氏陽性菌、黴菌、熱衰解時所產生之聚合物等。</u>

（2）<u>常見之建築相關疾病- 過敏性結膜炎（allergicconjunctivitis）其致病原因為黴菌及致敏原等。</u>

（3）<u>常見之建築相關疾病- 過刺激性結膜炎（irritantconjunctivitis）其致病原因為刺激物質及揮發性有機化合物、灰塵及低溼度等。</u>

（4）<u>常見之建築相關疾病-退伍軍人症（legionnaire's diseases）其致病原因為退伍軍人菌滋生並伴隨著氣膠化擴散。</u>

（5）<u>常見之建築相關疾病-結核病（tuberculosis）其致病原因為原菌隨著飛沫等生物檢體氣膠化擴散。</u>

106.（1）過敏性結膜炎（allergic conjunctivitis）一般是屬於第幾型的過敏反應？（1）第一型過敏反應（2）第二型過敏反應（3）第三型過敏反應（4）第四型過敏反應。

107.（2）過敏性肺炎（hypersensitivity pneumonitis）一般是屬於第幾型的過敏反應？（1）第四型過敏反應（2）第三型過敏反應（3）第二型過敏反應（4）第一型過敏反應。

註：傳統上，<u>現代醫學將常見的過敏反應分成四型：</u>

（1）<u>第一型過敏反應：此種反應主要是 E 型免疫球蛋白所造成，通常從接觸過敏原到發生反應之間的間隔時間很短，因此又稱「立即反應」。許多人吃蝦子會長蕁麻疹、過敏性結膜炎或是吃花生引起氣喘發作等，都是很典型的第一型過敏反應，這一類反應常常突然發生，有時甚至可以危及性命，像注射盤尼西林（penicillin）抗生素引發的第一型過敏反應，可在幾分鐘內就引發嚴重的休克而致人於死。</u>

（2）<u>第二型過敏反應：這一類反應較少見，一般是由於過敏原引發人體產生抗體而產生，而此抗體又會攻擊人體正常的組織，因此造成人體健康的危害。</u>

（3）<u>第三型過敏反應：這是由於人體內抗體與（外來）抗原形成的「免疫複合體」沈積在人體組織中所引發的過敏反應。由於這些「免疫複合體」很多是在血管中形成，因此最容易沈澱的地方就是我們人體內的微血管叢或是需要大量過濾血液的地方，例如腎臟、肺臟或皮膚微血管。此型過敏反應最常見的表現是各式各樣的血管炎，而視其影響的器官，就可能因起腎功能衰竭、肺臟呼吸功能衰竭、過敏性肺炎或皮膚的紫斑等症狀。</u>

（4）<u>第四型過敏反應：此型反應又稱「延遲型反應」，主要由 T 淋巴球所引發，包括肉芽腫反應、皮膚的過敏性皮膚炎反應都與此種過敏反應有關。</u>

透過吸入室內環境中**過敏原而導致之過敏性反應亦為常見之建築相關疾病，包括過敏性鼻炎、氣喘及過敏性肺炎，除此之外，暴露於大量有機粉塵亦會引起有機粉塵症候群。**一般多為室內環境中具有**大量真菌或者細菌之滋生源或是特定過敏源暴露所導致**，其中以**氣喘及過敏性鼻炎為盛行率最高的過敏性呼吸道疾病。環境中常見的過敏原包含塵蟎、細菌內毒素、真菌、蟑螂及動物皮毛等。**根據研究顯示，約有20%-50%的居家環境有溼度過高及黴菌污染的問題，主要污染多來自建築環境中不當的維護管理及缺乏預防措施、在建築及機械系統設計階段未考慮維護清潔之可行性、建築室內空間中溼度過高、建築空間或是空調系統淹水、空調系統之外氣引入口靠近室外黴菌滋生源等因素有關。**黴菌可存在於空氣、地板、天花板、牆壁、傢俱、地毯及空調系統等各式各樣的介質中生長。**

108.（3）常見與建築相關之空氣傳播傳染性疾病為何？（1）高傳染性疾病（2）伺機性感染疾病（3）以上皆是（4）以上皆非。

109.（2）常見建築相關之空氣傳播傳染性疾病中，有關於高傳染性疾病下列何者為非？（1）細菌傳染（2）細胞傳染（3）病毒傳染（4）真菌傳染。

110.（4）常見建築相關之空氣傳播傳染性疾病中，有關於伺機性感染疾病為何？（1）細菌傳染及病毒傳染（2）真菌傳染（3）原蟲傳染（4）以上皆是。

111.（3）常見建築相關之空氣傳播傳染性疾病中，有關於伺機性感染疾病中原蟲傳染疾病為何？（1）隱孢子蟲病（2）肺囊蟲肺炎（3）以上皆是（4）以上皆非。

112.（4）常見建築相關之空氣傳播傳染性疾病中，有關於伺機性感染疾病中細菌傳染疾病為何？（1）退伍軍人症（2）龐提亞克熱（3）假單包菌（4）以上皆是。

註：**常見與建築相關之空氣傳播傳染性疾病為高傳染性疾病及伺機性感染疾病，高傳染性疾病下列何者為細菌傳染、病毒傳染及真菌傳染；伺機性感染疾病為細菌傳染及病毒傳染、真菌傳染與原蟲傳染，其中原蟲傳染疾病為隱孢子蟲病與肺囊蟲肺炎等，細菌傳染疾病為退伍軍人症、龐提亞克熱及假單包菌。**

常見建築相關之空氣傳播傳染性疾病表列如下：

1.**高傳染性疾病**

（1）**細菌傳染：炭疽病、布氏桿菌病、鏈球菌肺炎及結核病。**

（2）**病毒傳染：感冒、水痘、流行性感冒、麻疹及風疹。**

（3）**真菌傳染：芽生菌、球黴菌病及組織漿菌病。**

2.**伺機性感染疾病**

（1）**細菌傳染：退伍軍人症、龐提亞克熱及假單胞菌。**

（2）**病毒傳染：疱疹。**

（3）**原蟲傳染：隱孢子蟲病及肺囊蟲肺病**

（4）**真菌傳染：麴菌病、囊球菌病、白黴菌病及藻菌病。**

113.（4）下列哪**些**與建築相關或是可透過空氣傳播於建築空間內之細菌傳染疾病有關？A.退伍軍人症（legionnaire's disease）B.龐提亞克熱（pontiac fever）C.結核病（tuberculosis）D.鏈球菌肺炎（streptococcal pneumonia）E.炭疽病（anthrax）F.假單胞菌（pseudomonas）G.布氏桿菌病（brucellosis）（1）ABCD（2）ABCDE（3）ABCDEF（4）ABCDEFG。

114.（4）下列哪**些**屬於與建築相關或是可透過空氣傳播於建築空間內之真菌傳染疾病有關？A.芽生菌病（blastomycosis）B.球黴菌病（coccidioidomycosis）C.組織漿菌病（histoplasmosisD.麴菌病（aspergillosis）E.囊球菌病（cryptococcosis）F.白黴菌病（mucormycosis）G.藻菌病（phycomycosis）（1）ABCD（2）ABCDE（3）ABCDEF（4）ABCDEFG。

115.（4）下列哪**些**屬於與建築相關或是可透過空氣傳播於建築空間內之病毒傳染疾病？A.感冒（common cold）B.水痘（chicken pox）C.流行性感冒（influenza）D.麻疹（measles）E.風疹（rubella）F.疱疹（herpes）G.嚴重急性呼吸系統綜合症（severe acute respiratorysyndrome, SARS）（1）AB（2）ABCD（3）ABCDEF（4）ABCDEFG。

　註：（1）**建築相關或是可透過空氣傳播於建築空間內之細菌傳染疾病：退伍軍人症（legionnaire's disease）、龐提亞克熱（pontiac fever）、結核病（tuberculosis）、鏈球菌肺炎（streptococcal pneumonia）、炭疽病（anthrax）、假單胞菌（pseudomonas）、布氏桿菌病。**

（2）**與建築相關或是可透過空氣傳播於建築空間內之真菌傳染疾病：芽生菌病（blastomycosis）、球黴菌病（coccidioidomycosis）、組織漿菌病（histoplasmosis）、麴菌病（aspergillosis）、囊球菌病（cryptococcosis）、白黴菌病（mucormycosis）、藻菌病（phycomycosis）。**

（3）**與建築相關或是可透過空氣傳播於建築空間內之病毒傳染疾病：感冒（common cold）、水痘（chicken pox）、流行性感冒（influenza）、麻疹（measles）、風疹（rubella）、疱疹（herpes）及嚴重急性呼吸系統綜合症（severe acute respiratorysyndrome, SARS）。**

116.（2）退伍軍人症是由何種細菌所引起？（1）退伍軍人症是嗜胸退伍軍協菌（Legionella pneumophila）所引起（2）退伍軍人症是嗜肺退伍軍協菌（Legionella pneumophila）所引起（3）退伍軍人症是嗜體退伍軍協菌（Legionella pneumophila）

所引起（4）以上皆是。

117.（1）退伍軍人症首次發現是在西元幾年？（1）西元1976年（2）西元1986年（3）西元1996年（4）西元1966年。

118.（2）退伍軍人症首次發生是在哪個國家城市？（1）中國的北京（2）美國的費城（3）英國的倫敦（4）韓國的首爾。

　　註：退伍軍人症之發生原因，**主要是由生長於冷卻水塔及冷凝設備中的嗜肺退伍軍協菌所引起**，首次發現在1976年在美國費城召開退伍軍人協會會議時被發現，它可在0-63℃及ph5-8.5環境下存活，並對氯有耐受性。主要之傳播方式有

　　（1）噴霧之空氣傳染

　　（2）吸入受污染之水而傳播，如冷卻水塔、蒸發之冷凝器、漩渦、除濕機、噴水池、蓮蓬頭、自來水水龍頭、牙科使用之磨牙機或噴溼器。

　　感染退伍軍人菌大部分都會出現龐提亞克熱，而約有5%左右的人會導致非典型肺炎，故稱為退伍軍人症，故必須重視基本日常使用管理，例如冷卻水塔的定期清理、除藻及殺菌，才能避免退伍軍人菌孳生及傳播，罹患之高危險群為50歲以上的老年人，本身具有慢性疾病或者其他免疫能力較差的人，故相關特定機關更因加強此部份維護。以近年嚴重衝擊亞洲地區之新興疾病「嚴重急性呼吸系統綜合症」SARS的出現，許多室內空間反而成為病菌集中傳播的危險空間，顯見室內空氣品質改善之重要性。

119.（4）伺機性傳染疾病分為哪些類？A.細菌傳染：退伍軍人症（legionnaire's disease）、龐提亞克熱（pontiac fever）、假單胞菌（pseudomonas）B.病毒傳染：疱疹（herpes）C.原蟲傳染：隱孢子蟲病（cryptosporidiosis）、肺囊蟲肺炎（pneumocystis pneumonia）D.真菌傳染：麴菌病（aspergillosis）、囊球菌病（cryptococcosis）、白黴菌病（mucormycosis）、藻菌病（phycomycosis）（1）A（2）AB（3）ABC（4）ABCD。

　　註：伺機性傳染疾病分為：

　　（1）細菌傳染：退伍軍人症（legionnaire's disease）、龐提亞克熱（pontiac fever）、假單胞菌（pseudomonas）

　　（2）病毒傳染：疱疹（herpes）C.原蟲傳染：隱孢子蟲病（cryptosporidiosis）、肺囊蟲肺炎（pneumocystis pneumonia）

　　（3）真菌傳染：麴菌病（aspergillosis）、囊球菌病（cryptococcosis）、白黴菌病（mucormycosis）、藻菌病（phycomycosis）等

120.（3）下列何者為退伍軍人菌之傳播途徑方式？（1）噴霧之空氣傳播（2）吸入受污染之水而傳播，如冷卻水塔、蒸發之冷凝器、除濕機、噴水池、漩渦（瀑

布）、蓮蓬頭、自來水水龍頭及牙醫師使用之磨牙機等（3）以上皆是（4）以上皆非。

註： 退伍軍人菌主要之傳播方式有：

（1）噴霧之空氣傳染

（2）吸入受污染之水而傳播，如冷卻水塔、蒸發之冷凝器、漩渦、除濕機、噴水池、蓮蓬頭、自來水水龍頭、牙科使用之磨牙機或噴溼器。

121.（4）為降低建築物內人員感染退伍軍人症之風險，冷卻水塔之選擇要點為何？（1）清除堆積物之能力（2）進入冷卻水塔內部清潔檢修之便利性（3）耐用及易於清洗之材質、足夠的污水排水面積及可靠性（4）以上皆是。

122.（4）為降低建築物內人員感染退伍軍人症之風險，冷卻水塔之設置要點為何？（1）風向、外氣引入口位置及設置位置應離新鮮外氣引入口（2）窗戶及公共區域愈遠愈好（3）將距離冷卻水塔8公尺以內之外氣引入口進行變更遷移、定期維護清潔及遵循製造廠商之基本建議（4）以上皆是。

註：為降低建築物內人員感染退伍軍人症之風險，冷卻水塔之選擇要點為清除堆積物之能力、進入冷卻水塔內部清潔檢修之便利性、耐用及易於清洗之材質、足夠的污水排水面積及可靠性。為降低建築物內人員感染退伍軍人症之風險，冷卻水塔之設置要點為風向、外氣引入口位置及設置位置應離新鮮外氣引入口，窗戶及公共區域愈遠愈好，將距離冷卻水塔 8 公尺以內之外氣引入口進行變更遷移、定期維護清潔及遵循製造廠商之基本建議。

123.（3）哪種對象為退伍軍人症之高危險群？（1）退伍軍人症之高危險群為年齡大於40歲之現役軍人（2）退伍軍人症之高危險群為年齡大於80歲的老人（3）退伍軍人症之高危險群為年齡大於50歲之老年人、本身有慢性疾病患者或其他免疫能力較差的人（4）退伍軍人症之高危險群為年齡小於10歲之幼童、本身有過敏性疾病患者或其他罕見疾病的人。

註：「退伍軍人症」是機會致病症，也就是說退伍軍人桿菌常常侵犯有下列病症或免疫系統較差的人，最容易受感染的人包括老人、抽煙者、免疫力受抑制者、慢性阻塞性肺病、器官移植病人及使用類固醇治療者也就是年齡大於 50 歲之老年人、本身有慢性疾病患者或其他免疫能力較差的人都屬高危險群。

124.（1）SARS 的中文全名為何？（1）嚴重急性呼吸系統綜合症（2）嚴重慢性呼吸傳播症候群（3）嚴重呼吸道感染症候群（4）嚴重呼吸道傳播症候群。

註：嚴重急性呼吸道症候群（Severe Acute Respiratory Syndrome，SARS），是非典型肺炎的一種。在病癥的病原體被確定後，世界衛生組織（WHO）根據病癥的特點而定名為"嚴重急性呼吸道綜合症。

125.（2）有機粉塵症候群（organic dust toxic syndrome）之病因為暴露於大量有機粉塵會引起有機粉塵症候群（organicdust toxic syndrome）。此類疾病，一般多為室內環境中具有大量真菌或細菌之滋生源或是特定過敏原暴露所導致，其中以何者為盛行率最高的過敏性呼吸道疾病？（1）支氣管炎（2）氣喘及過敏性鼻炎（3）過敏性肺炎（4）以上皆是。

註：**有機粉塵症候群（organic dust toxic syndrome）之病因為暴露於大量有機粉塵會引起有機粉塵症候群（organicdust toxic syndrome）。此類疾病，一般多為室內環境中具有大量真菌或細菌之滋生源或是特定過敏原暴露所導致，其中以何者為盛行率最高的過敏性呼吸道疾病為氣喘及過敏性鼻炎。**

126.（4）室內環境中真菌或細菌暴露引起的過敏性呼吸道疾病？（1）氣喘（2）過敏性鼻炎（3）過敏性肺炎（4）以上皆是。

127.（4）透過吸入室內環境中過敏原而導致之過敏性反應之建築相關疾病？（1）過敏性鼻炎（allergic rhinitis）（2）氣喘（asthma）（3）過敏性肺炎（hypersensitivity pneumonitis）（4）以上皆是。

註：**室內環境中真菌或細菌暴露引起的過敏性呼吸道疾病為氣喘、過敏性鼻炎及過敏性肺炎等。透過吸入室內環境中過敏原而導致之過敏性反應之建築相關疾病為過敏性鼻炎（allergic rhinitis）、氣喘（asthma）及過敏性肺炎（hypersensitivity pneumonitis）等。**

128.（4）根據環境調查研究指出，目前約有20%-50%的居家環境中有濕氣過高與黴菌污染的困擾，其原因為何？（1）建築環境中不當的維護管理及缺乏預防措施及在建築及機械系統設計階段未考慮維護清潔之可行性（2）建築室內空間中溼度過高或建築空間或是空調系統淹水（3）空調系統之外氣引入口靠近室外黴菌滋生源（4）以上皆是。

129.（2）根據環境調查研究指出，居家環境中有濕氣過高與黴菌污染的困擾約佔有多少的百分比？（1）10～30%（2）20～50 %（3）60～70%（4）70%～80%。

註：**環境調查研究指出，目前約有 20%-50%的居家環境中有濕氣過高與黴菌污染的困擾，其原因為建築環境中不當的維護管理及缺乏預防措施及在建築及機械系統設計階段未考慮維護清潔之可行性、建築室內空間中溼度過高或建築空間或是空調系統淹水及空調系統之外氣引入口靠近室外黴菌滋生源等。**

130.（4）室內空氣品質污染問題有哪種？（1）室內換氣條件不足造成室內污染物的累積（2）室內有機污染物逸散過高不易排除（3）溫濕條件不良造成生物污染過多（4）以上皆是。

註：室內空氣品質污染問題

     （1）室內換氣條件不足造成室內污染物的累積

     （2）室內有機污染物逸散過高不易排除

     （3）溫濕條件不良造成生物污染過多等。

131.（4）何種生長環境容易產生黴菌滋生情形？（1）空氣（2）地板、牆壁、家具、地毯（3）空調系統等介質（4）以上皆非。

    註：空氣、地板、牆壁、家具、地毯及空調系統等介質生長環境容易產生黴菌滋生。

132.（4）室內環境中常見的過敏原為何？（1）塵蟎、細菌內毒素（2）真菌、蟑螂（3）動物皮毛（4）以上皆是。

    註：環境中常見的過敏原為塵蟎、細菌內毒素、真菌、蟑螂及動物皮毛等。

133.（4）下列何者為室內環境中人們經年累月長期的暴露的致癌因子？A.石綿B.氡氣C.二手菸D.甲醛E.多環芳香烴化合物（1）AB（2）ABC（3）ABC（4）ABCD。

    註：室內環境中人們經年累月長期的暴露的致癌因子有石綿、氡氣、二手菸、甲醛及多環芳香烴化合物。

134.（1）室內揮發性有機化合物中最常見之逸散污染物為何？（1）甲醛（2）甲醇（3）甲烷（4）氫。

    註：室內揮發性有機化合物中最常見之逸散污染物為甲醛。

135.（3）室內懸浮微粒及菸害產物暴露已被證實為影響哪些疾病相當重要的危險因子？（1）心肌梗塞及腦中風等心臟血管疾病（2）肺結核及肺炎（3）鼻咽癌及鼻炎（4）以上皆是。

    註：室內懸浮微粒及菸害產物暴露已被證實為影響哪些疾病相當重要的危險因子心肌梗塞及腦中風等心臟血管疾病、肺結核及肺炎、鼻咽癌及鼻炎。

136.（1）根據我國「菸害防制法施行細則」第七條內容為何？（1）說明吸菸區（室）必須是有區隔並具有通風良好或獨立之排風或空調系統之處所；該區（室）並應明顯標示「吸菸區（室）」或「本吸菸區（室）以外之區域嚴禁吸菸」意旨之文字（2）吸菸區必須由玻璃建造並需放置計數器及海報（3）吸菸區必須於不明顯區域且不影響其他辦公區域（4）吸菸區需有特定專人管理並且對進入吸菸者專案登記輔導。

    註：菸害防制法施行細則第七條：本法第十四條第二項所稱吸菸區（室）之區隔，指具有通風良好或獨立之排風或空調系統之處所；該區（室）並應明顯標示「吸菸區（室）」或「本吸菸區（室）以外之區域嚴禁吸菸」意旨之文字。

137.（2）我國目前負責推動『低逸散建材』標章制度的政府單位？（1）經濟部環保署（2）內政部建築研究所（3）各縣市政府建管單位（4）經濟部商檢局。

138.（1）為改善我國室內空氣品質內政部建築研究所積極推動哪項標章制度？（1）

『低逸散建材』標章（2）『環保建材』標章（3）『節能建材』標章（4）『空氣品質建材』標章。

註：「低逸散建材標章」原名稱為**「健康綠建材標章」，性能評定基準參考國外先進國家之相關綠建材標章，搭配內政部建築研究所長期研究成果，以臺灣本土室內氣候條件為優先考量，訂定建材逸散之「總揮發性有機化合物（TVOC）」及「甲醛（Formaldehyde）」逸散速率基準，其 TVOC 基準以 BTEX（苯、甲苯、乙苯、二甲苯）等指標性污染物累加計算，最後將原有「健康綠建材標章」修訂為「低逸散健康綠建材標章」。**

139.（4）室內民生消費用品之特定揮發性有機化合物之控制應透過那種方式來保障民眾安全？（1）教育宣導（2）完善標章制度（3）鼓勵低逸散產品（4）以上皆是。

註：室內民生消費用品之特定揮發性有機化合物之控制應透過下列方式來保障民眾安全：

（1）**教育宣導**

（2）**完善標章制度**

（3）**鼓勵低逸散產品**

140.（4）下列何者為以人為主要傳染對象的呼吸道疾病？A.結核病B.鏈球菌肺炎C.流行性感冒D.嚴重急性呼吸系統綜合症E.過敏性肺炎F.退伍軍人症G.麻疹（1）AB（2）ABC（3）ABC（4）ABCDEFG。

註：以人為主要傳染對象的呼吸道疾病如**結核病、鏈球菌肺炎、流行性感冒、嚴重急性呼吸系統綜合症、過敏性肺炎、退伍軍人症及麻疹等。**

141.（4）一般廟宇燒香拜拜會產生的室內空氣污染物為何？（1）一氧化碳及二氧化碳（2）懸浮微粒（$PM_{2.5}$、PM_{10}）（3）總揮發性有機物（4）以上皆是。

註：廟宇燒香拜拜會產生的室內空氣污染物**如一氧化碳及二氧化碳、懸浮微粒（$PM_{2.5}$、PM_{10}）及總揮發性有機物等。**

142.（4）下列何者為室內空氣中微生物（或生物氣膠）傳染的疾病？A.結核病B.鏈球菌肺炎C.流行性感冒D.嚴重急性呼吸E.系統綜合症F.過敏性肺炎G.退伍軍人症H.麻疹（1）AB（2）ABC（3）ABCDEFG（4）ABCDEFGH。

註：室內空氣中微生物（或生物氣膠）傳染的疾病如**結核病、鏈球菌肺炎、流行性感冒、嚴重急性呼吸系統綜合症、過敏性肺炎、退伍軍人症及麻疹等。**

143.（1）（A）有機粉塵毒性症候群（B）流鼻水（C）過敏性肺炎（D）流眼淚（E）過敏性結膜炎（F）喉嚨沙啞（G）肺結核（H）味覺異常（I）退伍軍人症（J）皮膚紅腫疼痛（K）容易疲倦（L）頭昏眼花。上述哪些屬於病態建築症候群？（1）B、D、F、H、J、K、L（2）A、C（3）G、I（4）A、B、C、

D、I。

註：病態建築症候群症狀為**流鼻水、流眼淚、喉嚨沙啞、味覺異常、皮膚紅腫疼痛容易疲倦及頭昏眼花等。**

144.（2）（A）有機粉塵毒性症候群（B）流鼻水（C）過敏性肺炎（D）流眼淚（E）過敏性結膜炎（F）喉嚨沙啞（G）肺結核（H）味覺異常（I）退伍軍人症（J）皮膚紅腫疼痛（K）容易疲倦（L）頭昏眼花。上述哪些屬於建築相關疾病？（1）B、D、F（2）A、C、E、G、I（3）H、J、K、L（4）D、F、G、I、L。

註：與建築物相關的疾病症狀為**有機粉塵毒性症候群、過敏性肺炎、過敏性結膜炎、肺結核、退伍軍人症等。**

145.（1）（A）鉛（Pb）（B）二氧化硫（SO_2）（C）二氧化氮（NO_2）（D）一氧化碳（CO）（E）臭氧（O_3）（F）總懸浮微粒（TSP）（G）二氧化碳（CO_2）（H）甲醛（HCHO）（I）真菌（Fungi）（J）細菌（Bacteria）（K）硫化氫（H_2S）（L）粒徑小於等於10微米（μm）之懸浮微粒（PM_{10}）（M）粒徑小於等於2.5微米（μm）之懸浮微粒（$PM_{2.5}$）（N）總揮發性有機化合物（TVOCs）。上述哪些屬於室內空氣品質管理法所列的9大污染指標？（1）D、E、G、H、I、J、L、M、N（2）A、B、C、D、E、K、L、M、N（3）D、E、H、I、J、K、L、M、N（4）B、D、E、H、I、L、M、N。

146.（4）（A）鉛（Pb）、（B）二氧化硫（SO_2）、（C）二氧化氮（NO_2）、（D）一氧化碳（CO）、（E）臭氧（O_3）、（F）總懸浮微粒（TSP）、（G）二氧化碳（CO_2）、（H）甲醛（HCHO）、（I）真菌（Fungi）、（J）細菌（Bacteria）、（K）硫化氫（H2S）、（L）粒徑小於等於10微米（μm）之懸浮微粒（PM_{10}）、（M）粒徑小於等於2.5微米（μm）之懸浮微粒（$PM_{2.5}$）、（N）總揮發性有機化合物（TVOCs）。上述哪些不屬於室內空氣品質管理法所列的9大污染指標？（1）D、E、G、H、I（2）A、B、C、D、E（3）D、E、H、I、J（4）A、B、C、F、K。

註：各項室內空氣九大污染物之室內空氣品質標準規定如下：

項目	標準值		單位
二氧化碳（CO_2）	八小時值	一〇〇〇	ppm（體積濃度百萬分之一）

項目	標準值		單位
一氧化碳（CO）	八小時值	九	ppm（體積濃度百萬分之一）
甲醛（HCHO）	一小時值	0‧0八	ppm（體積濃度百萬分之一）
總揮發性有機化合物（TVOC，包含：十二種揮發性有機物之總和）	一小時值	0‧五六	ppm（體積濃度百萬分之一）
細菌（Bacteria）	最高值	一五00	CFU/㎥（菌落數/立方公尺）
眞菌（Fungi）	最高值	一000。但眞菌濃度室內外比值小於等於一‧三者，不在此限。	CFU/㎥（菌落數/立方公尺）
粒徑小於等於十微米（μm）之懸浮微粒（PM$_{10}$）	二十四小時值	七五	μg/㎥（微克/立方公尺）
粒徑小於等於二‧五微米（μm）之懸浮微粒（PM$_{2.5}$）	二十四小時值	三五	μg/㎥（微克/立方公尺）
臭氧（O$_3$）	八小時值	0‧0六	ppm（體積濃度百萬分之一）

147.（1）（A）鉛（Pb）（B）二氧化硫（SO$_2$）（C）二氧化氮（NO$_2$）（D）一氧化碳（CO）（E）臭氧（O$_3$）（F）總懸浮微粒（TSP）（G）二氧化碳（CO$_2$）（H）甲醛（HCHO）（I）眞菌（Fungi）（J）細菌（Bacteria）（K）硫化氫（H$_2$S）（L）粒徑小於等於10微米（μm）之懸浮微粒（PM$_{10}$）、（M）粒徑小於等於2.5微米（μm）之懸浮微粒（PM$_{2.5}$）（N）總揮發性有機化合物（TVOCs）。上述哪些是屬於燃燒或抽菸行爲產生的空氣污染物？（1）A、B、C、D、F、G、H、L、M、N（2）C、D、E、I、J（3）F、G、H、I、J、K、L（4）E、F、G、I、J、K。

註：燃燒或抽菸行爲產生的空氣污染物如鉛（Pb）、二氧化硫（SO2）、二氧化氮（NO2）、一氧化碳（CO）、臭氧（O3）、總懸浮微粒（TSP）、二氧化碳（CO2）、甲醛（HCHO）、

真菌（Fungi）、細菌（Bacteria）、硫化氫（H2S）、粒徑小於等於10微米（μm）之懸浮微粒（PM10）、粒徑小於等於2.5微米（μm）之懸浮微粒（PM2.5）及總揮發性有機化合物（TVOCs）等。

148.（2）（A）使用具活性碳吸附功能的空氣清淨機（B）使用清潔劑（C）開啓冷氣機（D）使用彩色影印機（E）鋪設地毯（F）使用修正液（G）噴芳香劑（H）使用雞毛撢子（I）使用電風扇（J）使用「低逸散建材」（K）室內抽菸（L）使用除濕機（M）使用瓦斯爐烹飪（N）使用電磁爐煮火鍋（O）定期清洗或更換冷氣濾網。上述哪些室內活動會增加室內總揮發性有機化合物的空氣污染物濃度？（1）A、C、I、J（2）B、D、E、F、G、K（3）A、C、I、J、L、M、N（4）L、M、N、O。

註：使用清潔劑、使用彩色影印機、鋪設地毯、使用修正液、噴芳香劑及室內禁止抽菸等會增加室內總揮發性有機化合物的空氣污染物濃度。

149.（1）（A）使用具活性碳吸附功能的空氣清淨機（B）使用清潔劑（C）開啓冷氣機（D）使用彩色影印機（E）鋪設地毯（F）使用修正液（G）噴芳香劑（H）使用雞毛撢子、（I）使用電風扇（J）使用「低逸散建材」（K）室內禁止抽菸（L）使用除濕機（M）使用瓦斯爐烹飪（N）使用電磁爐煮火鍋（O）定期清洗或更換冷氣濾網。上述哪些室內活動會增加室內臭氧的空氣污染物濃度？（1）A、D、I、L、N（2）B、C、E、F（3）G、H、J、M（4）J、M、O。

註：使用具活性碳吸附功能的空氣清淨機、使用彩色影印機、使用電風扇、使用除濕機、使用電磁爐煮火鍋等會增加室內臭氧的空氣污染物濃度。

150.（3）（A）增加通風換氣（B）保持自然通風（C）避免室內潮濕（D）使用『低逸散建材』（E）噴芳香劑（F）使用除濕機（G）使用雞毛撢子撢灰塵（H）使用電風扇（I）室內禁止抽菸。上述哪些室內活動會降低室內細菌的濃度？（1）D、E、G、H（2）E、G、I（3）A、B、C、F（4）D、E、G、H、I。

註：下列方式會有效降低室內細菌的濃度：

（1）增加通風換氣量

（2）保持自然通風

（3）避免室內過於潮濕及使用除濕機等。

151.（1）（A）炭疽病（anthrax）（B）退伍軍人症（legionnaire's disease）（C）布氏桿菌病（brucellosis）（D）龐提亞克熱（pontiac fever）（E）假單胞菌（pseudomonas）（F）感冒（common cold）（G）鏈球菌肺炎（streptococcal pneumonia）（H）麴菌病（aspergillosis）（I）芽生菌病（blastomycosis）（J）

球黴菌病（coccidioidomycosis）　（K）組織漿菌病（histoplasmosis）（L）隱孢子蟲病（cryptosporidiosis）（M）肺囊蟲肺炎（pneumocystis pneumonia）（N）囊球菌病（cryptococcosis）（O）白黴菌病（mucormycosis）（P）藻菌病（phycomycosis）（Q）水痘（chicken pox）（R）流行性感冒（influenza）（S）麻疹（measles）（T）風疹（rubella）（U）結核病（tuberculosis）（V）疱疹（herpes）。上述哪些是屬於細菌傳染所引起的疾病？（1）A、B、C、D、E、G、U（2）F、H、I、J（3）K、L、M、N（4）O、P、Q、R、S、T、V。

　　註：細菌傳染所引起的疾病<u>如炭疽病(anthrax)、退伍軍人症(legionnaire' sdisease)、布氏桿菌病(brucellosis)、龐提亞克熱(pontiac fever)、假單胞菌(pseudomonas)、鏈球菌肺炎（streptococcal pneumonia）及結核病（tuberculosis）</u>等。

152.（2）（A）炭疽病（anthrax）（B）退伍軍人症（legionnaire' sdisease）（C）布氏桿菌病（brucellosis）（D）龐提亞克熱（pontiac fever）（E）假單胞菌（pseudomonas）（F）感冒（common cold）（G）鏈球菌肺炎（streptococcal pneumonia）（H）麴菌病（aspergillosis）（I）芽生菌病（blastomycosis）（J）球黴菌病（coccidioidomycosis）　（K）組織漿菌病（histoplasmosis）（L）隱孢子蟲病（cryptosporidiosis）（M）肺囊蟲肺炎（pneumocystis pneumonia）（N）囊球菌病（cryptococcosis）（O）白黴菌病（mucormycosis）（P）藻菌病（phycomycosis）（Q）水痘（chicken pox）（R）流行性感冒（influenza）（S）麻疹（measles）（T）風疹（rubella）（U）結核病（tuberculosis）（V）疱疹（herpes）。上述哪些是屬於真菌傳染所引起的疾病？（1）A、B、C、D、E（2）H、I、J、K、N、O、P（3）F、G、L、M、Q（4）R、S、T、U、V。

　　註：真菌傳染所引起的疾病如<u>麴菌病（aspergillosis）、芽生菌病（blastomycosis）、球黴菌病（coccidioidomycosis）、組織漿菌病（histoplasmosis）、囊球菌病（cryptococcosis）、白黴菌病（mucormycosis）及藻菌病（phycomycosis）</u>等。

153.（1）（A）炭疽病（anthrax）（B）退伍軍人症（legionnaire' sdisease）（C）布氏桿菌病（brucellosis）（D）龐提亞克熱（pontiac fever）（E）假單胞菌（pseudomonas）（F）感冒（common cold）（G）鏈球菌肺炎（streptococcal pneumonia）（H）麴菌病（aspergillosis）（I）芽生菌病（blastomycosis）（J）球黴菌病（coccidioidomycosis）　（K）組織漿菌病（histoplasmosis）（L）隱孢子蟲病（cryptosporidiosis）（M）肺囊蟲肺炎（pneumocystis pneumonia）（N）囊球菌病（cryptococcosis）（O）白黴菌病（mucormycosis）（P）藻

菌病（phycomycosis）（Q）水痘（chicken pox）（R）流行性感冒（influenza）（S）麻疹（measles）、（T）風疹（rubella）、（U）結核病（tuberculosis）、（V）疱疹（herpes）。上述哪些是屬於病毒傳染所引起的疾病？（1）F、Q、R、S、T、V（2）A、B、C、D、E（3）G、H、I、J、K（4）L、M、N、O、P。

註：病毒傳染所引起的疾病如**感冒（common cold）、水痘（chicken pox）、流行性感冒（influenza）、麻疹（measles）、風疹（rubella）、疱疹（herpes）**。

154.（2）（A）炭疽病（anthrax）（B）退伍軍人症（legionnaire'sdisease）（C）布氏桿菌病（brucellosis）（D）龐提亞克熱（pontiac fever）（E）假單胞菌（pseudomonas）（F）感冒（common cold）（G）鏈球菌肺炎（streptococcal pneumonia）（H）麴菌病（aspergillosis）（I）芽生菌病（blastomycosis）（J）球黴菌病（coccidioidomycosis）（K）組織漿菌病（histoplasmosis）（L）隱孢子蟲病（cryptosporidiosis）（M）肺囊蟲肺炎（pneumocystis pneumonia）（N）囊球菌病（cryptococcosis）（O）白黴菌病（mucormycosis）（P）藻菌病（phycomycosis）（Q）水痘（chicken pox）（R）流行性感冒（influenza）（S）麻疹（measles）（T）風疹（rubella）（U）結核病（tuberculosis）（V）疱疹（herpes）。上述哪些是屬於原蟲傳染所引起的疾病？（1）A、B、C（2）L、M（3）O、R、V（4）G、H、I。

註：原蟲傳染所引起的疾病如**隱孢子蟲病（cryptosporidiosis）、肺囊蟲肺炎（pneumocystis pneumonia）**。

155.（1）（A）炭疽病（anthrax）（B）退伍軍人症（legionnaire'sdisease）（C）布氏桿菌病（brucellosis）（D）龐提亞克熱（pontiac fever）（E）假單胞菌（pseudomonas）（F）感冒（common cold）（G）鏈球菌肺炎（streptococcal pneumonia）（H）麴菌病（aspergillosis）（I）芽生菌病（blastomycosis）（J）球黴菌病（coccidioidomycosis）（K）組織漿菌病（histoplasmosis）（L）隱孢子蟲病（cryptosporidiosis）（M）肺囊蟲肺炎（pneumocystis pneumonia）（N）囊球菌病（cryptococcosis）（O）白黴菌病（mucormycosis）（P）藻菌病（phycomycosis）（Q）水痘（chicken pox）（R）流行性感冒（influenza）（S）麻疹（measles）、（T）風疹（rubella）（U）結核病（tuberculosis）、（V）疱疹（herpes）。上述哪些是屬於微生物所引起的高傳染性疾病？（1）A、C、F、G、I、J、K、Q、R、S、T、U（2）B、D、E、H（3）L、M、N、O（4）P、U、V。

註：微生物所引起的高傳染性疾病如**炭疽病（anthrax）、布氏桿菌病（brucellosis）、
感冒（common cold）、鏈球菌肺炎（streptococcal pneumonia）、芽生菌病
（blastomycosis）、球黴菌病（coccidioidomycosis）、組織漿菌病
（histoplasmosis）、水痘（chicken pox）、流行性感冒（influenza）、麻疹（measles）、
風疹（rubella）及結核病（tuberculosis）**等。

156.（2）（A）炭疽病（anthrax）（B）退伍軍人症（legionnaire'sdisease）（C）布
氏桿菌病（brucellosis）（D）龐提亞克熱（pontiac fever）（E）假單胞菌
（pseudomonas）（F）感冒（common cold）（G）鏈球菌肺炎（streptococcal
pneumonia）（H）麴菌病（aspergillosis）、（I）芽生菌病（blastomycosis）
（J）球黴菌病（coccidioidomycosis）（K）組織漿菌病（histoplasmosis）
（L）隱孢子蟲病（cryptosporidiosis）（M）肺囊蟲肺炎（pneumocystis pneumonia）
（N）囊球菌病（cryptococcosis）（O）白黴菌病（mucormycosis）（P）藻
菌病（phycomycosis）（Q）水痘（chicken pox）（R）流行性感冒（influenza）
（S）麻疹（measles）（T）風疹（rubella）（U）結核病（tuberculosis）（V）
疱疹（herpes）。上述哪些是屬於微生物所引起的伺機性感染疾病？（1）A、
C、F、G、I（2）B、D、E、H、L、M、N、O、P、V（3）J、K、Q、R、S
（4）T、U。

註：微生物所引起的伺機性感染疾病如**退伍軍人症（legionnaire'sdisease）、龐提亞
克熱（pontiac fever）、假單胞菌（pseudomonas）、麴菌病（aspergillosis）、
隱孢子蟲病（cryptosporidiosis）、肺囊蟲肺炎（pneumocystis pneumonia）、
囊球菌病（cryptococcosis）、白黴菌病（mucormycosis）、藻菌病（phycomycosis）
及疱疹（herpes）**等。

157.（1）（A）使用具活性碳吸附功能的空氣清淨機（B）使用清潔劑（C）開啟冷
氣機（D）使用彩色影印機（E）鋪設地毯（F）使用修正液（G）噴芳香劑
（H）使用雞毛撢子（I）使用電風扇（J）使用「低逸散建材」（K）室內
禁止抽菸（L）使用除濕機（M）使用瓦斯爐烹飪（N）使用電磁爐煮火鍋
（O）定期清洗或更換冷氣濾芯（P）跳有氧舞蹈（Q）養貓、狗、小鳥等寵
物（R）放置具曝氣的水族箱。上述哪些室內活動會增加室內空氣中的微生
物濃度？（1）H、P、Q、R（2）A、B、C（3）D、E、F（4）G、I、J。

註：在室內**使用雞毛撢子、跳有氧舞蹈、養貓、狗、小鳥等寵物及放置具曝氣的水族箱**
會增加室內空氣中的微生物濃度。

158.（1）（A）使用具活性碳吸附功能的空氣清淨機（B）使用清潔劑（C）開啟冷
氣機（D）使用彩色影印機（E）鋪設地毯（F）使用修正液（G）噴芳香劑

（H）使用雞毛撢子（I）使用電風扇（J）使用「低逸散建材」（K）室內禁止抽菸（L）使用除濕機（M）使用瓦斯爐烹飪（N）使用電磁爐煮火鍋（O）定期清洗或更換冷氣濾網（P）跳有氧舞蹈（Q）養貓、狗、小鳥等寵物（R）放置具曝氣的水族箱。上述哪些室內活動會增加室內空氣中的二氧化碳濃度？（1）M、P、Q（2）J、K、L（3）A、B、C（4）D、E、F、G。

註：在室內**使用瓦斯爐烹飪、跳有氧舞蹈及養貓、狗、兔、鼠及小鳥等寵物**等會增加室內空氣中的二氧化碳濃度。

159.（1）（A）使用具活性碳吸附功能的空氣清淨機（B）使用清潔劑（C）開啟冷氣機（D）使用彩色影印機（E）鋪設地毯（F）使用修正液（G）噴芳香劑（H）使用雞毛撢子（I）使用電風扇（J）使用「低逸散建材」（K）室內禁止抽菸（L）使用除濕機（M）使用瓦斯爐烹飪（N）使用電磁爐煮火鍋（O）定期清洗或更換冷氣濾網（P）跳有氧舞蹈（Q）養貓、狗、小鳥等寵物（R）放置具曝氣的水族箱。上述哪些室內活動會增加室內空氣中的一氧化碳濃度？（1）M、P、Q（2）J、K、L（3）A、B、C（4）D、E、F、G。

註：在室內**使用瓦斯爐烹飪、跳有氧舞蹈及養貓、狗、兔、鼠及小鳥等寵物**等都會增加室內空氣中的一氧化碳濃度。

160.（3）（A）感覺乾燥（B）眼睛刺痛（C）喉嚨沙啞（D）頭痛（E）頭昏眼花（F）容易疲倦（G）嘔吐（H）難以集中精神（I）皮膚乾燥（J）皮膚紅腫疼痛（K）皮膚刺痛（L）流鼻水（M）流眼淚（N）無氣喘病史員工發生類似氣喘症狀（O）嗅覺異常（P）味覺異常。上述哪些是屬於世界衛生組織「病態建築症候群」分類的感覺刺激性症狀？（1）O、P（2）L、M、N（3）A、B、C（4）I、J、K。

註：根據世界衛生組織「病態建築症候群」分類的感覺刺激性症狀**如感覺乾燥、眼睛刺痛及喉嚨沙啞等**。

161.（1）（A）感覺乾燥（B）眼睛刺痛（C）喉嚨沙啞（D）頭痛（E）頭昏眼花（F）容易疲倦（G）嘔吐（H）難以集中精神（I）皮膚乾燥（J）皮膚紅腫疼痛（K）皮膚刺痛（L）流鼻水（M）流眼淚（N）無氣喘病史員工發生類似氣喘症狀（O）嗅覺異常（P）味覺異常。上述哪些是屬於世界衛生組織「病態建築症候群」分類的神經毒性及一般症狀？（1）D、E、F、G、H（2）I、J、K（3）L、M、N（4）O、P。

註：根據世界衛生組織「病態建築症候群」分類的神經毒性及一般症狀如**頭痛、頭昏眼花、容易疲倦及嘔吐等**。

162.（2）（A）感覺乾燥（B）眼睛刺痛（C）喉嚨沙啞（D）頭痛（E）頭昏眼花（F）

容易疲倦、（G）嘔吐（H）難以集中精神（I）皮膚乾燥（J）皮膚紅腫疼痛（K）皮膚刺痛（L）流鼻水（M）流眼淚（N）無氣喘病史員工發生類似氣喘症狀（O）嗅覺異常（P）味覺異常。上述哪些是屬於世界衛生組織「病態建築症候群」分類的皮膚刺激性症狀？（1）A、B、C（2）I、J、K（3）L、M、N（4）O、P。

註：世界衛生組織「病態建築症候群」分類的皮膚刺激性症狀如**皮膚乾燥、皮膚紅腫疼痛及皮膚刺痛等。**

163. （1）（A）感覺乾燥（B）眼睛刺痛（C）喉嚨沙啞（D）頭痛（E）頭昏眼花（F）容易疲倦（G）嘔吐（H）難以集中精神（I）皮膚乾燥（J）皮膚紅腫疼痛（K）皮膚刺痛、（L）流鼻水（M）流眼淚（N）無氣喘病史員工發生類似氣喘症狀（O）嗅覺異常（P）味覺異常。上述哪些是屬於世界衛生組織「病態建築症候群」分類的非特異性過敏性呼吸道症狀？（1）L、M、N（2）O、P（3）A、B、C（4）D、E、F、G。

註：根據世界衛生組織對「病態建築症候群」分類的非特異性過敏性呼吸道症狀如**流鼻水、流眼淚及無氣喘病史員工發生類似氣喘症狀。**

164. （4）下列何者為室內環境中潛藏的致癌因子？（1）石綿（2）氡氣（3）二手煙及甲醛（4）以上皆是。

註：**室內空間環境中潛藏著許多致癌因子，如石綿、氡氣、二手菸、甲醛、各類有機物質等。**

165. （4）現代人室內環境中仍潛藏的各類揮發性有機化合物為何？（1）清潔劑、化妝品、油漆、殺蟲劑、黏著劑、香水、髮雕及香菸等（2）裝修建材、油漆粉刷及傢俱所散發的有機物質（3）工作需要的文具、影印機、印表機等機具也會散發出各種形式的有機化合物（4）以上皆是。

註：**現代人室內環境中仍潛藏的各類揮發性有機化合物，小至清潔劑、化妝品、油漆、殺蟲劑、黏著劑、香水、髮雕及香菸等，一般裝修環境中除了裝修建材、油漆粉刷及傢俱所散發的有機物質外，工作需要的文具、影印機、印表機等機具也會散發出各種形式的有機化合物。**

166. （1）下列何者物質已被證實為致癌物質？（1）甲醛（2）甲醇（3）甲酮（4）以上皆是。

註：**甲醛已被證實為致癌物質，除裝修材外，清潔劑也可能含高濃度甲醛，故內政部建築研究所積極推動「低逸散建材」標章制度，**鼓勵使用低逸散產品。

167. （3）我國菸害防制法為民國哪一年頒布？（1）88年（2）87年（3）86年（4）85年

註：衛生署已於**民國 86 年 3 月頒布菸害防制法**，希望在良性勸導與法令規範之下減少民眾受到香菸的危害。

168. （1）**酚與醚對人體的危害為何？**（1）對中樞神經系統、呼吸系統有刺激性、降低肝、腎功能（2）行動力減緩、暈眩、缺氧、心肌損害、視線模糊、致命（3）過敏、氣喘（4）以上皆是。

註：酚與醚對人體的危害為對**中樞神經系統、呼吸系統有刺激性、降低肝、腎功能。**

169. （2）**室內空氣品質問題在美國80年代發生什麼事件後，才開始引起世人的重視？**（1）建築病態症候群（2）退伍軍人症（3）結核病（4）急性呼吸道症候群。

註：IAQ（室內空氣品質）問題在美國 80 年發生**退伍軍人症**事件後，漸漸引起重視。

170. （3）**世界衛生組織對病態大樓的調查中發現，新建空調型建築物中罹患眼疾、疲勞、頭痛等一般症狀的比例約為百分之多少？**（1）10%（2）20%（3）30%（4）40%。

註：根據世界衛生組織對病態大樓的調查結果中發現，新建空調型建築物中罹患眼疾、疲勞及頭痛等一般症狀的比例約為**百分之三十。**

171. （4）**一般通風改善設計方法設計方式為**（1）開口部加導風板設計（2）熱浮力換氣設計（3）混合式通風設計（4）以上皆是。

註：如何在既有的微氣候條件及自然通風方式下，增進自然通風率下列為幾項通風改善設計方法：

(1) **開口部加導風板設計**

(2) **熱浮力換氣設計**

(3) **混合式通風設計-加裝局部排風扇**

172. （4）**根據調查增加室內空間的換氣率優點為何？**（1）降低氣喘症狀及減少敏感症狀（2）提升工作效率（3）增進兒童在閱讀及數學方面的表現（4）以上皆是。

註：增加換氣率的優點如下

(1) **降低氣喘症狀**

(2) **減少敏感症狀**

(3) **提升工作效率**

(4) **增進兒童在閱讀及數學方面的表現**

第三章

室內空氣品質維護管理制度與建置

3.1 模擬測驗題及註解

1. (1) 良好的室內空氣品質管理,並持之以恆的維護場所室內空氣品質,以確保良好的室內空氣品質,通常以什麼順序執行?A.規劃(Plan)B.執行(Do)C.查核(Check)、D.有效的室內空氣品質改善行動(Action)形成一改善循環,持續進行(1)ABCD(2)BCDA(3)CDAB(4)DABC。

   註:良好的室內空氣品質管理,包括:**規劃(Plan)、執行(Do)、查核（Check）、及有效的室內空氣品質改善行動（Action）**,也就是 PDCA 之原則。並持之以恆的維護場所室內空氣品質,以確保良好的室內空氣品質。

2. (4) 室內空氣品質維護管理制度可制定具法源的強制性管理法及不具法源依據的柔性管理,以柔性管理的方式及採用國家為何?(1)新加坡及日本(2)美國及加拿大(3)歐盟德國、芬蘭(4)以上皆是。

   註:各國多有類似之自主維護管理制度,**除了亞洲地區的國家南韓制定強制的室內空氣品質管理法 （Indoor air quality management Act） 規範,**管制特定場所之室內空氣品質,其他大多數國家採不具法源依據的柔性管理,如制訂室內空氣品質管理指引 （Guidance for the Management of Indoor Air Quality）,引導特定場所維護及管理室內空氣品質。我國為**全世界第二個強制立法管制室內空氣品質的國家**,但仍須配合自主維護管理來落實室內空氣品質的維護。

3. (1) 我國建築技術規則對地下建築物空氣調節,區分為地下使用單元部份與地下通道部份,其設置原則為何?(1)地下建築物之空氣調節設備應按地下使用單元部份與地下通道部份,分別設置空氣調節系統(2)地下建築物之空氣調節設備應按地下使用單元部份與地下通道部份,合併設置空氣調節系統(3)地下建築物之空氣調節設備應按地下使用單元部份與地下通道部份,使用特殊空氣調節系統(4)以上皆是。

4. (3) 我國建築技術規則對地下建築物空氣調節及通風設備之相關規定中,**對樓地板面積在1000 m^2以上及以下之樓層**,有何規定?(1)地下建築物,其樓地板面積在1000m^2以上之樓層,應設置機械送風及機械排風(2)地下建築物,其樓地板面積在1000m^2以下之樓層,得視其地下使用單元之配置狀況,擇一設置機械送風及機械排風系統、機械送風及自然排風系統、或自然送風及機械排風系統(3)以上皆是(4)以上皆非。

5. (1) 我國建築技術規則對地下建築物設置之通風系統,其對外氣供給能力及空調

設備之通風量，有何限制？（1）按樓地板面積每平方公尺應有30m³/hr 以上之新鮮外氣供給能力。但使用空調設備者供給量得減為15 m³/hr（2）按樓地板面積每平方公尺應有33m³/hr 以上之新鮮外氣供給能力。但使用空調設備者供給量得減為18m³/hr（3）按樓地板面積每平方公尺應有36m³/hr 以上之新鮮外氣供給能力。但使用空調設備者供給量得減為19m³/hr（4）按樓地板面積每平方公尺應有39m³/hr 以上之新鮮外氣供給能力。但使用空調設備者供給量得減為20m³/hr。

6. （2）我國建築技術規則對地下建築物設置之通風系統，設置機械送風及機械排風者，對平時之給氣量風量及排氣風量規定為何？（1）設置機械送風及機械排風者，平時之給氣量，應經常保持在排氣量之下（2）設置機械送風及機械排風者，平時之給氣量，應經常保持在排氣量之上（3）設置機械送風及機械排風者，平時之給氣量，依據建築大樓管理委員會開會決議（4）沒有規定。

7. （1）我國建築技術規則對地下建築物設置之通風系統，各地下使用單元應設置進風口或排風口，對平時之給氣量風量及排氣風量規定為何？（1）各地下使用單元應設置進風口或排風口，平時之給氣量並應大於排氣量（2）各地下使用單元應設置進風口或排風口，平時之給氣量並應小於排氣量（3）各地下使用單元應設置進風口或排風口，平時之給氣量並應等於排氣量（4）沒有規定。

註：我國內政部營建署建築技術規則中，建築設計施工篇與建築設備篇均針對通風部分訂定相關規定，建築技術規則設計施工篇一般設計通則-日照、採光、通風、節約能源，規定（通風）居室應設置能與戶外空氣直接流通之窗戶或開口，或有效之自然通風設備或機械通風設備，應依其相關規定。

建築技術規則建築設備篇空氣調節及通風設備-機械通風系統及通風量，其中第102條明確針對各類型，如辦公室、百貨商場、電影院、會議室等場所，**規定其樓地板面積每平方公尺所須通風量（m³/hr）。**

建築技術規則地下建築物-空氣調節及通風設備規定：

1. （空氣調節設備）地下建築物之空氣調節設備應按地下使用單元部份與地下通道部份，分別設置空氣調節系統。

2. （機械通風系統）地下建築物，其樓地板面積在1,000 m²以上之樓層，應設置機械送風及機械排風；其樓地板面積在1000 m²以下之樓層，得視其地下使用單元之配置狀況，擇一設置機械送風及機械排風系統、機械送風及自然排風系統、或自然送風及機械排風系統。

3. （通風量）依第219條設置之通風系統，其通風量應依下列規定：

（1）按樓地板面積每平方公尺應有30m³/hr以上之新鮮外氣供給能力。但使用空調設備者供給量得減為15 m³/hr。

（2）設置機械送風及機械排風者，平時給氣量，應經常保持在排氣量之上。

（3）各地下使用單元應設置進風口或排風口，平時給氣量應大於排氣量。

8.（3）目前已訂定「室內空氣品質」相關法令並採取具法源依據的強制管理方式之國家為哪國？（1）韓國（2）中華民國（3）以上皆是（4）以上皆非。

9.（2）亞洲地區除我國外那個國家目前已制定強制的室內空氣品質管理法？（1）日本（2）韓國（3）菲律賓（4）新加坡。

註：全球目前訂定室內空氣品質法規的國家只有**中華民國及韓國**。

10.（1）新加坡室內空氣品質管理制度為何？（1）新加坡於1996年制定良好辦公建築室內空氣品質指引（Guideline for Good Indoor Air Quality in OfficePremises）（2）新加坡於1996年制定空氣品質維護法（3）新加坡於1996年制定空氣品質改善標準（4）新加坡於1996年制定空氣污染改善處理辦法。

註：美國和歐盟等先進國家，雖無訂定相關法令，但針對室內空氣污染物濃度的建議或維護管理制度的推動早已行之有年。**新加坡於1996年制定良好辦公建築室內空氣品質指引（Guideline for Good Indoor Air Quality in Office Premises）**，指引中陳列了適用對象（以辦公大樓為主），及室內空氣品質背景資料（包含污染物種類、來源、健康危害、問題診斷、建議改善方案、採樣原則與巡檢表等），以供場所管理室內空氣品質之用，但新加坡目前並無立法要求其應達所制訂之標準。然其國家的建築物控制法規（building control regulations）和建築物內機械通風和空調系統實務標準法規（standard code of practice for mechanical ventilation and air-conditioning in buildings），則有針對辦公大樓之空調系統進行規範，以達良好室內空氣品質。

澳洲針對各類別場所的空調相關系統制定建議管理策略，並無強制要求各類場所必需符合標準，此外澳洲的國家健康醫療研究委員會（National Health and Medical Research Council）也有訂定不同污染物的最大容許濃度，包含：CO、Pb、O₃、Radon、SO_4^{2-}、SO_2、TSP和TVOC。

11.（3）加拿大的指引依場所類別區分成住家暴露指引、辦公室室內空氣品質技術，和加拿大學校行動指引工具等三部份。在住宅區部份，除介紹室內空氣污染物之背景資料外，也建議各污染物的標準及非污染物之室內相對溼度，其中除哪種污染物僅有規定長時間的平均濃度外，其餘污染物均可再區分成「可接受長期暴露範圍」和「可接受短期暴露範圍」兩大類（1）二氧化碳（CO_2）

（2）氡氣（Radon）（3）以上皆是（4）以上皆非。

註：加拿大的指引依場所類別區分成『住家暴露指引』（Exposure Guidelines for Residential）、『辦公室室內空氣品質技術』（Indoor Air Quality in Office Buildings：A Technical）和『加拿大學校行動指引工具』（Guide Tools for Schools Action Kit for Canadian Schools）等三部份。在住宅區部份，除介紹室內空氣污染物之背景資料外，也建議各污染物的標準，包含總醛類、甲醛、CO、CO_2、NO_2、O_3、$PM_{2.5}$、SO_2、Radon 及非污染物之室內相對溼度，而除**CO_2和氡氣（Radon）**僅有規定長時間的平均濃度外，其餘污染物均可再區分成「**可接受長期暴露範圍**」（acceptable **long-term exposure range, ALTER**）和「**可接受短期暴露範圍**」（acceptable **short-term exposure range, ASTER**）**兩大類**。辦公大樓部份，僅說明其室內空氣品質的背景資料。而學校除也於指引中敘述了室內空氣品質背景資料外，學校的各類型場所，如行政大樓、食物供應中心、教室和廢棄物管理場等，均各別為其設計巡檢表。加拿大目前已完成主要類別場所的室內空氣品質管理指引，並一一針對不同類別場所進行探討、建議與協助管理。

12.（4）美國採暖-製冷空調學會訂定「可接受室內空氣品質之通風標準」，目的為何？（1）最小通風率及其他室內空氣品質量測，可提供人們可接受的最小可逆健康影響之參考（2）可以供未來新建築物、既有建築物的管理及應用（3）提供既有建築物室內空氣品質改善指引（4）以上皆是。

13.（1）美國採暖-製冷空調學會訂定「可接受室內空氣品質之通風標準」，考量外氣引入口及排氣口最小距離、呼吸區域之外氣需求量、最小外氣引入量等等，並以室內面積、使用人數、單位面積外氣量、每人外氣量等參數考量下，評估各類型場所於不同狀況下，主要為求得哪一個參數值？以滿足室內空間使用人員供室內空調設計者參考（1）每人最小外氣需求量（2）每人最大外氣需求量（3）10人最大外氣需求量（4）10人最小外氣需求量。

14.（4）美國採暖製冷空調學會ASHRAE 之可接受的室內空氣品質通風（ASHRAE Standard 62.1-2010 Ventilation for Acceptable Indoor AirQuality）**係以哪些參數綜合考量**下作為評估各類型場所之每人最小外氣需求量？A.外氣引入口及排氣口最小距離B.呼吸區域之外氣需求量C.最小外氣引入量D.室內面積E.使用人數F.單位面積外氣量G.每人外氣量（1）ABCDE（2）ABCDEF（3）BCDEF（4）ABCDEFG。

15.（1）美國官方的指引可分成兩大方面，一為針對商業或政府辦公大樓的「建築空氣品質--大樓屋主及設施管理員之指引」，該指引主要是針對各商業或政府

辦公大樓進行建議，並鼓勵場所維持良好的室內空氣品質。另一部份為訂定
「學校室內空氣品質工具」。訂定「學校室內空氣品質工具」之目的為何？
（1）該指引主要是針對學校室內空氣品質管理與改善所需的流程與方法進行
建議，協助學校推動室內空氣品質管制，目的是保障孩童的健康（2）提高就
學學生於教室中之學習能力（3）增加學校招生人數（4）以上皆是。

註：美國官方的指引可分成兩大方面，一為針對商業或政府辦公大樓的「建築空氣品質
--大樓屋主及設施管理員之指引」（Building Air Quality-a guide for building
owners and facilities managers），該指引主要是針對各商業或政府辦公大樓進
行建議，並鼓勵場所維持良好的室內空氣品質。美國環保署亦推行『建築物室內空
氣品質行動方案』（Building Air Quality Action Plan），該手冊主要是協助場
所進行室內空氣品質改善與管理，並區分成八大章節：

（1）場所管理人的建構
（2）發展室內空氣品質管理手冊
（3）評估現存與潛在的室內空氣品質問題
（4）減少個人室內空氣品質暴露
（5）發展及執行室內空氣品質相關設備管理
（6）管理常見之潛在污染源
（7）擁有者或使用者應維持良好溝通
（8）建立室內空氣品質申訴管道，並包含室內空氣品質的查核表

藉此協助場所管理人瞭解室內可能的潛在污染源，及建構符合該場所之室內空氣品
質管理手冊，以利場所之污染問題診斷、解決與維持。另一部份為訂定「學校室內
空氣品質工具」（Indoor Air Quality Tools for Schools），協助學校推動室內
空氣品質管制，目的是保障孩童的健康，該指引主要是針對學校室內空氣品質管理
與改善所需的流程與方法進行建議。為有助於學校場所進行室內空氣品質管制，美國
環保署針對學校訂定「室內空氣品質管理獎勵制度」（National Awards Program），
包含Great Start Awards、Leadership Awards、Excellence Awards、Model of
Sustained Excellence Awards和Special Achievement Awards五種，每種獎章針對
學校的室內空氣品質管理程度均有不同的規範。

美國採暖——製冷空調工程師學會（American Society of Heating, Refrigerating,
and Air-conditioning Engineers, ASHRAE） Standard 62.1-2010 訂定「可接受室
內空氣品質之通風標準」（Ventilation for Acceptable Indoor Air Quality）。
該標準的目的為：

（1）**最小通風率及其他室內空氣品質量測，可提供人們可接受的最小可逆健康影響之參考**

（2）**可以供未來新建築物、既有建築物的管理及應用**

（3）**提供既有建築物室內空氣品質改善指引。考量外氣引入口及排氣口最小距離、呼吸區域之外氣需求量、最小外氣引入量等等，並以室內面積、使用人數、單位面積外氣量、每人外氣量等參數考量下，評估各類型場所於不同狀況下，求得每人最小外氣需求量得以滿足室內空間使用人員供室內空調設計者參考。**

16.（3）下列何者為各國室內空氣品質管理規範中針對學校空氣品質訂定相關法令或規範，協助學校推動室內空氣品質管制，以保障孩童的健康之國家、制訂機關、及法令或規範名稱？A.美國-環境保護署： 學校室內空氣品質管理工具（Indoor AirQuality Tools for Schools, IAQ TfS）B.加拿大- Health Canada： 加拿大校園行動工具（Tools forSchools Action Kit for Canadian Schools）C.新加坡於1996年制定良好辦公建築室內空氣品質指引（Guideline for Good Indoor Air Quality in OfficePremises）D.德國於1993年制訂『室內空氣指引值』（1）C（2）D（3）AB（4）以上皆是。

註：**美國──環境保護署訂定學校室內空氣品質管理工具（Indoor AirQuality Tools for Schools, IAQ TfS）及加拿大- Health Canada 訂定加拿大校園行動工具（Tools forSchools Action Kit for Canadian Schools）** ，為各國室內空氣品質管理規範中針對學校空氣品質訂定相關法令或規範，協助學校推動室內空氣品質管制，以保障孩童的健康。

17.（1）德國於1993 年制訂『室內空氣指引值』，該指引主要是針對室內環境之污染物的暴露濃度提出建議值，並再依是否有完整之毒理及流行病學研究證實具有健康之危害而再區分成『指引值I』和『指引值II』。請問當室內污染物濃度超過『指引值II』之標準時，意義如何？（1）『指引值II』之濃度標準是基於毒理和流行病學研究所得之健康危害濃度所訂定；因此，當室內污染物濃度超過『指引值II』之標準，意謂將會造成人體健康上的危害（2）當室內污染物濃度超過『指引值II』之標準，意謂將會造成人空氣污染上的危害（3）當室內污染物濃度超過『指引值II』之標準，意謂將會造成周遭環境產生毒物的危害（4） 當室內污染物濃度超過『指引值II』之標準，意謂將會造成生態系統上的危害。

18.（1）德國於1993 年制訂『室內空氣指引值』，該指引主要是針對室內環境之污染物的暴露濃度提出建議值，並再依是否有完整之毒理及流行病學研究證實具

有健康之危害而再區分成『指引值I和『指引值II』。請問當室內污染物濃度超過『指引值I』之標準時，意義如何？（1）若室內污染物濃度超過『指引值I』，則不盡然會造成健康上的威脅（2）若室內污染物濃度超過『指引值I』，則必定會造成健康上的威脅（3）若室內污染物濃度超過『指引值I』，則表示室內環境80%會造成健康上的威脅（4）若室內污染物濃度超過『指引值I』，70%會造成健康上的威脅。

註：德國於 1993 年制訂『室內空氣指引值』（Guideline Values for Indoor Air），該**指引**主要是針對室內環境之污染物的暴露濃度提出建議值，並再依是否有完整之毒理及流行病學研究證實具有健康之危害而再區**分成『指引值 I』**（Guide Value I）**和『指引值 II』**（Guide Value II）。**其中『指引值 II』之濃度標準是基於毒理和流行病學研究所得之健康危害濃度所訂定，而『指引值 I』所訂定之濃度則無毒理和流行病學研究證實具有健康上之危害；因此，當室內污染物濃度超過『指引值 II』之標準，意謂將會造成人體健康上的危害，若超過『指引值 I』，則不盡然會造成健康上的威脅。**此外，德國『室內空氣指引值』中之各污染物濃度標準除長時間外，也包含短時間規範，如 CO 除 8 小時平均濃度外，也針對 30 分鐘之平均值進行規範，NO_2 則有 30 分鐘和 1 週之平均濃度。

19.（4）我國「室內空氣品質管理法」第八條關於室內空氣品質維護管理計畫之規範為何？（1）「公告場所所有人、管理人或使用人應訂定室內空氣品質維護管理計畫，據以執行（2）公告場所之室內使用變更致影響其室內空氣品質時，該計畫內容應立即檢討修正」（3）目的在規範公告場所就其場所訂定室內空氣品質維護管理計畫，落實建築物良好使用及場所內空調通風設施之管理，以維護公告場所空氣品質（4）以上皆是。

20.（2）空氣品質管理法規定，公告場所所有人、管理人或使用人應訂定室內空氣品質維護管理計畫，據以執行。請問當公告場所之室內使用變更致影響其室內空氣品質時，應如何因應？（1）下次定檢時再行報備（2）該計畫內容應立即檢討修正（3）場所無改變不需修正（4）下次巡檢時再行修正計畫。

21.（3）室內空氣品質管理法第八條規定「公告場所之室內使用變更致影響其室內空氣品質時，該計畫內容應立即檢討修正」，目的為何？（1）其目的在規範公告場所就其場所訂定室內空氣品質維護管理計畫（2）落實建築物良好使用及場所內空調通風設施之管理，以維護公告場所空氣品質（3）以上皆是（4）以上皆非。

22.（4）為利室內空氣品質管理法之推動與執行，室內空氣品質管理法施行細則第六

條所稱室內空氣品質維護管理計畫，其內容應包括哪些項目？A.公告場所名稱及地址B.公告場所所有人、管理人及使用人員基本資料C.室內空氣品質維護管理專責人員之基本資料D.公告場所使用性質及樓地板面積之基本資料E.室內空氣品質維護規劃及管理措施F.室內空氣品質檢驗測定規劃G.室內空氣品質不良之應變措施H.其他經主管機關要求之事項（1）ABCH（2）ABCDEH（3）ABCDEFH（4）ABCDEFGH。

註：「室內空氣品質管理法」（以下簡稱本法）共計四章二十四條，規範國內各公共場所依法落實室內空氣品質管理。公告場所維持良好之室內空氣品質，有賴經訓練取得合格證書之專責人員，依室內空氣品質維護管理計畫持續執行管理維護。故本法第九條規定「公告場所所有人、管理人或使用人應置室內空氣品質維護管理專責人員（以下簡稱專責人員），依前條室內空氣品質維護管理計畫，執行管理維護。前項專責人員應符合中央主管機關規定之資格，並經訓練取得合格證書。」。

另本法第八條規定**「公告場所所有人、管理人或使用人應訂定室內空氣品質維護管理計畫，據以執行，公告場所之室內使用變更致影響其室內空氣品質時，該計畫內容應立即檢討修正」**，目的在規範公告場所就其場所訂定室內空氣品質維護管理計畫，落實建築物良好使用及場所內空調通風設施之管理，以維護公告場所空氣品質。為利室內空氣品質管理法之推動與執行，訂定「室內空氣品質管理法施行細則」（以下簡稱施行細則），施行細則中明定室內空氣品質管理法執行之相關規定，其施行細則第六條所稱室內空氣品質維護管理計畫，其內容應包括下列項目：

一、公告場所名稱及地址。

二、公告場所所有人、管理人及使用人員基本資料。

三、室內空氣品質維護管理專責人員之基本資料。

四、公告場所使用性質及樓地板面積之基本資料。

五、室內空氣品質維護規劃及管理措施。

六、室內空氣品質檢驗測定規劃。

七、室內空氣品質不良之應變措施。

八、其他經主管機關要求之事項。

施行細則第六條也提到，本項「室內空氣品質維護管理計畫」需依照中央主管機關所定的格式撰寫並據以執行，資料保存兩年備查。

環保署已訂定「室內空氣品質維護管理計畫」的必要內容，本章後續章節將說明如何撰寫該室內空氣品質維護管理計畫，及如何使用該計畫及「室內空氣品質維護管理記錄表」落實室內空氣品質之管理，以維護公告場所之良好室內空氣品質。

室內空氣品質維護管理專責人員學科考試解析

23.（1）公告場所得依「室內空氣品質維護管理專責人員設置管理辦法」之規定設置
室內空氣品質維護管理專責人員至少幾人？ 負責哪些相關事宜？（1）一人、
室內空氣品質維護管理系統之建立、維護，及其他室內空氣品質維護管理相
關事宜（2）一人、負責督促外包人員或機電人員做好環境空氣品質相關事宜
（3）二人，一人負責巡檢及實際量測；另一人負責計畫及紀錄（4）三人，
三人輪流處理空氣品質維護相關事宜。

　　註：公告場所得依「室內空氣品質維護管理專責人員設置管理辦法」之規定設置室內空
氣品質維護管理專責人員（以下簡稱專責人員）**至少一人**，負責室內空氣品質維護
管理系統之建立、維護，及其他室內空氣品質維護管理相關事宜。此專責人員應符
合中央主管機關規定之資格，並經訓練取得合格證書，負責協調相關事務，以方便
日後順暢的溝通協調作業。

24.（3）國內各公共場所依法落實室內空氣品質管理，有賴經訓練取得合格證書之專
責人員，我國「室內空氣品質管理法」第九條關於專責人員之規範為何？（1）
依管理權人指示辦理空調改善（2）依環保單位要求辦理空調改善（3）依室
內空氣品質維護管理計畫持續執行管理維護（4）依民眾要求辦理空氣品質改
善案件陳情。

　　註：本法第九條規定「**公告場所所有人、管理人或使用人應置室內空氣品質維護管理專
責人員，依前條室內空氣品質維護管理計畫，執行管理維護。前項專責人員應符合
中央主管機關規定之資格，並經訓練取得合格證書。**」。

25.（4）依專責人員設置管理辦法規定，公告場所在那些情形下，並經直轄市、縣（市）
主管機關同意者，得共同設置專責人員？（1）於同幢（棟）建築物內有二處
以上之公告場所，並使用相同之中央空氣調節系統（2）於同一直轄市、縣（市）
內之公告場所且其所有人、管理人或使用人相同（3）其他經中央主管機關認
定之情形（4）以上皆是。

　　註：依專責人員設置管理辦法規定，公告場所在下列情形下，並經直轄市、縣（市）主
管機關同意者，得共同設置專責人員：

（1）**於同幢（棟）建築物內有二處以上之公告場所，並使用相同之中央空氣調節系
統**

（2）**於同一直轄市、縣（市）內之公告場所且其所有人、管理人或使用人相同**（3）
其他經中央主管機關認定之情形。

26.（1）依室內空氣品質管理法第九條規定「公告場所所有人、管理人或使用人應置
室內空氣品質維護管理專責人員（以下簡稱專責人員），依前條室內空氣品

110

質維護管理計畫，執行管理維護。請問該法對專責人員資格限定為何？（1）專責人員應符合中央主管機關規定之資格，並經訓練取得合格證書（2）專責人員應符合縣市政府之規定，並經訓練取得證書（3）專責人員應符合委託代辦訓練單位之規定，並經訓練取得證書（4）專責人員應符合檢測單位之規定，並經訓練取得證書。

註：本法第九條規定「公告場所所有人、管理人或使用人應置室內空氣品質維護管理專責人員（以下簡稱專責人員），依前條室內空氣品質維護管理計畫，執行管理維護。**前項專責人員應符合中央主管機關規定之資格，並經訓練取得合格證書。**」。

27.（1）經室內空氣品質管理法公告之公告場所，應設置專責人員；各公告場所除直接聘用專責人員外，是否有其他合法方案可供選擇？（1）各公告場所得委任相關機構派任具資格之人員設置為專責人員（2）各公告場所的由其外包人員擔任（3）各公告場所可由訓練機構派員擔任（4）各公告場所可由中央主管機關派員擔任。

註：經室內空氣品質管理法公告之公告場所，應設置專責人員；各公告場所除直接聘用專責人員外，**各公告場所得委任相關機構派任具資格之人員設置為專責人員。**

28.（1）公告場所所有人、管理人或使用人應訂定室內空氣品質維護管理計畫，據以執行，公告場所之室內使用變更致影響其室內空氣品質時，該計畫內容應立即檢討修正。違反時，其罰則為何？（1）經命其限期改善，屆期未改善者，處新臺幣一萬元以上五萬元以下罰鍰，並再命其限期改善，屆期仍未改善者，按次處罰（2）處以新臺幣三萬到十二萬的罰款一次處罰（3）處以十萬到五十萬的罰款負責人必須參加講習（4）處以一百萬的罰款並取消專任人員資格。

註：公告場所所有人、管理人或使用人應訂定室內空氣品質維護管理計畫，據以執行，**公告場所之室內使用變更致影響其室內空氣品質時，該計畫內容應立即檢討修正。違反時，經命其限期改善，屆期未改善者，處新臺幣一萬元以上五萬元以下罰鍰，並再命其限期改善，屆期仍未改善者，按次處罰。**

29.（4）公告場所所有人、管理人或使用人應置室內空氣品質維護管理專責人員，依前條室內空氣品質維護管理計畫，執行管理維護。違反時，其罰則為何？（1）經命其限期改善，屆期未改善者，處新臺幣一萬元以上五萬元以下罰鍰，並再命其限期改善，屆期仍未改善者，按次處罰（2）處以新臺幣三萬到十二萬的罰款一次處罰（3）處以十萬到五十萬的罰款負責人必須參加講習（4）經命其限期改善，屆期未改善者，處新臺幣一萬元以上五萬元以下罰鍰，並再命其限期改善，屆期仍未改善者，按次處罰。

註：公告場所所有人、管理人或使用人應置室內空氣品質維護管理專責人員，依前條室內空氣品質維護管理計畫，執行管理維護。**違反時，經命其限期改善，屆期未改善者，處新臺幣一萬元以上五萬元以下罰鍰，並再命其限期改善，屆期仍未改善者，按次處罰。**

30.（4）專責人員應符合中央主管機關規定之資格，並經訓練取得合格證書。違反時，其罰則為何？（1）經命其限期改善，屆期未改善者，處新臺幣一萬元以上五萬元以下罰鍰，並再命其限期改善，屆期仍未改善者，按次處罰（2）處以新臺幣三萬到十二萬的罰款一次處罰（3）處以十萬到五十萬的罰款負責人必須參加講習（4）經命其限期改善，屆期未改善者，處新臺幣一萬元以上五萬元以下罰鍰，並再命其限期改善，屆期仍未改善者，按次處罰。

註：專責人員應符合中央主管機關規定之資格，並經訓練取得合格證書。違反時，**經命其限期改善，屆期未改善者，處新臺幣一萬元以上五萬元以下罰鍰，並再命其限期改善，屆期仍未改善者，按次處罰。**

31.（1）專責人員於從事業務時，應特別注意那些專職或兼差規定？以免觸法。（1）依專責人員設置管理辦法規定，依本辦法設置之專責人員應為直接受僱於公告場所之現職員工，除依共同設置者外，不得重複設置為他公告場所之專責人員（2）專責人員可由公告場所所聘僱的機電外包廠商兼任（3）公告場所專責人員可由他公司兼任（4）公告場所專責人員可請失業者掛牌即可。

註：專責人員於從事業務時，**應依專責人員設置管理辦法規定，依本辦法設置之專責人員應為直接受僱於公告場所之現職員工，除依共同設置者外，不得重複設置為他公告場所之專責人員。**

32.（1）有關專責人員設置管理辦法中專責人員訓練規定，訓練內容分為學科及術科，各科成績應達幾分為合格？前項成績不及格科目，得於結訓日起多久內申請再測驗或評量？若尚未能達及格標準，可以再於第二次再測驗或評量結束之日起多久內申請再訓練及測驗或評量？其仍不合格者，應重新報名參訓（1）六十分、一年及三個月（2）七十分、二年及四個月（3）五十分、三年及五個月（4）五十五分、五年及六個月。

33.（3）專責人員設置管理辦法規定訓練內容分為學科及術科，各科六十分以上為合格。前項成績不及格科目，對於再測驗或評量之規定為何？（1）前項成績不及格科目，得於結訓日起一年內申請再測驗或評量，但以二次為限（2）若尚未能達及格標準可以再於第二次再測驗或評量結束之日起三個月內，申請再訓練及測驗或評量，但以一次為限，其仍不合格者應重行報名參訓（3）以上皆

是（4）以上皆非。

34.（1）專責人員設置管理辦法規定訓練內容分為學科及術科，各科六十分以上為合格。前項成績不及格科目，於二次再測驗或評量後，仍未能達及格標準，後續如何補救以取得資格？（1）若尚未能達及格標準，可以再於第二次再測驗或評量結束之日起三個月內，申請再訓練及測驗或評量，但以一次為限，其仍不合格者，應重新報名參訓（2）無法補救必須全部重新受訓（3）可再申請特殊原因補考（4）若有一次補考為缺考可再考一次。

35.（1）參加專責人員訓練，若缺課達四分之一者，其退訓、退費規定為何？（1）若缺課達四分之一者，將退訓，且不退費（2）可請假但是必須另補課（3）必須繳納缺課部分費用才能繼續上課（4）若缺課達四分之一必須自動延至下一梯次上課，若不願意則可申請退費。

36.（2）參加專責人員訓練合格後，有關證書申請之規定為何？（1）應於評量後合格成績單寄到一個月內向縣市政府申請合格證（2）應於最後一次測驗或評量之日起一年內，檢具申請書及第三條規定之學歷、實務工作經驗等證明文件，向中央主管機關申請核發合格證書（3）應於接獲成績單後向原訓練單位申請合格證（4）應於接獲成績單後寄回寄發單位申請合格證。

註：有關「室內空氣品質維護管理專責人員」之設置相關規範，乃明定於「**室內空氣品質維護管理專責人員設置管理辦法**」（**以下簡稱專責人員設置管理辦法**）中，依據**專責人員設置管理辦法**第二條，公告場所之室內空氣品質維護管理專責人員設置規定如下：

（1）本法之公告場所，應於公告後一年內設置專責人員至少一人。

（2）各公告場所有下列各款情形之一，並經**直轄市、縣（市）主管機關同意者**，得共同設置專責人員：

（3）於同幢（棟）建築物內有二處以上之公告場所，並使用相同之中央空氣調節系統。

（4）於同一直轄市、縣（市）內之公告場所且其**所有人、管理人或使用人相同**。

（5）其他經中央主管機關指定之公告場所。

專責人員需為直接受僱於公告場所之現職員工，除依第二條規定共同設置者外，不得重複設置為他公告場所之專責人員，（**專責人員設置管理辦法第十二條**）。

專責人員訓練規定，如報名、上課方式、課程內容及測驗等，均由中央主管定之，並收取相關費用。**專責人員設置管理辦法第五條至第九條**，明定專責人員訓練項目、合格規定、成績複查、退訓及合格證書核發規定等。其中，訓練內容分為學科及術科，各科六十分以上為合格。**前項成績不及格科目，得於結訓日起一年內申請再測驗或**

評量，但以二次為限。若尚未能達及格標準，可以再於第二次再測驗或評量結束之日起三個月內，申請再訓練及測驗或評量，但以一次為限，其仍不合格者，應重新報名參訓。參加專責人員訓練，若缺課達四分之一者，將退訓，且不退費。證書申請的部份，應於最後一次測驗或評量之翌日起九十日內，檢具申請書及第三條規定之證明文件，向中央主管機關申請核發合格證書。環保署得視必要時舉辦專責人員在職訓練。

37.（3）中央主管機關對於依法設置執行業務之專責人員，必要時得舉辦在職訓練，專責人員及公告場所所有人、管理人或使用人應如何配合？（1）專責人員及公告場所所有人、管理人或使用人不得拒絕或妨礙調訓。（2）專責人員因故未能參加前項在職訓練者，專責人員或公告場所所有人、管理人或使用人應於報到日前，以書面敘明原因，向中央主管機關或其委託之機關（構）辦理申請延訓（3）以上皆是（4）以上皆非。

　註：設置管理辦法第六條規定：**中央主管機關於必要時，得對專責人員舉辦在職訓練，專責人員及公告場所所有人、管理人或使用人不得拒絕或妨礙調訓。專責人員因故未能參加第一項在職訓練者，應於報到日前，以書面敘明原因，向中央主管機關或其委託之機關（構）辦理申請延訓。**

38.（1）符合何種學歷、經歷資格方可提出專責人員訓練申請？（1）具備副學士以上學位證書者或高中職畢業且具三年以上實務工作經驗者（2）國中畢業以上具十年以上實務經驗者（3）國小畢業以上具十五年實務經驗者（4）未就學但具有二十年以上實務經驗者。

　註：專責人員除需受僱於公告場所外，**其學歷應具備副學士以上學位證書者**，或高中職畢業且具三年以上實務工作經驗者**（專責人員設置管理辦法第三條）**，可以提出專責人員訓練申請。

39.（4）依專責人員設置管理辦法規定，公告場所設置專責人員時，應檢具那些書件向直轄市、縣（市）主管機關申請核定？（1）專責人員合格證書（2）設置申請書（3）同意查詢公（勞）、健保資料同意書（4）以上皆是。

40.（4）下列何者為公告場所之專責人員異動申請及職務代理人申請之相關規定？（1）異動申請：前項單位或人員設置內容有異動時，公告場所所有人、管理人或使用人應於事實發生後十五日內，向原申請機關申請變更（2）代理人員申請：專責人員因故未能執行業務時，公告場所所有人、管理人或使用人應即指定適當人員代理，並於事實發生後十五日內向主管機關報備；代理期間不得超過三個月，但報經主管機關核准者，可延長至六個月。代理期滿前，應依第一項規定重行申請核定（3）專責人員主動提出報備：前二項公告場所所有人、

管理人或使用人應向主管機關報核而未報核者，專責人員得於未執行業務或異動日起三十日內以書面向主管機關報備（4）以上皆是。

41.（3）**專責人員因故未能執行業務時，公告場所所有人、管理人或使用人應即指定適當人員代理，試問應於何時向主管機關報備？**（1）應於事實發生後三十五日內向主管機關報備（2）應於事實發生後二十五日內向主管機關報備（3）應於事實發生後十五日內向主管機關報備（4）應於事實發生後五日內向主管機關報備。

42.（1）**專責人員因故未能執行業務時，公告場所所有人、管理人或使用人應即指定適當人員代理，試問代理期可為多久？**（1）代理期間不得超過三個月，但報經主管機關核准者，可延長至六個月（2）代理期間不得超過四個月，但報經主管機關核准者，可延長至五個月（3）代理期間不得超過二個月，但報經主管機關核准者，可延長至三個月（4）代理期間不得超過一個月，但報經主管機關核准者，可延長至二個月。

43.（2）**專責人員因故未能執行業務時，公告場所所有人、管理人或使用人應即指定適當人員代理，試問代理將屆期滿時，應如何因應？**（1）俟交接完成再行申報（2）代理期滿前，應依原規定重行申請核定（3）應另外找領一不具專業人員資格者繼續代理（4）應先借其他專業人員牌照申請。

44.（3）**專責人員設置內容有異動時，其申請之時效規定？**（1）公告場所所有人、管理人或使用人應於事實發生後二十五日內，向原申請機關申請變更（2）公告場所所有人、管理人或使用人應於事實發生後三十五日內，向原申請機關申請變更。（3）公告場所所有人、管理人或使用人應於事實發生後十五日內，向原申請機關申請變更（4）公告場所所有人、管理人或使用人應於事實發生後五日內，向原申請機關申請變更。

45.（2）**專責人員有異動或代理事實發生，而公告場所所有人、管理人或使用人應向主管機關報核而未報核者，專責人員如何保障自身權益？**（1）專責人員得自行於未執行業務或異動日起十日內以書面向主管機關報備（2）專責人員得自行於未執行業務或異動日起三十日內以書面向主管機關報備（3）專責人員得自行於未執行業務或異動日起二十日內以書面向主管機關報備（4）專責人員得自行於未執行業務或異動日起四十日內以書面向主管機關報備。

註：經室內空氣品質管理法公告之公告場所，應設置專責人員；各公告場所得委任相關機構派任具資格之人員設置為專責人員一人以上。「室內空氣品質管理法」第九條明訂『公告場所所有人、管理人或使用人應置室內空氣品質維護管理專責人員（以

下簡稱專責人員），依前條室內空氣品質維護管理計畫，執行管理維護。前項專責人員應符合中央主管機關規定之資格，並經訓練取得合格證書。前二項專責人員之設置、資格、訓練、合格證書之取得、撤銷、廢止及其他應遵行事項之辦法，由中央主管機關定之。』。而本法第十七條明訂相關罰則，『公告場所所有人、管理人或使用人違反第八條、第九條第一項或第二項規定者，經命其限期改善，屆期未改善者，處新臺幣一萬元以上五萬元以下罰鍰，並再命其限期改善，屆期仍未改善者，按次處罰。』

另外，針對公告場所之專責人員異動申請及職務代理人申請之相關規定，則列於**專責人員設置管理辦法第十一條**。其規定如下：

(1) **專責人員設置：**公告場所所有人、管理人或使用人，依本辦法規定設置專責人員時，應檢具專責人員合格證書、設置申請書及同意查詢公（勞）、健保資料同意書，向直轄市、縣（市）主管機關申請核定。

(2) **異動申請：**前項單位或人員設置內容有異動時，公告場所所有人、管理人或使用人應於事實發生**後十五日內**，向原申請機關申請變更。

(3) **代理人員申請：**專責人員因故未能執行業務時，公告場所所有人、管理人或使用人應即指定適當人員代理，並於事實發生後**十五日內**向主管機關報備；**代理期間不得超過三個月**，但報經主管機關核准者，**可延長至六個月**。代理期滿前，應依第一項規定重行申請核定。

(4) **專責人員主動提出報備：**前二項公告場所所有人、管理人或使用人應向主管機關報核而未報核者，**專責人員得於未執行業務或異動日起三十日內以書面向主管機關報備。**

46.（4）依據室內空氣品質維護管理專責人員設置管理辦法」規定，專責人員應執行業務內容為何？A.協助公告場所所有人、管理人或使用人訂定、檢討、修正及執行室內空氣品質維護管理計畫B.監督公告場所室內空氣品質維護設備或措施之正常運作，並向場所所有人、管理人或使用人提供有關室內空氣品質改善及管理之建議C.協助公告場所所有人、管理人或使用人監督室內空氣品質定期檢驗測定之進行，並作成紀錄存查D.協助公告場所所有人、管理人或使用人公布室內空氣品質檢驗測定及自動監測結果E.其他有關公告場所室內空氣品質維護管理相關事宜（1）AB（2）ABC（3）ABCD（4）ABCDE。

註：依「室內空氣品質維護管理專責人員設置管理辦法」規定，專責人員應執行業務內容如下：

(1) **協助公告場所所有人、管理人或使用人訂定、檢討、修正及執行室內空氣品質**

維護管理計畫

（2）監督公告場所室內空氣品質維護設備或措施之正常運作，並向場所所有人、管理人或使用人提供有關室內空氣品質改善及管理之建議

（3）協助公告場所所有人、管理人或使用人監督室內空氣品質定期檢驗測定之進行，並作成紀錄存查

（4）協助公告場所所有人、管理人或使用人公布室內空氣品質檢驗測定及自動監測結果

（5）其他有關公告場所室內空氣品質維護管理相關事宜

47.（4）公告場所可依其規模大小及適用性，進行任務規劃，以建置良好之室內空氣品質維護規範。場所之專責人員及各相關單位之運作內容為何？A.調查室內空氣品質基本概況並建立室內空氣品質基本資料B.監督場所各項可能影響室內空氣品質的活動，建立與建築物使用人員溝通的機制C.視需要組成室內空氣品質維護小組並進行責任分工D.定期對建築物室內空氣品質進行巡檢E.管理跟室內空氣品質相關紀錄並回應投訴以及對可能發生室內空氣品質問題的觀察F.接到任何室內空氣品質投訴之後進行初步的現場巡檢G.尋求外部人員協助解決室內空氣品質問題（1）ABC（2）ABCD（3）ABCDE（4）ABCDEFG。

註：調查室內空氣品質基本概況並建立室內空氣品質基本資料如下：

1. 建立室內空氣品質基本資料之技能

（1）瞭解空調通風（heating, ventilation and airconditioning, HVAC）系統之操作原則。

（2）瞭解基本建築及機械知識，並可瞭解製造廠商提供設備之使用計畫書及相關資訊。

（3）掌握各種辦公室使用之事務機器位置及管理。

（4）可與建築物內其他用戶進行良好溝通，並順利收集空間使用資料。

（5）可收集到有關空調通風（HVAC）系統操作、設備狀況、維護資料。

（6）可要求環境清潔承攬商提供工作計畫及物料使用資料，尤其是清潔或蟲害控制工作。

（7）可以了解物質安全資料表（material safety data sheet, MSDS）中的內容。建議對使用之清潔劑、除蟲劑等之成分需有基本認知。

2. 建立室內空氣品質維護管理基本資料步驟

（1）收集並閱讀所有存在資料與紀錄。包含建築物使用情形、HAVC 系統操作情形與現況、污染物傳播途徑、污染物來源及使用人等。

（2）確實進行建築物內外現勘，立即記錄發現狀況，事後與建築物內主要用戶及室內空氣品質維護小組成員進行問題檢討。

（3）劃分室內空氣品質區域並加以命名及編號。

二、監督場所各項可能影響室內空氣品質的活動，建立與建築物使用人員溝通的機制。

三、視需要組成室內空氣品質維護小組並進行責任分工：

負責設施操作與維護保養、清潔作業、昆蟲控制、用戶聯繫、裝潢/整修/改建、吸菸等後續因應措施之規劃管理等。

四、定期對建築物室內空氣品質進行巡檢，包含事前準備作業、現場檢查作業、與建築物內人員詳談。

五、管理跟室內空氣品質相關紀錄並回應投訴以及對可能發生室內空氣品質問題的觀察。

六、接到任何室內空氣品質投訴之後進行初步的現場巡檢。

七、尋求外部人員協助解決室內空氣品質問題：在室內空氣品質遇上重大污染情況而無法解決時，可上環保署網站尋求合格的檢測單位，或尋求其他專業機構技術上之支援。

48.（1）對於室內空氣品質之管理，專責人員可以從何處了解物質安全資料的內容，建立對使用之清潔劑、除蟲劑等之基本認知？（1）由物質安全資料表（material safety data sheet, MSDS）中的內容，建立對使用之清潔劑、除蟲劑等之成分的基本認知（2）可以由中央主管機關網站查得所需資料（3）可以由縣市政府資料庫查得所需資料（4）可由衛生單位網站查得相關資料。

註：對於室內空氣品質之管理，單位之專責人員可以藉由**物質安全資料表**（material safety data sheet, MSDS）的內容，建立對使用之清潔劑、除蟲劑等之基本認知。物質安全資料表（Material Safety Data Sheet，MSDS）是一個包含了某種物質相關數據的文檔。產品管理和工作場所的安全是其的一個非常重要的組成部分。

49.（4）「室內空氣品質維護管理計畫」主要包含哪些類別？A.基本資料：包括「公告場所名稱及地址」、「公告場所所有人、管理人及使用人員基本資料」、「室內空氣品質維護管理專責人員之基本資料」及「公告場所使用性質及樓地板面積之基本資料」等四項B.室內空氣品質規劃及檢驗：包括「室內空氣品質維護規劃及管理措施」及「室內空氣品質檢驗測定規劃」兩項，此部份需配合「室內空氣品質維護管理記錄表」進行平時維護工作C.室內空氣品質不良之應變措施D.其他經中央主管機關要求之事項E.附件：附件需檢附「公告場所相關設立文件」、「室內空氣品質專責人員合格證書」及「樓層平面

圖（含巡檢點位）」（1）AB（2）ABC（3）ABCD（4）ABCDE。

註：**專責人員之職掌與權利義務**

　　專責人員設置管理辦法第十三條中已詳列專責人員應執行之業務範圍，主要包含是協助公告所有人、管理人或使用人辦理「室內空氣品質管理法」第七條（符合室內空氣品質標準）、第八條（訂定室內空氣品質維護管理計畫，包括檢討修正更新）、第九條（執行室內空氣品質維護管理計畫）及第十條（定期檢驗、公布及紀錄）等業務：

（1）**協助公告場所所有人、管理人或使用人訂定、檢討、修正及執行室內空氣品質維護管理計畫。**

（2）**監督公告場所室內空氣品質維護設備或措施之正常運作，並向場所所有人、管理人或使用人提供有關室內空氣品質改善及管理之建議。**

（3）**協助公告場所所有人、管理人或使用人監督室內空氣品質定期檢驗測定之進行，並作成紀錄存查。**

（4）**協助公告場所所有人、管理人或使用人公布室內空氣品質檢驗測定及自動監測結果。**

（5）其他有關公告場所室內空氣品質維護管理相關事宜。

室內空氣品質維護管理系統主要適用於已在營運中之公共場所，凡負責總管上述公共場所之物業管理相關單位，如總務單位、秘書單位、工安環保部門、工務勞安單位及機電或空調相關人員等，亦應包括清潔及空調等之外包廠商，係為室內空氣品質管理之主要相關單位，應由專責人員負責統籌協調及聯絡。依ISO14000環境管理系統之概念，該公共場所之擁有者（即物業業主）、最高管理單位或主管人員亦為室內空氣品質維護管理之重要成員，且必須對此有基本認知，採積極配合的態度，才能順利推動此維護管理工作。公告場所之專責人員及各相關單位之運作內容如下，場所可依其規模大小及適用性，進行任務規劃，以建置良好之室內空氣品質維護規範。

1. 調查室內空氣品質基本概況並建立室內空氣品質基本資料。

（1）建立室內空氣品質基本資料之技能

維護管理專責人員應：

- 瞭解空調通風（heating, ventilation and air-conditioning, HVAC）系統之操作原則。
- 瞭解基本建築及機械知識，並可瞭解製造廠商提供設備之使用計畫書及相關資訊。
- 掌握各種辦公室使用之事務機器位置及管理。
- 可與建築物內其他用戶進行良好溝通，並順利收集空間使用資料。

119

- 可收集到有關空調通風（HVAC）系統操作、設備狀況、維護資料。
- 可要求環境清潔承攬商提供工作計畫及物料使用資料，尤其是清潔或蟲害控制工作。
- 可以了解物質安全資料表（material safety data sheet, MSDS）中的內容。建議對使用之清潔劑、除蟲劑等之成分需有基本認知。

（2）建立室內空氣品質維護管理基本資料步驟

- 收集並閱讀所有存在資料與紀錄。包含建築物使用情形、HAVC系統操作情形與現況、污染物傳播途徑、污染物來源及使用人等。
- 確實進行建築物內外現勘，立即記錄發現狀況，事後與建築物內主要用戶及室內空氣品質維護小組成員進行問題檢討。
- 劃分室內空氣品質區域並加以命名及編號。

2. 監督場所各項可能影響室內空氣品質的活動，建立與建築物使用人員溝通的機制。
3. 視需要組成室內空氣品質維護小組並進行責任分工：負責設施操作與維護保養、清潔作業、昆蟲控制、用戶聯繫、裝潢/整修/改建、吸菸等後續因應措施之規劃管理等。
4. 定期對建築物室內空氣品質進行巡檢，包含事前準備作業、現場檢查作業、與建築物內人員詳談。
5. 管理跟室內空氣品質相關紀錄並回應投訴以及對可能發生室內空氣品質問題的觀察。
6. 接到任何室內空氣品質投訴之後進行初步的現場巡檢。
7. 尋求外部人員協助解決室內空氣品質問題：在室內空氣品質遇上重大污染情況而無法解決時，可上環保署網站尋求合格的檢測單位，或尋求其他專業機構技術上之支援。

室內空氣品質維護管理計畫

依據「**室內空氣品質管理法」第八條**規定，公告場所所有人、管理人或使用人應訂定「室內空氣品質維護管理計畫」，據以執行，公告場所之室內使用變更致影響其室內空氣品質時，該計畫內容應立即檢討修正，藉由書面及實務管理之相互配合，以達室內空氣品質自我管理之目的。

依據**施行細則第六條**之規定，主管機關已訂定「室內空氣品質維護管理計畫」的必要內容，專責人員需依據主管機關所擬定之格式撰寫並據以執行，資料保存兩年，以供備查。主管機關執行現場稽查之重點，除進行現場檢查外，亦需檢視其室內空氣品質維護管理計畫辦理情況，因此各公告場所務必依規定執行室內空氣品質維護管理計畫

之內容規定。

室內空氣品質維護管理計畫內容

室內空氣品質維護管理包含「室內空氣品質維護管理計畫」及「室內空氣品質維護管理記錄表」兩部分。「室內空氣品質維護管理計畫」主要包含五個類別：

一、**基本資料**：包括「公告場所名稱及地址」、「公告場所所有人、管理人及使用人員基本資料」、「室內空氣品質維護管理專責人員之基本資料」及「公告場所使用性質及樓地板面積之基本資料」等四項。

二、**室內空氣品質規劃及檢驗**：包括「室內空氣品質維護規劃及管理措施」及「室內空氣品質檢驗測定規劃」兩項，此部份需配合「**室內空氣品質維護管理記錄表**」進行平時維護工作。

三、**室內空氣品質不良之應變措施。**

四、**其他經中央主管機關要求之事項。**

五、**附件**：附件需檢附「公告場所相關設立文件」、「室內空氣品質專責人員合格證書」及「樓層平面圖（含巡檢點位）」。

維護管理計畫中的「室內空氣品質維護管理規劃及管理措施」及「室內空氣品質檢驗測定規劃」兩項目，需配合「室內空氣品質維護管理記錄表」進行場所內室內空氣品質之維護管理工作。

50.（4）「室內空氣品質維護管理記錄表」主要為哪種表單？（1）A類總表單一種：隨維護管理記錄表內容更新進行（2）　C類資料彙整型表單一種：管理人員變更時，須修正填寫（3）　S類污染查核型表單5種：依其規範時間定期查核填報（4）以上皆是。

51.（4）「室內空氣品質維護管理記錄表」包含那些查核表及清冊？A.C01-室內空氣品質相關特殊設備查核清單B.S 01-空調系統查核紀錄表C. S02-空調冷卻水系統查核紀錄表D. S03-污染物來源查核紀錄表E. S04-室內空氣品質管理方針及執行計畫檢核F. S05-室內空氣品質檢驗規劃查核清單G. A01-室內空氣品質維護管理記錄表清冊（1）ABC（2）ABCD（3）ABCDEF（4）ABCDEFG。

52.（4）室內空氣品質維護管理計畫書中，共有哪些表格？A.表 C01-室內空氣品質相關特殊設備查核清單B.表 S01-空調系統查核記錄表C.表 S02-空調冷卻水系統查核記錄表D.表 S03-污染物來源查核記錄表E.表 S04-室內空氣品質管理方針及管理執行計畫檢核表F.表 S05-室內空氣品質檢驗規劃查核清單G.其他表格及附件（1）ABC（2）ABCD（3）ABCDEF（4）ABCDEFG。

53.（4）室內空氣品質維護管理計畫書中，必填表格為何？（1）表 S01-空調系統查

核紀錄表（2）表 S03-污染物來源查核記錄表（3）表 S04-室內空氣品質管理方針及管理執行計畫檢核表（4）以上皆是。

54.（2）請選出下列室內空氣品質維護管理計畫書中表S01-空調系統查核紀錄表填寫目的及填寫頻率？A.可提供並瞭解場所空調系統的種類與目前運轉與保養清潔等細部資料，藉此可判別由空調系統可能產生之室內空氣污染問題，如空調系統過濾設備異常或換氣效率不足可能造成室內微粒濃度增高等問題，導致室內空氣品質不良B.每季（3個月）填一次C.每季填寫完後每半年檢查重新填寫D.每年最後提報相關單位時再修正重新填一次。（1）A（2）AB（3）ABC（4）ABCD。

55.（2）請選出下列室內空氣品質維護管理計畫書中表S03-污染物來源查核記錄表填寫目的及填寫頻率？A.室外及室內人為活動是造成室內空氣品質不良的主要原因之一，如有引入外氣的空調或自然通風之環境，可能因室外交通等污染源隨氣流進入室內或室內的裝修、清潔或事務機等人為活動造成的室內污染濃度增加，此表可判別室內污染來源B.每半年（6個月）填一次C.每天下班前先以鉛筆填寫D.每年最後提報相關單位時再修正重新填一次。（1）A（2）AB（3）ABC（4）ABCD。

註：表 S03 污染物來源查核紀錄表：**室外及室內人為活動是造成室內空氣品質不良的主要原因之一，如有引入外氣的空調或自然通風之環境，可能因室外交通等污染源隨氣流進入室內或室內的裝修、清潔或事務機等人為活動造成的室內污染濃度增加，因此本表可提供判別室內污染來源。**

56.（2）請選出下列室內空氣品質維護管理計畫書中表S04-室內空氣品質管理方針及管理執行計畫檢核表填寫目的及填寫頻率？A.室外及室內人為活動是造成室內空氣品質不良的主要原因之一，如有引入外氣的空調或自然通風之環境，可能因室外交通等污染源隨氣流進入室內或室內的裝修、清潔或事務機等人為活動造成的室內污染濃度增加，因此本表可提供判別室內污染來源B.每季（3個月）填一次C.每季填寫完後每半年檢查重新填寫D.每年最後提報相關單位時再修正重新填一次（1）A（2）AB（3）ABC（4）ABCD。

57.（4）室內空氣品質不良之應變措施中，所謂室內空氣品質管理相關人員及單位聯繫清單，係指那種人員/單位？（1）場所內部相關人員：如勞安單位、空調維護單位、清潔管理單位、建物管理委員會、各設備維護管理人員、掌管耗材採購之總務人員…等（2）外部支援人員/單位：縣市環保/衛生機關、室內空氣品質問題諮詢單位或人員…等（3）外部相關人員：各類耗材購買廠商、

施行室內空氣品質定期檢驗測定之機構、各類巡檢式儀器保養之廠商…等(4)
以上皆是。

58.（2）請選出下列室內空氣品質維護管理計畫書中表C01-室內空氣品質相關特殊設
備查核清單填寫目的及填寫頻率？A.瞭解場所現有特殊設備是否正常運作及
定期維修，以作為室內空間可能的污染來源判別B.每年填寫一次C.每兩年再
修正內容一次D.每五年重新檢討修正（1）A（2）AB（3）ABC（4）ABCD。

59.（2）請選出下列室內空氣品質維護管理計畫書中表S02-空調冷卻水系統查核記錄
表填寫目的及填寫頻率？A.此表初步判別是否可能有嚴重的室內生物性污
染、可能來源，及冷卻水系統的運作和抑制劑添加是否正常等，以維持良好
的室內環境品質B.每半年（6個月）填寫一次C.每年重新修正一次內容D.每兩
年再全部修正最後一次（1）A（2）AB（3）ABC（4）ABCD。

60.（4）所謂場所內部相關人員是指那種人員？（1）勞安單位、空調維護單位（2）
清潔管理單位、建物管理委員會（3）各設備維護管理人員、掌管耗材採購之
總務人員（4）以上皆是。

61.（4）所謂場所外部相關人員是指那種人員？（1）各類耗材購買廠商（2）施行室
內空氣品質定期檢驗測定之機構（3）各類巡檢式儀器保養之廠商（4）以上
皆是。

62.（3）所謂場所外部支援人員/單位是指那種人員/單位？（1）縣市環保/衛生機關（2）
室內空氣品質問題諮詢單位或人員（3）以上皆是（4）以上皆非。

63.（4）室內空氣品質不良之抱怨事件處理程序，設計一套可遵循各類客訴處理方式，
以敘述或流程圖示之應為（1）於櫃檯或明顯處設置室內空氣品質不良之客訴
信箱（2）辦公民眾反應空氣品質不良→通知緊急聯絡人→緊急聯絡人視其狀
況進行處置→回報處理情況及處理方式（3）客訴狀況鍵入記錄（4）以上皆
是。

註：**室內空氣品質不良之應變措施如下：**

1. 室內空氣品質管理相關人員及單位聯繫清單

（1）**場所內部相關人員：如勞安單位、空調維護單位、清潔管理單位、建物管理委
員會、各設備維護管理人員、掌管耗材採購之總務人員…等。**

（2）**外部支援人員/單位：縣市環保/衛生機關、室內空氣品質問題諮詢單位或人員…
等。**

（3）外部相關人員：各類耗材購買廠商、施行室內空氣品質定期檢驗測定之機構、各
類巡檢式儀器保養之廠商…等。

（4）緊急事件或突發事件聯絡人

（5）室內空氣品質不良之抱怨事件處理程序

（6）可遵循各類客訴處理方式，以敘述或流程圖示之如下

- 於櫃檯或明顯處設置室內空氣品質不良之客訴信箱

- 辦公民眾反應空氣品質不良→通知緊急聯絡人→緊急聯絡人視其狀況進行處置
  →回報處理情況及處理方式

- 客訴狀況鍵入記錄。

（7）室內空氣品質檢測不合格處理程序及應變措施

64.（4）室內空氣品質相關特殊設備，包括那種設備？（1）鍋爐（2）預鑄式污水處理設備（3）高壓氣體設備（4）以上皆是。

　　註：室內空氣品質相關特殊設備，包括下列設備：

　　（1）**鍋爐**

　　（2）**預鑄式污水處理設備**

　　（3）**高壓氣體設備**

65.（4）空氣品質維護管理紀錄表中，哪幾種表單以一棟建築物或獨立場所為單位進行巡查填寫，若有多棟建築或場所，請自行影印使用，並彙整裝訂成冊。A.C01-室內空氣品質相關特殊設備查核清單B.S 01-空調系統查核紀錄表C.S02-空調冷卻水系統查核紀錄表D. S03-污染物來源查核紀錄表E.S04-室內空氣品質管理方針及執行計畫檢核（1）AB（2）ABC（3）ABCD（4）ABCDE。

　　註：空氣品質維護管理紀錄表中，下列表單以一棟建築物或獨立場所為單位進行巡查填寫，若有多棟建築或場所，請自行影印使用，並彙整裝訂成冊。

　　（1）**C01-室內空氣品質相關特殊設備查核清單**

　　（2）**S 01-空調系統查核紀錄表**

　　（3）**S02-空調冷卻水系統查核紀錄表**

　　（4）**S03-污染物來源查核紀錄表**

　　（5）**S04-室內空氣品質管理方針及執行計畫檢核**

66.（4）空調系統查核紀錄表主要紀錄設備為何？（1）全氣式—空調箱（AHU）（2）全水式—小型室內送風機（FCU）（3）冷氣機（箱型/分離式/窗型）（4）以上皆是

　　註：空調系統查核紀錄表主要紀錄設備及項目為**（1）全氣式—空調箱（AHU）（2）全水式—小型室內送風機（FCU）（3）冷氣機（箱型/分離式/窗型）**藉以判別由空調系統可能產生之室內或室外空氣污染問題之日常運作及維護管理紀錄，及其他空調

相關設施，如通風量及相關標準查驗、廁所排氣裝置、室內停車場或車庫排氣裝置等，判別由空調系統可能產生之室內或室外空氣污染問題。

67.（2）AHU中文全名為何？（1）全水式—空調箱（2）全氣式—空調箱（3）全熱式交換機（4）全自動冷氣空調機。

68.（1）FCU中文全名為何？（1）全水式—小型室內送風機（2）全熱式—小型室內送風機（3）全氣式—小型室內送風機（4）全油式—小型室內送風機

　　註：**全氣式—空調箱　（AHU）、全水式—小型室內送風機　（FCU）。**

69.（4）S02空調冷卻水系統查核紀錄表主要針對公告場所設置空調水系統之那種設備，進行定期維護管理事項？（1）空調冷卻水塔（2）空調冷水儲存槽（3）空調熱水儲存槽（4）以上皆是。

　　註：S02 空調冷卻水系統查核紀錄表主要針對公告場所設置空調水系統之**（1）空調冷卻水塔（2）空調冷水儲存槽（3）空調熱水儲存槽**，進行定期維護管理事項。

70.（4）S02空調冷卻水系統查核紀錄表進行定期維護管理事項，內容為何？（1）水溫是否合適及是否定期投藥降低微生物孳生　（2）周遭是否有髒污或積水（3）內部是否定期清洗及內部是否有污泥或青苔沉積（4）以上皆是。

　　註：S02 空調冷卻水系統查核紀錄表進行定期維護管理事項，內容如下：

　　　（1）**水溫是否合適**

　　　（2）**是否定期投藥降低微生物孳生**

　　　（3）**周遭是否有髒污或積水**

　　　（4）**內部是否定期清洗**

　　　（5）**內部是否有污泥或青苔沉積**

71.（4）下列何者為可能的室內污染源？（1）積水及清潔劑使用（2）事務機使用（3）建築物隔間及新購辦公家具（4）以上皆是。

72.（4）下列何者為可能的室外污染源？（1）車輛行經及鄰近工廠排放（2）鄰近店家廚房作業及大型活動舉辦（3）戶外抽菸吸入（4）以上皆是。

　　註：室外污染源：

　　　（1）**車輛行經**

　　　（2）**鄰近工廠排放**

　　　（3）**鄰近店家廚房作業**

　　　（4）**大型活動舉辦**

　　　（5）**戶外抽菸吸入**

　　室內污染源：

(1) **積水**

(2) **清潔劑使用**

(3) **事務機使用**

(4) **建築物隔間**

(5) **新購辦公家具**

73.（3）自動監測設施量測之室內空氣污染物種類，應辦理何項污染物之監測？（1）二氧化碳（2）中央主管機關指定之項目（3）以上皆是（4）以上皆非。

註：自動監測設施量測之室內空氣污染物種類，應辦理下列污染物之監測：

(1) **二氧化碳**

(2) **中央主管機關指定之項目**

74.（2）巡查檢驗應量測之室內空氣污染物種類，除中央主管機關另有規定外，至少應辦理何種氣體濃度量測？（1）一氧化碳（2）二氧化碳（3）臭氧（4）氫氣。

註：巡查檢驗應量測之室內空氣污染物種類，除中央主管機關另有規定外，至少應辦理**二氧化碳**濃度量測。

75.（3）室內空氣品質維護管理計畫書中表S05室內空氣品質檢驗規劃之目的及其內容為何？（1）該室內空氣品質檢驗測定規劃可作為未來室內空氣品質查核之前趨作業及室內空氣品質良窳之維護管理參考依據（2）檢驗測定項目、頻率、採樣數與採樣分布方式、監測項目、頻率、監測設施規範與結果公布方式、紀錄保存年限、保存方式及其他應遵行事項（3）以上皆是（4）以上皆非。

註：室內空氣品質維護管理計畫書中表 S05 室內空氣品質檢驗規劃之目的及其內容應包含下列項目：

(1) **該室內空氣品質檢驗測定規劃可作為未來室內空氣品質查核之前趨作業及室內空氣品質良窳之維護管理參考依據**

(2) **檢驗測定項目、頻率、採樣數與採樣分布方式、監測項目、頻率、監測設施規範與結果公布方式、紀錄保存年限、保存方式及其他應遵行事項**

76.（4）各場所應依哪些項目決定巡查檢驗數量，且不得低於表列最低採樣點數目？（1）各場所建築物樓層面積（2）搭乘空間面積（3）室內空氣污染物之濃度變化情況（4）以上皆是。

註：各場所應依（1）**各場所建築物樓層面積**（2）**搭乘空間面積**（3）**室內空氣污染物之濃度變化情況**項目決定巡查檢驗數量，且不得低於表列最低採樣點數目。

77.（1）巡查檢驗時應依中央主管機關認可之環境檢驗測定方法進行檢測，各項污染物檢驗測定點濃度如何決定？（1）以各點濃度最高值作為前條各項污染物檢驗測定點，並依中央主管機關認可之環境檢驗測定方法進行檢測（2）依各點濃度最低值作為檢測定點（3）依各點濃度平均值最為各污染物檢驗測定點，並依檢驗單位規定認定之方式進行（4）以上皆可。

　　註：巡查檢驗應由室內空氣品質維護專責人員為之，得以巡檢式檢測儀器量測室內空氣污染物濃度。巡查檢驗應量測之室內空氣污染物種類，除中央主管機關另有規定外，**至少應辦理二氧化碳濃度量測。**巡查檢驗數量依**各場所建築物樓層面積、搭乘空間面積及室內空氣污染物之濃度變化情況而定，除不得低於下列表最低採樣點數目，以各點濃度最高值作為前條各項污染物檢驗測定點，並依中央主管機關認可之環境檢驗測定方法進行檢測。**

78.（4）室內空氣品質檢驗測定規劃可作為未來室內空氣品質查核之前趨作業及室內空氣品質良窳之維護管理參考依據，其中應包內容為何？（1）檢驗測定項目、頻率、採樣數與採樣分布方式（2）監測項目、頻率、監測設施規範與結果公布方式（3）紀錄保存年限、保存方式及其他應遵行事項（4）以上皆是。

　　註：室內空氣品質檢驗測定規劃可作為未來室內空氣品質查核之前趨作業及室內空氣品質良窳之維護管理參考依據，**其中應包含檢驗測定項目、頻率、採樣數與採樣分布方式、監測項目、頻率、監測設施規範與結果公布方式、紀錄保存年限、保存方式及其他應遵行事項。**

79.（1）室內空氣品質維護管理計畫書中表S05室內空氣品質檢驗規劃，其中巡查檢驗應由誰為之？ 以何方式為之？ 巡查檢驗數量應如何決定？A.巡查檢驗應由室內空氣品質維護專責人員為之B.以巡檢式檢測儀器量測室內空氣污染物濃度C.巡查檢驗數量依各場所建築物樓層面積、搭乘空間面積及室內空氣污染物之濃度變化情況而定，並不得低於最低採樣點數目D.巡檢時應清空空間人員E.巡檢後應檢查如未符合地區應下班後再測（1）AB（2）CD（3）BC（4）DA。

　　註：室內空氣品質維護管理計畫書中表 S05 室內空氣品質檢驗規劃，**其中巡查檢驗應由室內空氣品質維護專責人員為之，以巡檢式檢測儀器量測室內空氣污染物濃度。**

80.（4）文教場所主要室內空氣品質巡檢常發現的問題為何？（1）廁所或廚房、餐飲區域與教室太近，有異味逸散情形（2）室內多為木製品，於新購置時逸散大量甲醛及VOCs（3）室內CO_2濃度過高，以及天花板出現漏水黴漬（4）以上皆是。

註：文教場所主要室內空氣品質巡檢常發現的問題如下：

(1) **廁所或廚房、餐飲區域與教室太近，有異味逸散情形**

(2) **室內多為木製品，如桌椅、書櫃，於新購置時逸散大量甲醛及VOCs**

(3) **室內CO2濃度過高**

(4) **天花板出現漏水黴漬**

81. (4) 哪種情境下，室內會逸散大量甲醛及VOCs？ (1) 室內多為木製品，於新購置時 (2) 重新裝潢時 (3) 重新油漆時 (4) 以上皆是。

註：下列情境下，室內會逸散大量甲醛及VOCs：

(1) **室內多為木製品，如桌椅、書櫃，於新購置時**

(2) **重新裝潢時**

(3) **重新油漆時**

82. (4) 大眾交通及車站主要室內空氣品質巡檢常發現的問題為何？ (1) 通風換氣量設計不足夠，室內來自人群活動之異味累積 (2) 候車室受發動車輛廢氣影響 (3) 通風設備未清潔及保養 (4) 以上皆是。

註：大眾交通及車站主要室內空氣品質巡檢常發現的問題如下：

(1) **通風換氣量設計不足夠**

(2) **室內來自人群活動之異味累積**

(3) **候車室受發動車輛廢氣影響**

(4) **通風設備未清潔及保養**

83. (4) 對於大眾交通及車站主要室內空氣品質問題點應如何改善？ (1) 通風換氣量設計不足夠，應評估不同進氣風量之換氣率，提供足夠之新鮮空氣量 (2) 進氣口側遠離室外污染源，並增加外氣引入口之清潔頻率 (3) 落實通風設備清潔及保養 (4) 以上皆是。

註：對於大眾交通及車站主要室內空氣品質問題點應以下列方式改善：

(1) **通風換氣量設計不足夠，應評估不同進氣風量之換氣率，提供足夠之新鮮空氣量**

(2) **進氣口側遠離室外污染源，並增加外氣引入口之清潔頻率**

(3) **落實通風設備清潔及保養**

84. (1) 對國道客運候車室空氣品質而言，最大可能影響因子為何？ (1) 候車場發動之車輛廢氣 (2) 車子內的空氣品質 (3) 廁所的異味 (4) 以上皆是。

註：對國道客運「候車室」空氣品質而言，最大可能影響因子為**候車場發動之車輛廢氣。**

85. (4) 展覽場所主要室內空氣品質巡檢常發現的問題為何？ (1) 通風換氣量設計

不足夠（2）室內存在各種潛在污染源（3）反覆進行裝修改建行爲（4）以上皆是。

註：展覽場所主要室內空氣品質巡檢常發現的問題如下：

（1）**通風換氣量設計不足夠**

（2）**室內存在各種潛在污染源**

（3）**反覆進行裝修改建行為**

86.（2）展覽場所反覆進行裝修改建行爲，容易產生何種空氣污染物？（1）臭氧（2）揮發性有機物（3）眞菌（4）懸浮微粒。

註：展覽場所裝修改建行為頻繁，易產生**揮發性有機物**空氣污染物，如甲醛等。

87.（1）展覽場所經常在密閉空間內且常駐有大量人員，要改善其空氣品質，首要重點爲何？（1）首要檢討場所之通風換氣設計量是否足夠（2）裝潢建材是否爲綠建材（3）燈具是否過熱（4）廁所是否有異味。

註：展覽場所經常在密閉空間內且常駐有大量人員，要改善其空氣品質，首要重點要檢討場所之**通風換氣設計量**是否足夠，改善通風系統是控制污染源的重要方式之一。

88.（1）展覽場所大量使用木質傢俱或紡織品，應注意那些微生物滋生之清潔維護？（1）細菌與眞菌（2）懸浮微粒（3）臭氧（4）二氧化碳。

註：展覽場所大量使用木質傢俱或紡織品，應注意**真菌及細菌**滋生之清潔維護。

89.（3）交易場所主要室內空氣品質巡檢常發現的問題爲何？（1）空調設備及其出風口未維持清潔（2）列印設備裝置於人員附近（3）以上皆是（4）以上皆非。

註：交易場所主要室內空氣品質巡檢常發現的問題如下：

（1）**空調設備及其出風口未維持清潔**

（2）**列印設備裝置於人員附近**

90.（1）交易市場列印設備通常置於人員伸手可及處，其爲何種空氣污染物之高污染源？（1）懸浮微粒與臭氧（2）黴菌（3）細菌（4）病毒。

註：列印設備常有碳粉及臭氧之污染。

91.（4）辦公場所主要室內空氣品質巡檢常發現的問題爲何？（1）空調系統未引入足夠之新鮮空氣量，或引入之空氣較爲污濁及對於特定污染源逸散之區域，導致該特定污染源逸散至室內環境（2）通風口堆置物品阻礙氣流（3）冷卻水塔清洗頻率過低（4）以上皆是。

註：辦公場所主要室內空氣品質巡檢常發現的問題如下：

（1）**空調系統未引入足夠之新鮮空氣量，或引入之空氣較為污濁，如引入鄰近交通**

源、餐廳廢氣或室外吸菸區設於進氣口附近

(2) 對於特定污染源逸散之區域,如:廁所、儲藏室、影印室等未設置獨立排風設備,導致該特定污染源逸散至室內環境

(3) 通風口堆置物品阻礙氣流

(4) 冷卻水塔清洗頻率過低

92. (4) 百貨公司主要室內空氣品質巡檢常發現的問題為何?(1) 地下停車場及美食街均位於百貨公司建築中,導致汽車廢氣及烹調燃燒之污染物逸散至百貨公司室內(2) 由於廠商更新或特定促銷活動而有頻繁的裝修改建行為 (3) 促銷活動或週年慶期間人潮擁擠(4) 以上皆是。

註:百貨公司主要室內空氣品質巡檢常發現的問題如下:

(1) 地下停車場及美食街均位於百貨公司建築中,導致汽車廢氣及烹調燃燒之污染物逸散至百貨公司室內

(2) 由於廠商更新或特定促銷活動而有頻繁的裝修改建行為

(3) 促銷活動或週年慶期間人潮擁擠

93. (4) 營業商場主要室內空氣品質巡檢常發現問題為何?(1) 賣場以外區域的清潔維護差,空氣污染影響至商場空間及貨物商品擺設不當影響空氣流通(2) 營業商場內燃燒源造成室內CO濃度偏高(3) 促銷活動期間人潮擁擠(4) 以上皆是。

註:營業商場主要室內空氣品質巡檢常發現的問題如下:

(1) 賣場以外區域的清潔維護差

(2) 空氣污染影響至商場空間及貨物商品擺設不當影響空氣流通

(3) 營業商場內之燃燒源造成室內CO濃度偏高

(4) 促銷活動期間人潮擁擠

94. (4) 醫療院所主要室內空氣品質巡檢常發現的問題為何?(1) 主機房或新鮮空氣引入口堆置雜物,導致新鮮空氣引入量不足及空調機房內之空調箱濾網骯髒 (2) 天花板之回風口配置過於緊密不利於換氣率及空氣混合及室內揮發性有機溶劑或藥劑逸散 (3) 天花板有黴斑、冷卻水塔清潔頻率過低或四周護網已破裂及脫落,有滋生細菌之虞及領藥處或門診區之CO_2濃度過高(4) 以上皆是。

註:醫療院所主要室內空氣品質巡檢常發現的問題如下:

(1) 主機房或新鮮空氣引入口堆置雜物,導致新鮮空氣引入量不足及空調機房內之空調箱濾網骯髒

（2）**天花板之回風口配置過於緊密不利於換氣率**

（3）**空氣混合及室內揮發性有機溶劑或藥劑逸散**

（4）**天花板有黴斑**

（5）**冷卻水塔清潔頻率過低或四周護網已破裂及脫落，有滋生細菌之虞**

（6）**領藥處或門診區之CO2濃度過高**

95.（4）何者為常因烹飪、燃燒行產生污染之室內場所？（1）托兒所內部　（2）百貨公司設有美食街　（3）營業商場設有餐食區　（4）以上皆是。

註：下列之室內場所常因烹飪、燃燒行產生污染：

（1）**托兒所內部：大多有燃燒行為用以煮食點心**

（2）**百貨公司設有美食街：提供客戶用餐**

（3）**營業商場設有餐食區：提供客戶用餐**

96.（4）巡查檢驗之選點原則為何？（1）公告場所巡查檢驗應避免受局部污染源干擾，距離室內硬體構築或陳列設施最少0.5公尺以上（2）門口或電梯最少3公尺以上，（3）應儘量平均分布於列管室內空間樓地板面積上，規劃選定巡檢點（4）以上皆是。

註：巡查檢驗之選點原則如下：

（1）**公告場所巡查檢驗應避免受局部污染源干擾**

（2）**距離室內硬體構築或陳列設施最少0.5公尺以上**

（3）**門口或電梯最少3公尺以上**

（4）**應儘量平均分布於列管室內空間樓地板面積上，規劃選定巡檢點。**

97.（1）巡查檢驗之最低巡檢點之數目為何？（1）五點（2）六點（3）七點（4）八點。

註：巡查檢驗之最低巡檢點之數目為**五點。**

98.（4）假設某辦公大樓室內樓地板面積為7,500 平方公尺，如何規劃辦理場所室內巡查檢驗？（1）採樣點的選擇：公告場所巡查檢驗應避免受局部污染源干擾，距離室內硬體構築或陳列設施最少0.5公尺以上及門口或電梯最少3 公尺以上，且應儘量平均分布於列管室內空間樓地板面積上，規劃選定巡檢點(2)巡檢點之數目：室內樓地板面積巡檢點數目2,000 平方公尺至少5 點以上，5,000～15,000平方公尺室內樓地板面積每增加500平方公尺增加一點，累進統計巡檢點數目。或至少25 點以上。故室內巡檢點之數目為2,000 平方公尺，至少5 點及55,00 平方公尺/每增加500 平方公尺增加一點至少11點，故共計16點（3）於該室內場所辦理至少16 點次之二氧化碳濃度及中央主管機關另

規定之污染物濃度之量測（4）以上皆是。

註：<u>某辦公大樓室內樓地板面積為 7,500 平方公尺，規劃辦理場所室內巡查檢驗原則如下：</u>

(1) <u>採樣點的選擇：公告場所巡查檢驗應避免受局部污染源干擾，距離室內硬體構築或陳列設施最少0.5公尺以上及門口或電梯最少3 公尺以上，且應儘量平均分布於列管室內空間樓地板面積上，規劃選定巡檢點</u>

(2) <u>巡檢點之數目：室內樓地板面積巡檢點數目2,000 平方公尺至少5 點以上，5,000～15,000平方公尺室內樓地板面積每增加500平方公尺增加一點，累進統計巡檢點數目。或至少25 點以上。故室內巡檢點之數目為2,000 平方公尺，至少5 點及55,00 平方公尺/每增加500 平方公尺增加一點至少11點，故共計16點</u>

(3) <u>於該室內場所辦理至少16 點次之二氧化碳濃度及中央主管機關另規定之污染物濃度之量測</u>

99.（3）安裝強制排氣式瓦斯熱水器之排氣管頂罩時，為防止廢氣流回室內，除排氣之吹出方向應保持60mm之距離，其左右兩側以保持多少mm之距離為宜？（1）300（2）200（3）150（4）100。

註：安裝強制排氣式瓦斯熱水器之排氣管頂罩時，為防止廢氣流回室內，除排氣之吹出方向應保持 60mm 之距離，其左右兩側**以保持 150mm** 之距離為宜

100.（1）在乾燥的空氣中有一些氣體其濃度幾乎不會隨時間而改變，稱為什麼氣體？（1）常定濃度氣體（2）不定濃度氣體（3）固定濃度氣體（4）隨機濃度氣體。

註：稱為<u>「常定濃度氣體」</u>（Fixed gas），例如氮、氧、氬及惰性氣體…。

101.（1）有一些氣體，其濃度不但會隨季節、日夜或氣象條件而改變，同時也會因為人類的生活和生產活動而產生變化，這些氣體稱為何？（1）可變濃度氣體（2）常定濃度氣體（3）不定濃度氣體（4）隨機濃度氣體。

註：這些氣體稱為<u>「可變濃度氣體」</u>（Variable gas），如水蒸氣、二氧化碳等。

102.（3）大部分的CO_2為（1）機器排放（2）建材排放（3）自然界循環過程中的自然排放（4）污水設備排放。

註：大部分的 CO_2 為<u>自然界循環過程中</u>的自然排放。

103.（1）近年大氣中CO_2濃度以（1）0.4%（2）0.3%（3）0.2%（4）0.1%年增率的速度增加。

註：近年大氣中 CO_2 濃度以 <u>0.4%</u> 年增率的速度增加。（每年增加 60 億噸）。

104.（1）空氣污染物依其排放源的型態可分為哪兩種污染物？（1）一次污染物及二次污染物（2）戶外污染物及戶內污染物（3）涵管污染物及明渠污染物（4）

天然污染物及化學污染物。

註：空氣污染物依其排放源的型態可分為下列兩種污染物 ：

（1）**一次污染物：污染物直接由排放源所釋出，例如二氧化硫、一氧化碳、氮氧化物、碳氫化合物、一次氣膠**

（2）**二次污染物：不是直接由排放源排放出來，而是由其他污染物在大氣中反應產生**

例如臭氧並非直接由污染源排放，而是由氮氧化物和碳氫化合物受到強烈陽光照射，產生光化學反應而形成。

105.（3）能使有害物質污染物在其發生源處未擴散前即加以排除之工程控制法為？（1）自然換氣（2）熱對流換氣（3）局部排氣（4）整體換氣。

註：**局部排氣主要可使有害物質污染物在發生源未擴散前即排除。**

106.（3）下列何種形式氣罩最不受自然氣流的影響？（1）側頂吸引型（2）接受式（3）包圍式（4）向下吸引型。

註：**包圍式**氣罩最不受自然氣流的影響。

107.（3）一般場所空氣品質好壞係以（1）一氧化碳（2）氮氣（3）二氧化碳（4）氧氣　含量為指標。

註：空氣品質之好壞一般以場所之**二氧化碳**含量為指標。

第四章

室內空氣品質之檢驗測定

4.1 模擬測驗題

1. （4）室內空氣品質檢驗測定之義務範圍，依「室內空氣品質檢驗測定管理辦法」
第二條之規定為何？（1）定期檢測：經室內空氣品質管理法公告之公告場所
應於規定之一定期限內辦理室內空氣污染物濃度量測，並定期公布檢驗測定
結果（2）連續監測：經中央主管機關指定應設置自動監測設施之公告場所，
其所有人、管理人或使用人設置經認可之自動監測設施，須持續操作量測室
內空氣污染物濃度，並即時顯示最新量測數值，以連續監測其室內空氣品質
（3）以上皆非（4）以上皆是。

　　註：室內空氣品質檢驗測定之義務範圍，依「室內空氣品質檢驗測定管理辦法」第二條
　　　　之規定，分為下列2種：

　　　　（1）**定期檢測：經室內空氣品質管理法公告之公告場所應於規定之一定期限內辦理
　　　　　　　室內空氣污染物濃度量測，並定期公布檢驗測定結果**

　　　　（2）**連續監測：經中央主管機關指定應設置自動監測設施之公告場所，其所有人、
　　　　　　　管理人或使用人設置經認可之自動監測設施，須持續操作量測室內空氣污染物
　　　　　　　濃度，並即時顯示最新量測數值，以連續監測其室內空氣品質**

2. （4）依我國「室內空氣品質管理法」之規範，何者須負擔室內空氣品質檢驗測定
之義務？（1）公告場所所有人（2）公告場所管理人（3）公告場所使用人（4）
以上皆是。

　　註：依「室內空氣品質管理法」之規範，**公告場所所有人、公告場所管理人或公告場所
　　　　使用人**須負擔室內空氣品質檢驗測定之義務。

3. （1）何謂「巡查檢驗」？（1）指以可直接判讀之巡檢式檢測儀器進行簡易量測室
內空氣污染物濃度之巡查作業（2）指派特定機構檢查（3）由政府單位指派巡
佐辦理品質檢測（4）以上皆是。

　　註：「巡查檢驗」**指以可直接判讀之巡檢式檢測儀器進行簡易量測室內空氣污染物濃度
　　　　之巡查作業。**

4. （4）校正測試之種類及定義為何？（1）零點偏移：指自動監測設施操作一定期間
後，以零點標準氣體或校正器材進行測試所得之差值（2）全幅偏移：指自動
監測設施操作一定期間後，以全幅標準氣體或校正器材進行測試所得之差值
（3）以上皆非（4）以上皆是。

　　註：校正測試之種類及定義為：

　　（1）**零點偏移：指自動監測設施操作一定期間後，以零點標準氣體或校正器材進行測試所得之差值**

　　（2）**全幅偏移：指自動監測設施操作一定期間後，以全幅標準氣體或校正器材進行測試所得之差值**

5.（2）何謂我國室內空氣品質法所指「室內樓地板面積」？（1）指建築物投射之面積（2）指公私場所建築物之室內空間，全部或一部分經公告適用室內空氣品質管理法者，其樓地板面積總和，但不包括露臺、陽（平）臺及法定騎樓面積（3）指建築物興建之建地面積（4）以上皆是。

　　註：室內空氣品質法所指「室內樓地板面積」**係指公私場所建築物之室內空間，全部或一部分經公告適用室內空氣品質管理法者，其樓地板面積總和，但不包括露臺、陽（平）臺及法定騎樓面積。**

6.（2）何謂「零點偏移」？（1）指由時鐘零點方向為準作為校正基點基（2）指自動監測設施操作一定期間後，以零點標準氣體或校正器材進行測試所得之差值（3）指以晚上零點開始施作之儀器校正工作（4）指於室溫零度以下所作之冷凍儀器校正工作。

　　註：「零點偏移」**指監測儀器在穩定運轉狀況下，且在未經調整操作，每間隔十二或二十四小時，以零點標準氣體重複測試儀器測值變化。**

7.（1）何謂「全幅偏移」？（1）指自動監測設施操作一定期間後，以全幅標準氣體或校正器材進行測試所得之差值（2）指以全面性測試方式進行校正的技術（3）指以全幅儀器器材進行校正（4）指以全部空氣品質測驗儀器相互確認答到校正之效果。

　　註：「全幅偏移」**指自動監測設施操作一定期間後，以全幅標準氣體或校正器材進行測試所得之差值。**

8.（1）室內空氣品質的巡查檢驗項目及頻率為何？（1）　至少應辦理二氧化碳濃度量測，每年至少進行一次（2）至少應辦理一氧化碳濃度檢測，每年至少進行兩次（3）至少應辦理甲醛濃度檢測，每年至少進行兩次（4）　（2）至少應辦理一氧化碳濃度檢測，每年至少進行一次。

　　註：為加強公告場所之義務人對於維護室內空氣品質之意識，依「室內空氣品質檢驗測定管理辦法」第四條之規定，公告場所所有人、管理人或使用人應於公告管制室內空間進行巡查檢驗，每年至少進行一次，且應於定期檢測前完成。巡查檢驗應由室內空氣品質維護專責人員為之，得以巡檢式檢測儀器量測室內空氣污染物濃度。另

137

外，巡查檢驗應量測之室內空氣污染物種類，除中央主管機關另有規定外，至少應辦理二氧化碳濃度量測。

9.（3）「室內空氣品質檢驗測定管理辦法」規定，公告場所所有人、管理人或使用人應於每次實施定期檢測之前多久內完成巡查檢驗？（1）一個月內（2）三個月內（3）二個月內（4）三個星期內。

註：「室內空氣品質檢驗測定管理辦法」規定，公告場所所有人、管理人或使用人應於每次實施定期檢測之前**兩個月內**完成巡查檢驗。

10.（4）一般室內空氣污染採樣的流程規劃爲何？（1）前置作業（2）現場訪查（3）檢驗測定作業（4）以上皆是。

註：一般室內空氣污染採樣的流程規劃可分為下列階段：

（1）**前置作業**

（2）**現場訪查**

（3）**檢驗測定作業**

11.（1）場所之巡查檢驗應於何時段，由室內空氣品質維護管理專責人員操作或在場監督來進行量測？（1）場所營業及辦公時段（2）下班時刻（3）中午休息時刻（4）以上皆可。

註：場所之巡查檢驗應於場所**營業及辦公時段**，由室內空氣品質維護管理專責人員操作或在場監督來進行量測。

12.（3）「室內空氣品質檢驗測定管理辦法」明定，室內空氣品質巡查檢驗應量測之污染物項目，除中央主管機關另有規定外，至少應包含何種污染物？（1）一氧化碳（2）眞菌（3）二氧化碳（4）甲醛。

註：「室內空氣品質檢驗測定管理辦法」明定，室內空氣品質巡查檢驗應量測之污染物項目，除中央主管機關另有規定外，**至少應包含二氧化碳污染物。**

13.（4）前置作業部份主要準備基本資料爲何？（1）專責人員（2）受檢場址（3）空調系統（4）以上皆是。

註：前置作業部份主要是準備下列基本資料：

（1）**專責人員**

（2）**受檢場址**

（3）**空調系統**

14.（4）現場訪查的訪查內容主要爲何？（1）建築週邊環境調查（2）空調設備調查（3）建築裝潢及傢俱檢視、巡查檢驗和資料塡寫（4）以上皆是。

註：現場訪查的訪查內容主要包括下列項目：

　　（1）**建築週邊環境調查**

　　（2）**空調設備調查**

　　（3）**建築裝潢及傢俱檢視、巡查檢驗和資料填寫**

15. （1）公告場所巡查檢驗為避免受局部污染源干擾，依「室內空氣品質檢驗測定管理辦法」規定，距離室內硬體構築或陳列設施最少距離為多遠？（1）0.5公尺以上（2）2公尺以上（3）1公尺以上（4）5公尺以上。

　　註：公告場所巡查檢驗為避免受局部污染源干擾，依「室內空氣品質檢驗測定管理辦法」規定，距離室內硬體構築或陳列設施最少距離**為 0.5 公尺以上。**

16. （2）公告場所巡查檢驗為避免受局部污染源干擾，依「室內空氣品質檢驗測定管理辦法」規定，距離門口或電梯最少距離為多遠？（1）1公尺以上（2）3公尺以上（3）5公尺以上（4）6公尺以上。

　　註：公告場所巡查檢驗為避免受局部污染源干擾，依「室內空氣品質檢驗測定管理辦法」規定，距離門口或電梯最少距離**為 3 公尺以上。**

17. （3）有關巡查檢驗應佈巡檢點之數目原則，依「室內空氣品質檢驗測定管理辦法」規定，室內樓地板面積小於等於二千平方公尺者，巡檢點數目至少為幾點？（1）1點（2）2點（3）5點（4）6點。

　　註：有關巡查檢驗應佈巡檢點之數目原則，依「室內空氣品質檢驗測定管理辦法」規定，室內樓地板面積小於等於二千平方公尺者，巡檢點數目至少**為 5 點。**

18. （4）公告場所執行巡查檢驗作業時，巡檢點的選定應注意哪種原則？（1）避免受局部污染源干擾（2）巡檢點應平均分布於公告管制室內空間樓地板上（3）以上皆非（4）以上皆是。

　　註：公告場所執行巡查檢驗作業時，巡檢點的選定應注意下列原則：

　　（1）**避免受局部污染源干擾**

　　（2）**巡檢點應平均分布於公告管制室內空間樓地板上**

19. （1）有關巡查檢驗應佈巡檢點之數目原則，依「室內空氣品質檢驗測定管理辦法」規定，室內樓地板面積大於二千平方公尺小於或等於五千平方公尺者，應以室內樓地板面積每增加多少平方公尺需增加一點，來累進統計巡檢點數目？或以巡檢點數目至少幾點來統計？（1）400平方公尺、十點（2）200平方公尺、十點（3）300平方公尺、十點（4）500平方公尺、十點。

　　註：有關巡查檢驗應佈巡檢點之數目原則，依「室內空氣品質檢驗測定管理辦法」規定，室內樓地板面積大於二千平方公尺小於或等於五千平方公尺者，應以**室內樓地板面**

積每增加400平方公尺需增加一點，來累進統計巡檢點數目或以巡檢點數目至少10點來統計。

20.（4）有關巡檢點數目之選定，則應遵行規定為何？（1）室內樓地板面積小於等於2,000平方公尺者，巡檢點數目至少5點以上；室內樓地板面積大於2,000平方公尺至小於或等於5,000平方公尺者，以室內樓地板面積每增加400 平方公尺應增加1 點，累進統計巡檢點數目；或以巡檢點數目至少10點以上（2）室內樓地板面積大於5,000 平方公尺至小於或等於15,000 平方公尺者，以室內樓地板面積每增加500 平方公尺應增加1 點，累進統計巡檢點數目；或以檢點數目至少25點以上；室內樓地板面積大於15,000平方公尺至小於或等於30,000平方公尺者，以室內樓地板面積每增加625 平方公尺應增加1點，累進統計巡檢點數目，但累進統計巡檢點數目至少25 點以上；或以檢點數目至少40點以上。（3）室內樓地板面積大於30,000平方公尺者，以室內樓地板面積每增加900 平方公尺應增加1點，累進統計巡檢點數目，但累進統計巡檢點數目至少40點以上（4）以上皆是。

註：有關巡檢點數目之選定，則應遵行下列規定：

（1）室內樓地板面積小於等於2,000平方公尺者，巡檢點數目至少5點以上；室內樓地板面積大於2,000平方公尺至小於或等於5,000平方公尺者，以室內樓地板面積每增加400 平方公尺應增加1 點，累進統計巡檢點數目；或以巡檢點數目至少10點以上

（2）室內樓地板面積大於5,000 平方公尺至小於或等於15,000 平方公尺者，以室內樓地板面積每增加500 平方公尺應增加1 點，累進統計巡檢點數目；或以檢點數目至少25點以上；室內樓地板面積大於15,000平方公尺至小於或等於30,000平方公尺者，以室內樓地板面積每增加625 平方公尺應增加1點，累進統計巡檢點數目，但累進統計巡檢點數目至少25 點以上；或以檢點數目至少40點以上。

（3）室內樓地板面積大於30,000平方公尺者，以室內樓地板面積每增加900 平方公尺應增加1點，累進統計巡檢點數目，但累進統計巡檢點數目至少40點以上

21.（1）為確保定期檢驗數據之代表性，公告場所之定期檢驗，應於何時段進行採樣？（1）營業及辦公時段（2）中午休息時間（3）假日時間（4）任何時間都可。

註：為確保定期檢驗數據之代表性，公告場所之定期檢驗，應於營業及辦公時段進行採樣。

22.（4）公告管制室內空間應如何進行定期檢測？（1）應委託檢驗測定機構辦理檢

驗（2）定期檢測之採樣時間應於營業日期之營業時段（3）檢驗測定機構受託
從事室內空氣品質定期檢測業務，各室內空氣污染物種類採樣應於相同日期、
時間進行，不得出現採樣日期差異。受託檢驗測定機構為多家時，亦同（4）
以上皆是。

註：公告管制室內空間應依下列規定進行定期檢測：

　　（1）**應委託檢驗測定機構辦理檢驗**

　　（2）**定期檢測之採樣時間應於營業日期之營業時段**

　　（3）**檢驗測定機構受託從事室內空氣品質定期檢測業務，各室內空氣污染物種類採**
　　　　樣應於相同日期、時間進行，不得出現採樣日期差異。

　　（4）**受託檢驗測定機構為多家時，亦同**

23.（3）「室內空氣品質檢驗測定管理辦法」規定，公告場所定期檢測之檢驗頻率，
　　　　除中央主管機關另有規定者外，至少應多久一次？（1）每半年（2）每一年（3）
　　　　每二年（4）每三年。

註：「室內空氣品質檢驗測定管理辦法」規定，公告場所定期檢測之檢驗頻率，除中央
　　主管機關另有規定者外，至少**每兩年一次**。

24.（4）公告場所所有人、管理人或使用人進行定期檢測，其採樣位置之個數規定為
　　　　何？（1）室內樓地板面積小於或等於5,000平方公尺者，採樣位置至少1個以
　　　　上；室內樓地板面積大於5,000 平方公尺至小於或等於10,000平方公尺者，採
　　　　樣位置至少2個以上（2）室內樓地板面積大於10,000 平方公尺至小於或等於
　　　　20,000平方公尺者，採樣位置至少3個以上（3）室內樓地板面積大於20,000 平
　　　　方公尺者，採樣位置至少4個以上（4）以上皆是。

註：公告場所所有人、管理人或使用人進行定期檢測，其採樣位置之個數應遵行下列規
　　定：

　　（1）**室內樓地板面積小於或等於5,000平方公尺者，採樣位置至少1個以上；室內樓**
　　　　地板面積大於5,000 平方公尺至小於或等於10,000平方公尺者，採樣位置至少2
　　　　個以上

　　（2）**室內樓地板面積大於10,000 平方公尺至小於或等於20,000平方公尺者，採樣**
　　　　位置至少3個以上

　　（3）**室內樓地板面積大於20,000 平方公尺者，採樣位置至少4個以上**

25.（1）除了細菌、真菌及特殊情形外，室內空氣污染物定期檢測之採樣點位置應如
　　　　何選擇為宜？（1）優先依濃度較高之巡檢點依序擇定（2）依平均值抽點（3）
　　　　人員較少區域抽點（4）以上皆可。

註：除了細菌、真菌及特殊情形外，室內空氣污染物定期檢測之採樣點位置應**優先依濃度較高之巡檢點依序擇定。**

26.（3）除了細菌及眞菌外，有關室內空氣污染物定期檢驗之採樣點數，依「室內空氣品質檢驗測定管理辦法」規定，室內樓地板面積小於等於五千平方公尺者，採樣點數目至少爲點？（1）5點（2）3點（3）1點（4）4點。

註：除了細菌及真菌外，有關室內空氣污染物定期檢驗之採樣點數，依「室內空氣品質檢驗測定管理辦法」規定，室內樓地板面積小於等於五千平方公尺者，採樣點數目至少為**1點。**

27.（1）除了細菌及眞菌外，有關室內空氣污染物定期檢驗之採樣點數，依「室內空氣品質檢驗測定管理辦法」規定，室內樓地板面積大於三萬平方公尺者，採樣點數目至少爲幾點？（1）4點（2）3點（3）2點（4）1點。

註：除了細菌及真菌外，有關室內空氣污染物定期檢驗之採樣點數，依「室內空氣品質檢驗測定管理辦法」規定，室內樓地板面積大於三萬平方公尺者，採樣點數目至少**為4點。**

28.（1）進行細菌及眞菌室內空氣污染物之定期檢測時，採樣點位置應如何選擇？（1）現場有滲漏水漬或微生物生長痕跡，列爲優先採樣，且規劃採樣點應平均分布於公告管制室內空間樓地板上（2）人員集中區域優先採樣（3）巡檢空氣品質較差區域優先採樣（4）以上皆可。

註：進行細菌及真菌室內空氣污染物之定期檢測時，採樣點位置應依下列原則選擇：

（1）**現場有滲漏水漬或微生物生長痕跡，列為優先採樣，且規劃採樣點應平均分布於公告管制室內空間樓地板上**

（2）**人員集中區域優先採樣**

（3）**巡檢空氣品質較差區域優先採樣**

29.（3）依「室內空氣品質檢驗測定管理辦法」規定，細菌及眞菌室內空氣污染物進行定期檢測時，其採樣點數目如何計算？（1）依場所之公告管制室內空間樓地板面積每一千平方公尺（含未滿），應採集一點（2）但其樓地板面積有超過二千平方公尺之單一無隔間室內空間者，得減半計算採樣點數目，且減半計算後數目不得少於二點（3）以上皆是（4）以上皆非。

註：依「室內空氣品質檢驗測定管理辦法」規定，細菌及真菌室內空氣污染物進行定期檢測時，其採樣點數目應依下列規定計算：

（1）**依場所之公告管制室內空間樓地板面積每一千平方公尺（含未滿），應採集一點**

（2）但其樓地板面積有超過二千平方公尺之單一無隔間室內空間者，得減半計算採樣點數目，且減半計算後數目不得少於二點

30.（1）進行真菌室內空氣污染物之定期檢測時，依「室內空氣品質檢驗測定管理辦法」規定，室外測值採樣相對位置之數目至少要有幾個？（1）1個（2）2個（3）3個（4）4個。

註：進行真菌室內空氣污染物之定期檢測時，依「室內空氣品質檢驗測定管理辦法」規定，室外測值採樣相對位置之數目至少要有1個。

31.（3）依據「室內空氣品質檢驗測定管理辦法」，進行真菌室內空氣污染物之定期檢測時，室外測值採樣相對位置之規定為何？（1）公告場所使用中央空調系統設備將室外空氣引入室內者，採樣儀器架設應鄰近空調系統之外氣引入口且和外氣引入口同方位，儀器採樣口高度與空調系統之外氣引入口相近（2）公告場所以自然通風或使用窗型、分離式冷氣機者，採樣儀器架設應位於室內採樣點相對直接與室外空氣流通之窗戶或開口位置（3）以上皆是（4）以上皆非。

註：依據「室內空氣品質檢驗測定管理辦法」，進行真菌室內空氣污染物之定期檢測時，室外測值採樣相對位置之規定為：

（1）公告場所使用中央空調系統設備將室外空氣引入室內者，採樣儀器架設應鄰近空調系統之外氣引入口且和外氣引入口同方位，儀器採樣口高度與空調系統之外氣引入口相近

（2）公告場所以自然通風或使用窗型、分離式冷氣機者，採樣儀器架設應位於室內採樣點相對直接與室外空氣流通之窗戶或開口位置

32.（4）定期檢測結果應如何公布及保存？A採樣檢驗結果紀錄資料應製成年度室內空氣品質定期檢測紀錄報告書B室內空氣品質定期檢測結果摘要報告，並保存五年C公告場所應自定期檢測採樣之日起三十日內，以網路傳輸方式上網申報定檢報告書供直轄市、縣（市）主管機關查核D並於主要營業出入口明顯處公布年度室內空氣品質定期檢測結果摘要報告，供民眾閱覽（1）A（2）AB（3）ABC（4）ABCD。

註：定期檢測結果應依下列規定公布及保存：

（1）採樣檢驗結果紀錄資料應製成年度室內空氣品質定期檢測紀錄報告書

（2）室內空氣品質定期檢測結果摘要報告，並保存五年

（3）公告場所應自定期檢測採樣之日起三十日內，以網路傳輸方式上網申報定檢報告書供直轄市、縣（市）主管機關查核

（4）**並於主要營業出入口明顯處公布年度室內空氣品質定期檢測結果摘要報告，供民眾閱覽**

33.（4）公告場所經中央主管機關指定公告應設置自動監測設施者，應於公告之一定期限內辦理哪種事項？（1）檢具連續監測作業計畫書，包含自動監測設施運作及維護作業，併同其室內空氣品質維護計畫，送直轄市、縣（市）主管機關審查核准後，始得辦理設置及操作（2）依中央主管機關規定之格式、內容與頻率，以網路傳輸方式，向直轄市、縣（市）主管機關申報送審（3）以上皆非（4）以上皆是。

註：公告場所經中央主管機關指定公告應設置自動監測設施者，應於公告之一定期限內辦理下列事項：

（1）**檢具連續監測作業計畫書，包含自動監測設施運作及維護作業，併同其室內空氣品質維護計畫，送直轄市、縣（市）主管機關審查核准後，始得辦理設置及操作**

（2）**依中央主管機關規定之格式、內容與頻率，以網路傳輸方式，向直轄市、縣（市）主管機關申報送審**

34.（1）室內空氣品質定期檢測結果應自定期檢測採樣之日起多久期限之內，併同其室內空氣品質維護計畫，以網路傳輸方式申報，並同時於主要場所出入口明顯處公布？（1）30日（2）20日（3）10日（4）5日。

註：室內空氣品質定期檢測結果應自定期檢測採樣之日**起 30 日之內**，併同其室內空氣品質維護計畫，以網路傳輸方式申報，並同時於主要場所出入口明顯處公布。

35.（2）經中央主管機關指定應設置自動監測設施之公告場所，應於開始操作運轉前多久之期限，檢具連續監測作業計畫書，以網路傳輸方式申報，始得設置及操作？（1）六日（2）七日（3）八日（4）十日。

註：經中央主管機關指定應設置自動監測設施之公告場所，應於開始操作運轉前 **7 日之期限**，檢具連續監測作業計畫書，以網路傳輸方式申報，始得設置及操作。

36.（3）公告場所依連續監測作業計畫書進行設置自動監測設施如何開始操作運轉？（1）開始操作運轉七日前，應先通知直轄市、縣（市）主管機關，由直轄市、縣（市）主管機關會同各目的事業主管機關，於共同監督下，進行操作測試（2）操作測試完成後，經直轄市、縣（市）主管機關同意核准者，始得操作運轉（3）以上皆是（4）以上皆非。

註：公告場所依連續監測作業計畫書進行設置自動監測設施應依下列程序開始操作運轉：

（1）**開始操作運轉七日前，應先通知直轄市、縣（市）主管機關，由直轄市、縣（市）**

主管機關會同各目的事業主管機關，於共同監督下，進行操作測試

（2）操作測試完成後，經直轄市、縣（市）主管機關同意核准者，始得操作運轉

37.（1）連續監測之操作時間爲何？（1）營業日之全日營業時段（2）營業日之休息時段（3）非營業日（4）上班日前2小時。

註：連續監測之操作時間為何**營業日之全日營業時段。**

38.（1）公告場所設置自動監測設施之數目爲何？（1）依其公告管制室內空間樓地板面積每2,000 平方公尺（含未滿），應設置一套自動監測設施（2）依其公告管制室內空間樓地板面積每3,000 平方公尺（含未滿），應設置一套自動監測設施（3）依其公告管制室內空間樓地板面積每4,000 平方公尺（含未滿），應設置一套自動監測設施（4）依其公告管制室內空間樓地板面積每5,000 平方公尺（含未滿），應設置一套自動監測設施。

註：公告場所設置自動監測設施之數目為依其**公告管制室內空間樓地板面積每2,000 平方公尺（含未滿），應設置一套自動監測設施。**

39.（1）公告場所辦理連續監測之室內空氣污染物種類爲何？（1）二氧化碳及其他經中央主管機關指定者（2）一氧化碳及其他經中央主管機關指定者（3）甲醛及其他經中央主管機關指定者（4）臭氧及其他經中央主管機關指定者。

註：公告場所辦理連續監測之室內空氣污染物種類**為二氧化碳及其他經中央主管機關指定者。**

40.（3）有關公告場所設置自動監測設施之數目，依「室內空氣品質檢驗測定管理辦法」規定，以其室內空間樓地板面積每多少平方公尺，應設置一台設備爲原則？（1）五百平方公尺（2）一千平方公尺（3）二千平方公尺（4）三千平方公尺。

註：有關公告場所設置自動監測設施之數目，依「室內空氣品質檢驗測定管理辦法」規定，以其室內空間樓地板**面積每2000平方公尺，應設置一台設備為原則。**

41.（4）爲減輕公告場所設置自動監測設施費用負擔，「室內空氣品質檢驗測定管理辦法」規定，室內空間樓地板面積超過多少平方公尺以上之單一無隔間室內空間，得個別另計並減半計算設置自動監測設施數目？（1）五百平方公尺（2）一千平方公尺（3）二千平方公尺（4）四千平方公尺。

註：為減輕公告場所設置自動監測設施費用負擔，「室內空氣品質檢驗測定管理辦法」規定，室內空間樓地板**面積超過4000平方公尺以上之單一無隔間室內空間，得個別另計並減半計算設置自動監測設施數目。**

42.（1）自動監測設施之有效測定範圍爲何？（1）應大於該項室內空氣污染物之室

內空氣品質標準值上限（2）應大於人活動之範圍（3）應大於空間之1.5倍以上（4）以上皆是。

註：自動監測設施之有效測定範圍**應大於該項室內空氣污染物之室內空氣品質標準值上限。**

43.（4）自動監測設施應符合哪種規定？A有效測定範圍應大於該項目之室內空氣品質標準值上限B配有連續自動記錄輸出訊號之設備，其紀錄值應註明監測數值及監測時間C室內空氣經由監測設施之採樣口進入管線到達分析儀的時間，不得超過二十秒D取樣及分析應在六分鐘之內完成一次循環，並應以一小時平均值作爲數據紀錄值。其一小時平均值爲至少十個等時距數據之算術平均值E每月之監測數據小時紀錄值，其完整性應有百分之八十有效數據F採樣管及氣體輸送管線之材質應爲不易與室內空氣污染物反應之惰性（1）ABC（2）ABCD（3）ABCDE（4）ABCDEF。

註：自動監測設施應符合下列規定：

（1）**有效測定範圍應大於該項目之室內空氣品質標準值上限**

（2）**配有連續自動記錄輸出訊號之設備，其紀錄值應註明監測數值及監測時間**

（3）**室內空氣經由監測設施之採樣口進入管線到達分析儀的時間，不得超過二十秒**

（4）**取樣及分析應在六分鐘之內完成一次循環，並應以一小時平均值作為數據紀錄值。其一小時平均值為至少十個等時距數據之算術平均值**

（5）**每月之監測數據小時紀錄值，其完整性應有百分之八十有效數據F採樣管及氣體輸送管線之材質應為不易與室內空氣污染物反應之惰性**

44.（4）自動監測設施之儀器設備應符合之基本功能條件爲何？（1）有效測定範圍、採樣分析時間（2）數據分析（3）有效數據及採樣器材質（4）以上皆是。

註：自動監測設施之儀器設備應符合之基本功能條件包含下列要項：

（1）**有效測定範圍**

（2）**採樣分析時間**

（3）**數據分析**

（4）**有效數據**

（5）**採樣器材質**

45.（3）自動監測設施之取樣及分析應在六分鐘之內完成一次循環，並應以多久時間之平均值作爲數據紀錄值？（1）三小時（2）二小時（3）一小時（4）0.5小時。

註：自動監測設施之取樣及分析應在六分鐘之內完成一次循環，並應以 1 小時之平均值
作為數據紀錄值。

46.（2）室內空氣經由自動監測設施之採樣口進入管線到達分析儀之時間，不得超過
多長的時間？（1）十秒（2）二十秒（3）三十秒（4）四十秒。

註：室內空氣經由自動監測設施之採樣口進入管線到達分析儀之時間，不得超過 20 秒的
時間。

47.（1）自動監測設施每月之監測數據小時紀錄值，其完整性應有多少之有效數據？
（1）百分之八十（2）百分之七十（3）百分之六十（4）百分之五十。

註：自動監測設施每月之監測數據小時紀錄值，其完整性應有 80% 之有效數據。

48.（4）自動監測儀器應如何進行例行校正測試及查核？（1）零點及全幅偏移測試
應每季進行一次（2）依監測設施製造廠商提供之使用手冊進行例行保養，並
以標準氣體及相關校正儀器進行定期校正查核（3）其他經中央主管機關指定
之事項（4）以上皆是。

註：自動監測儀器應進行下列例行校正測試及查核：

（1）零點及全幅偏移測試應每季進行一次

（2）依監測設施製造廠商提供之使用手冊進行例行保養

（3）以標準氣體及相關校正儀器進行定期校正查核

（4）其他經中央主管機關指定之事項

49.（4）公告場所操作中自動監測設施進行汰換或採樣位置變更時，以致無法連續監
測其室內空氣品質時，應進行哪種處置？（1）其所有人、管理人或使用人於
變更日之30日前報請直轄市、縣（市）主管機關同意者，得依其同意文件核
准暫停連續監測（2）但任一自動監測設施以不超過7日為限（3）其須延長者，
應於期限屆滿2日前向直轄市、縣（市）主管機關申請延長，並以一次為限（4）
以上皆是。

註：公告場所操作中自動監測設施進行汰換或採樣位置變更時，以致無法連續監測其室
內空氣品質時，應進行下列處置：

（1）其所有人、管理人或使用人於變更日之三十日前報請直轄市、縣（市）主管機
關同意者，得依其同意文件核准暫停連續監測

（2）但任一自動監測設施以不超過七日為限

（3）其須延長者，應於期限屆滿二日前向直轄市、縣（市）主管機關申請延長，並
以一次為限

50.（1）自動監測設施之校正測試及查核應作成紀錄，並應逐年次彙集建立書面檔案

147

或可讀取之電子檔，保存多久之時間，以備查閱？（1）5年（2）4年（3）3年（4）2年。

註：自動監測設施之校正測試及查核應作成紀錄，並應逐年次彙集建立書面檔案或可讀取之電子檔，**保存5年時間**，以備查閱。

51. （1）自動監測設施若需汰換或採樣位置變更時，應於多久前進行報備，符合規定者，得可停止連續監測？（1）30日（2）20日（3）10日（4）5日。

註：**應於30日**前進行報備，符合規定者，得可停止連續監測。

52. （2）公告場所操作中之自動監測設施故障或損壞時，應於發現後幾日內完成報備，符合規定者，得停止連續監測？（1）1日（2）2日（3）3日（4）4日。

註：**應於發現後2日內**完成報備，符合規定者，得停止連續監測。

53. （3）公告場所辦理連續監測，除即時連線顯示自動監測最新結果外，並應將監測資料製成各月份室內空氣品質連續監測結果紀錄，於每年幾月底前，以網路傳輸方式上網申報前一年的連續監測結果紀錄？（1）12月（2）6月（3）1月（4）2月。

註：**於每年一月底前**，以網路傳輸方式上網申報前一年的連續監測結果紀錄。

54. （4）公告場所操作中自動監測設施故障或損壞，以致無法連續監測室內空氣品質時，應進行哪種處置？（1）其所有人、管理人或使用人應主動於發現後二日內，通知直轄市、縣（市）主管機關，得暫停連續監測（2）超過三十日仍無法修復者，則應依「室內空氣品質檢驗測定管理辦法」第十七條第一項規定辦理（3）以上皆非（4）以上皆是。

註：公告場所操作中自動監測設施故障或損壞，以致無法連續監測室內空氣品質時，應進行下列處置：

（1）**其所有人、管理人或使用人應主動於發現後二日內，通知直轄市、縣（市）主管機關，得暫停連續監測**

（2）**超過三十日仍無法修復者，則應依「室內空氣品質檢驗測定管理辦法」第十七條第一項規定辦理**

55. （1）公告場所辦理連續監測應如何公布？（1）應依連續監測之數據種類及量測數值資料，即時連線顯示各自動監測設施測定最新結果，並於營業時間內以電子媒體顯示公布於主要營業出入口明顯處（2）應依連續監測之數據種類及量測數值資料，印出紙本張貼於公告場所公佈欄（3）應依連續監測之數據種類及量測數值資料，上傳環保署網站由系統管理員公告於網路（4）以上皆是。

註：公告場所辦理連續監測**應依連續監測之數據種類及量測數值資料，即時連線顯示各自動監測設施測定最新結果，並於營業時間內以電子媒體顯示公布於主要營業出入口明顯處。**

56.（4）就實務而言，一般在現場採樣時，受測場址空間可能遇到的問題為何？（1）場所活動空間環境狹小，使得儀器移動與架設受到限制；（2）樓層間之通道並不適合搬運儀器；採樣點位無適合電源可供使用；（3）室內活動人員過於集中在場址內某特定區域，致使架設不易；以及外氣檢測部分無合適的平台或空間（4）以上皆是。

　　註：就實務而言，一般在現場採樣時，受測場址空間可能遇到下列的問題：

　　（1）**場所活動空間環境狹小，使得儀器移動與架設受到限制**

　　（2）**樓層間之通道並不適合搬運儀器；採樣點位無適合電源可供使用**

　　（3）**室內活動人員過於集中在場址內某特定區域，致使架設不易；以及外氣檢測部分無合適的平台或空間**

57.（4）就實務而言，一般在現場採樣時，因受測單位考量可能遇到的問題為何？（1）擔心影響顧客，要求調整檢測位置（2）各項門禁管制，亦需承辦人員的時間配合（3）空調系統的使用則會因季節不同而有所變動（4）以上皆是。

　　註：就實務而言，一般在現場採樣時，因受測單位考量可能遇到的問題如下：

　　（1）**擔心影響顧客，要求調整檢測位置**

　　（2）**各項門禁管制，亦需承辦人員的時間配合**

　　（3）**空調系統的使用則會因季節不同而有所變動**

58.（1）室內空氣品質現場採樣可能遭遇的問題除與受測場址空間與受測單位考量相關外，還有其他哪種問題？（1）在採樣過程中，應避免室內人員因好奇而過於靠近檢測設備，並留意是否有突發室外污染源之發生（2）採樣過程中室外有下大雨或打雷（3）採樣過程中電源中斷或消防系統啟動（4）以上皆是。

　　註：室內空氣品質現場採樣可能遭遇的問題除與受測場址空間與受測單位考量相關外，還有其他下列問題：

　　（1）**在採樣過程中，應避免室內人員因好奇而過於靠近檢測設備，並留意是否有突發室外污染源之發生**

　　（2）**採樣過程中室外有下大雨或打雷**

　　（3）**採樣過程中電源中斷或消防系統啟動**

59.（3）我國環境檢驗所公告之二氧化碳標準測定方法依光源處理可分為哪些方法？（1）若光源為非分散性紅外線（non-dispersive infrared, NDIR）者，稱之非分

散性紅外線法（2）源照射路徑上加裝一組氣體濾鏡（高濃度CO_2/N_2）者，稱之氣體過濾相關紅外線法（gas filter correlation infrared）（3）以上皆是（4）以上皆非。

註：環境檢驗所公告二氧化碳標準測定方法依光源處理可分為下列兩種方法：

（1）**若光源為非分散性紅外線（non-dispersive infrared, NDIR）者，稱之非分散性紅外線法**

（2）**源照射路徑上加裝一組氣體濾鏡（高濃度CO_2/N_2）者，稱之氣體過濾相關紅外線法（gas filter correlation infrared）**

60.（1）我國環境檢驗所公告之二氧化碳標準測定方法的檢驗濃度範圍為何？（1）測定空氣中濃度介於0至2000 ppm之二氧化碳（2）測定空氣中濃度介於0至3000 ppm之二氧化碳（3）測定空氣中濃度介於0至4000 ppm之二氧化碳（4）測定空氣中濃度介於0至5000 ppm之二氧化碳。

註：環境檢驗所公告之二氧化碳標準測定方法的檢驗濃度範圍為**測定空氣中濃度介於 0至 2000 ppm 之二氧化碳。**

61.（3）我國環保署環境檢驗所公告之二氧化碳標準測定方法中造成干擾原因為何？（1）空氣溼度（2）場所密度（3）懸浮微粒（4）真菌密度。

註：水氣及一氧化碳等與二氧化碳具相同吸收特性的物質，而懸浮微粒亦是干擾來源之一，因此在氣體進入儀器之前，應以玻璃纖維或鐵氟龍濾膜濾除之。

62.（3）二氧化碳之公告檢測方法，乃利用二氧化碳吸收何種光線之特性，測定樣品氣體中二氧化碳的濃度？（1）紫外線（2）綠矽光（3）紅外光（4）LED殺菌光。

註：二氧化碳之公告檢測方法，乃利用**二氧化碳吸收紅外光**之特性，測定樣品氣體中二氧化碳的濃度。

63.（3）一氧化碳之公告檢測方法，乃利用一氧化碳吸收何種光線之特性，測定樣品氣體中一氧化碳的濃度？（1）紫外線（2）綠矽光（3）紅外光（4）LED殺菌光。

註：一氧化碳之公告檢測方法，乃利用**一氧化碳吸收紅外光**之特性，測定樣品氣體中一氧化碳的濃度。

64.（2）為減少二氧化碳檢測時所受到之干擾，在氣體進入儀器之前，應以何種材質進行濾除？（1）不織布（2）玻璃纖維或鐵氟龍濾膜（3）碳纖維濾網（4）以上皆可。

註：為減少二氧化碳檢測時所受到之干擾，在氣體進入儀器之前，應以**玻璃纖維或鐵氟龍濾膜**進行濾除。

65. （2）臭氧之公告檢測方法，乃利用臭氧對何種光線之吸光特性，測定樣品空氣中臭氧的濃度？（1）綠矽光（2）紫外光（3）紅外光（4）LED殺菌光。

   註：臭氧之公告檢測方法，乃利用**臭氧對紫外光**之吸光特性，測定樣品空氣中臭氧的濃度。

66. （3）我國環境檢驗所公告之一氧化碳標準測定方法依光源處理可分為哪些方法？（1）若光源為非分散性紅外線（non-dispersive infrared, NDIR）者，稱之非分散性紅外線法（2）若於光源照射路徑上加裝一組氣體濾鏡（高濃度CO2/N2）者，稱之氣體過濾相關紅外線法（gas filter correlation infrared）（3）以上皆是（4）以上皆非。

   註：環境檢驗所公告之一氧化碳標準測定方法依光源處理可分為下列方法：

   （1）**若光源為非分散性紅外線（non-dispersive infrared, NDIR）者，稱之非分散性紅外線法**

   （2）**若於光源照射路徑上加裝一組氣體濾鏡（高濃度CO2/N2）者，稱之氣體過濾相關紅外線法（gas filter correlation infrared）**

67. （2）我國環保署環境檢驗所公告之一氧化碳標準測定方法的檢驗濃度範圍為何？（1）一般可測定空氣中濃度介於0.0至200.0 ppm之一氧化碳（2）一般可測定空氣中濃度介於0.0至100.0 ppm之一氧化碳（3）一般可測定空氣中濃度介於0.0至300.0 ppm之一氧化碳（4）一般可測定空氣中濃度介於0.0至500.0 ppm之一氧化碳（空氣中一氧化碳自動檢測方法—紅外線法 A421.11C）。

   註：環保署環境檢驗所公告之一氧化碳標準測定方法的檢驗濃度範圍**為一般可測定空氣中濃度介於 0.0 至 100.0 ppm 之**一氧化碳。

68. （3）我國環保署環境檢驗所公告之一氧化碳標準測定方法中造成干擾原因為何？（1）空氣溼度（2）場所密度（3）懸浮微粒（4）眞菌密度。

   註：水氣及一氧化碳等與二氧化碳具相同吸收特性的物質，而懸浮微粒亦是干擾來源之一，因此在氣體進入儀器之前，應以玻璃纖維或鐵氟龍濾膜濾除之。

69. （1）我國環保署環境檢驗所公告之臭氧標準測定方法原理為何？（1）利用臭氧對紫外光的吸光特性，量測樣品氣體於254 nm的吸光強度，以計算空氣中臭氧的濃度（2）利用臭氧對紅外光的吸光特性，量測樣品氣體於255 nm的吸光強度，以計算空氣中臭氧的濃度（3）利用臭氧對綠矽光的吸光特性，量測樣品氣體於254 nm的吸光強度，以計算空氣中臭氧的濃度（4）利用臭氧

對殺菌光的吸光特性，量測樣品氣體於255 nm的吸光強度，以計算空氣中臭氧的濃度。

註：環保署環境檢驗所公告之臭氧標準測定方法原理為利用**臭氧對紫外光的吸光特性，量測樣品氣體於 254 nm 的吸光強度，以計算空氣中臭氧的濃度。**

70.（2）我國環保署環境檢驗所公告之臭氧標準測定方法的檢驗濃度範圍為何？（1）適用於測定空氣中濃度介於0.00-0.90 ppm的臭氧（2）適用於測定空氣中濃度介於0.00-0.50 ppm的臭氧（3）適用於測定空氣中濃度介於0.00-0.80 ppm的臭氧（4）適用於測定空氣中濃度介於0.00-0.70 ppm的臭氧。

註：環保署環境檢驗所公告之臭氧標準測定方法的檢驗濃度範圍為適用於測定**空氣中濃度介於 0.00-0.50 ppm 的臭氧。**

71.（1）**我國環保署環境檢驗所公告之空氣中氣態醛類標準採樣與測定方法為何？**（1）以定流量之探氣泵，將空氣中之醛類化合物收集至含2,4-二硝基代苯肼（2,4-dinitrophenylhydrazine, 2,4-DNPH）和過氯酸溶液之收集瓶中，樣品經0045 0m濾膜過濾後，直接注入高效能液相層析儀（high-performance liquid chromatography, HPLC），測定樣品中醛類化合物之含量（2）以去活化之不銹鋼採樣筒真空抽取或加壓採集空氣中揮發性有機化合物，於實驗室以液態氬（約-186℃）下冷凍捕集濃縮，不經層析分離，逕以火焰式離子化偵測器測定甲醛有機化合物濃度（3）將已先抽真空之不銹鋼採樣筒以瞬間吸入或固定流量採集方式收集空氣中揮發性有機化合物，利用冷凍捕集方式濃縮一定量的空氣樣品再經熱脫附至氣相層析注入口前端再次冷凍聚焦，最後注入氣相層析質譜儀（GC/MS）中測定樣品中甲醛的含量（4）以上皆是。

註：環保署環境檢驗所公告之空氣中氣態醛類標準採樣與測定方法為以定流量之採氣泵，將空氣中之醛類化合物收集至含 2,4-二硝基代苯肼（2,4-dinitrophenylhydrazine, 2,4-DNPH）和過氯酸溶液之收集瓶中，樣品經 0045 0m 濾膜過濾後，直接注入高效能液相層析儀（high-performance liquid chromatography, HPLC），測定樣品中醛類化合物之含量。

72.（2）甲醛之公告檢測方法，最後乃利用何種儀器設備來測定所收集樣品中甲醛之含量？（1）不鏽鋼採集桶（2）高效能液相層析儀（3）衝擊式採樣器（4）以上皆是。

註：甲醛之公告檢測方法，最後乃利用**高效能液相層析儀**設備來測定所收集樣品中甲醛之含量。

73.（4）**依我國「室內空氣品質標準」規定，總揮發性有機化合物係指哪幾種化合物**

之濃度測值總和？A苯（Benzene）B四氯化碳（Carbon tetrachloride）C氯仿（三氯甲烷）（Chloroform）D1,2-二氯苯（1,2-Dichlorobenzene）E1,4-二氯苯（1,4-Dichlorobenzene）F二氯甲烷（Dichloromethane）G乙苯（Ethyl Benzene）H苯乙烯（Styrene）I四氯乙烯（Tetrachloroethylene）J三氯乙烯（Trichloroethylene）K甲苯（Toluene）L二甲苯（對、間、鄰）（Xylenes）（1）ABCD（2）ABCDEF（3）ABCDEFG（4）ABCDEFGHIJKL。

註：依「室內空氣品質標準」規定，總揮發性有機化合物係指下列化合物之濃度測值總和：

(1) 苯（Benzene）

(2) 四氯化碳（Carbon tetrachloride）

(3) 氯仿（三氯甲烷）（Chloroform）

(4) 1,2-二氯苯（1,2-Dichlorobenzene）

(5) 1,4-二氯苯（1,4-Dichlorobenzene）

(6) 二氯甲烷（Dichloromethane）

(7) 乙苯（Ethyl Benzene）

(8) 苯乙烯（Styrene）

(9) 四氯乙烯（Tetrachloroethylene）

(10) 三氯乙烯（Trichloroethylene）

(11) 甲苯（Toluene）

(12) 二甲苯（對、間、鄰）

74.（4）我國環保署環境檢驗所公告之總揮發性有機化合物標準採樣測定方法為何？（1）以去活化之不銹鋼採樣筒真空抽取或加壓採集空氣中揮發性有機化合物，於實驗室以液態氬（約-186℃）下冷凍捕集濃縮，不經層析分離，逕以火焰式離子化偵測器測定甲烷除外之總揮發性有機化合物濃度（2）將已先抽真空之不銹鋼採樣筒以瞬間吸入或固定流量採集方式收集空氣中揮發性有機化合物，利用冷凍捕集方式濃縮一定量的空氣樣品再經熱脫附至氣相層析注入口前端再次冷凍聚焦，最後注入氣相層析質譜儀（GC/MS）中測定樣品中揮發性有機化合物的含量（3）以上皆非（4）以上皆是。

註：環保署環境檢驗所公告之總揮發性有機化合物標準採樣測定方法如下：

(1) 以去活化之不銹鋼採樣筒真空抽取或加壓採集空氣中揮發性有機化合物，於實驗室以液態氬（約-186℃）下冷凍捕集濃縮，不經層析分離，逕以火焰式離子化偵測器測定甲烷除外之總揮發性有機化合物濃度

（2）**將已先抽真空之不銹鋼採樣筒以瞬間吸入或固定流量採集方式收集空氣中揮發**
性有機化合物，利用冷凍捕集方式濃縮一定量的空氣樣品再經熱脫附至氣相層
析注入口前端再次冷凍聚焦，最後注入氣相層析質譜儀（GC/MS）中測定樣品中
揮發性有機化合物的含量

75.（4）我國環保署環境檢驗所公告之總揮發性有機化合物標準測定方法在火焰式離
子化偵測器測定方式中，可能造成干擾原因為何？（1）水氣會導致火焰離子
偵測器基線之漂移（2）使用氦氣為載體氣體時，火焰離子偵測器對少數含羧
基、醇類、鹵化碳等官能基之有機化合物檢測，其結果可能較不準確（3）使
用其他較液態氬沸點低之冷凍捕集劑（例如液態氮），會使樣品中甲烷被捕
集而造成檢測結果不正確（4）以上皆是。

註：環保署環境檢驗所公告之總揮發性有機化合物標準測定方法在火焰式離子化偵測器
測定方式中，可能造成干擾原因為：

（1）**水氣會導致火焰離子偵測器基線之漂移**

（2）**使用氦氣為載體氣體時，火焰離子偵測器對少數含羧基、醇類、鹵化碳等官能**
基之有機化合物檢測，其結果可能較不準確

（3）**使用其他較液態氬沸點低之冷凍捕集劑（例如液態氮），會使樣品中甲烷被捕**
集而造成檢測結果不正確

76.（4）我國環保署環境檢驗所公告之總揮發性有機化合物標準測定方法在氣相層析
質譜儀測定方式中，可能造成干擾原因為何？（1）不銹鋼採樣筒的污染（2）
使用加壓採樣設備時，需確認該系統未受污染（3）樣品中過量的水氣、空氣
中二氧化碳會對分析造成干擾；樣品經過之管路及接頭，皆需保溫以減少吸
附干擾；分析設備在分析含有高濃度樣品時，亦可能會產生嚴重污染，而造
成後面樣品分析時之污染；實驗室分析樣品時，亦可能受到有機溶劑之干擾
（4）以上皆是。

註：環保署環境檢驗所公告之總揮發性有機化合物標準測定方法在氣相層析質譜儀測定
方式中，可能造成干擾原因如下：

（1）**不銹鋼採樣筒的污染**

（2）**使用加壓採樣設備時，需確認該系統未受污染**

（3）**樣品中過量的水氣、空氣中二氧化碳會對分析造成干擾；樣品經過之管路及接**
頭，皆需保溫以減少吸附干擾

（4）**分析設備在分析含有高濃度樣品時，亦可能會產生嚴重污染，而造成後面樣品**
分析時之污染

(5) **實驗室分析樣品時，亦可能受到有機溶劑之干擾**

77. (1) 總揮發性有機化合物之公告檢測方法，最後乃利用何種儀器設備來測定所收集樣品中12種揮發性有機化合物之總含量？（1）氣相層析質譜儀（2）不銹鋼採集桶（3）衝擊式採樣器（4）以上皆是。

   註：總揮發性有機化合物之公告檢測方法，最後乃利用**氣相層析質譜儀**設備來測定所收集樣品中 12 種揮發性有機化合物之總含量。

78. (3) 我國環保署環境檢驗所公告之細菌標準採樣測定方法為何？（1）使用衝擊式採樣器抽吸適量體積之空氣樣本,直接衝擊於適合細菌生長之培養基上（2）於30±1°C培養48±2 小時生長後，計數培養基上細菌之菌落數，以計算相當於一立方公尺空氣中之總細菌數（3）以上皆是（4）以上皆非。

   註：環保署環境檢驗所公告之細菌標準採樣測定方法為：

   (1) 使用衝擊式採樣器抽吸適量體積之空氣樣本，直接衝擊於適合細菌生長之培養基上

   (2) 於30±1°C培養48±2 小時生長後，計數培養基上細菌之菌落數，以計算相當於一立方公尺空氣中之總細菌數

79. (3) 我國環保署環境檢驗所公告之真菌標準採樣測定方法為何？（1）使用衝擊式採樣器抽吸適量體積之空氣樣本,直接衝擊於適合真菌生長之培養基上（2）並於25±1°C培養4±1天生長後，計數培養基上真菌之總菌落數，以計算相當於一立方公尺空氣中之總真菌數（3）以上皆是（4）以上皆非。

   註： 環保署環境檢驗所公告之真菌標準採樣測定方法為：

   (1) 使用衝擊式採樣器抽吸適量體積之空氣樣本，直接衝擊於適合真菌生長之培養基上

   (2) 並於25±1°C培養4±1天生長後，計數培養基上真菌之總菌落數，以計算相當於一立方公尺空氣中之總真菌數

80. (4) 我國環保署環境檢驗所公告之細菌與真菌標準採樣測定方法可能造成干擾的原因為何？（1）採樣器之幫浦及蓄電池功能異常或功率衰減，造成採樣器操作時流量變異或空氣體積計算的誤差可能來自流量或採樣時間測量所產生（2）採樣器直接放置於空調進出口下方或正對空調進出口（3）真菌數量過多遮蔽或抑制細菌之生長，並可能影響總細菌數之判讀與計數，反之亦然（4）以上皆是。

   註：環保署環境檢驗所公告之細菌與真菌標準採樣測定方法可能造成干擾的原因如下：

   (1) 採樣器之幫浦及蓄電池功能異常或功率衰減，造成採樣器操作時流量變異或空

氣體積計算的誤差可能來自流量或採樣時間測量所產生

（2）採樣器直接放置於空調進出口下方或正對空調進出口

（3）真菌數量過多遮蔽或抑制細菌之生長，並可能影響總細菌數之判讀與計數，反之亦然

81.（1）何謂空氣中粒狀污染物自動檢測方法－貝他射線衰減法？（1）以貝他射線照射捕集微粒之濾紙，量測採樣前後貝他射線通過濾紙之衰減量，再根據其微粒濃度與輻射強度衰減比率關係由儀器讀出空氣中粒狀污染物的濃度（2）以貝他元素滲透於空氣中，在與空氣粒狀物結合，再行補集核算濃度（3）以貝他光線量測空氣中粒狀物數量（4）以貝他射線釋放微粒元素與空氣粒狀物結合，再行測量粒狀物數量。

註：空氣中粒狀污染物自動檢測方法－貝他射線衰減法為以貝他射線照射捕集微粒之濾紙，量測採樣前後貝他射線通過濾紙之衰減量，再根據其微粒濃度與輻射強度衰減比率關係由儀器讀出空氣中粒狀污染物的濃度。

82.（4）粒徑小於10微米之懸浮微粒（PM_{10}）的公告方法為何？（1）貝他射線（b射線）衰減法（2）慣性質量法（3）手動法（4）以上皆是。

註：粒徑小於10微米之懸浮微粒（PM_{10}）的公告方法為：

（1）貝他射線（b射線）衰減法

（2）慣性質量法

（3）手動法

83.（3）空氣中粒狀污染物自動檢測方法－慣性質量法為何？（1）氣動粒徑小於或等於10微米（μm）之懸浮微粒（PM_{10}），可經由粒徑篩分器以適當的吸引量採集到濾紙上，濾紙直接裝在擺動式錐狀微量天平上，直接測出瞬間重量的變化，再經儀器自動換算出即時濃度值（2）以懸浮收集顆粒在與空氣粒狀物結合，再行補集核算濃度（3）以懸浮光線量測空氣中粒狀物數量（4）以懸浮殺菌射線釋放微粒元素與空氣粒狀物結合，再行測量微粒數量。

註：慣性質量法為以懸浮光線量測空氣中粒狀物數量。

84.（4）公告方法中如何以手動法進行粒徑小於10微米之懸浮微粒（PM_{10}）的採樣與測量？（1）利用空氣採樣器以定流量抽引大氣經一特定形狀之採樣入口，在此採樣入口依微粒之慣性將其分選為一或多個落於PM_{10}粒徑範圍內之分徑樣品（2）PM_{10}粒徑範圍內之每個分徑區段即在特定採樣期間由個別之濾紙收集。在採樣前、後（經溼度調節後）將每張濾紙秤重，以決定所收集之PM_{10}微粒淨重，採集之空氣總體積可由測得之流量及採樣時間決定（3）大氣

中PM₁₀ 質量濃度由所收集PM₁₀ 粒徑範圍微粒之總重量除以採集之空氣總體積，並表示為每立方公尺中所含之微克數（$\mu g/m^3$）（4）以上皆是。

註：以手動法進行粒徑小於 10 微米之懸浮微粒（PM₁₀）的採樣與測量方法如下：

(1) 利用空氣採樣器以定流量抽引大氣經一特定形狀之採樣入口，在此採樣入口依微粒之慣性將其分選為一或多個落於PM₁₀ 粒徑範圍內之分徑樣品

(2) PM₁₀ 粒徑範圍內之每個分徑區段即在特定採樣期間由個別之濾紙收集。在採樣前、後（經溼度調節後）將每張濾紙秤重，以決定所收集之PM₁₀微粒淨重，採集之空氣總體積可由測得之流量及採樣時間決定

(3) 大氣中PM₁₀ 質量濃度由所收集PM₁₀ 粒徑範圍微粒之總重量除以採集之空氣總體積，並表示為每立方公尺中所含之微克數（$\mu g/m^3$）

85. （1）粒徑小於2.5微米之懸浮微粒（PM²⁵）的公告方法為何？（1）衝擊式手動法（2）機械法（3）採集法（4）捕撈法。

註：粒徑小於 2.5 微米之懸浮微粒（PM₂.₅）的公告方法為**衝擊式手動法**。

86. （4）空氣中細懸浮微粒（PM₂.₅）之公告檢測方法—衝擊式手動法為何？（1）氣動粒徑小於或等於2.5微米（μm）之細懸浮微粒（PM₂.₅），以定流量抽引空氣進入採樣器進氣口，經慣性微粒分徑器，將其收集於濾紙上（2）再以所收集微粒之淨重，除以24小時之採樣總體積，即得微粒24小時之質量濃度（3）由於其測定程序為非破壞性，故採集之PM₂.₅樣品可供後續之物理或化學分析之用（4）以上皆是。

註：空氣中細懸浮微粒（PM₂.₅）之公告檢測方法—衝擊式手動法說明如下：

(1) 氣動粒徑小於或等於2.5微米（μm）之細懸浮微粒（PM₂.₅），以定流量抽引空氣進入採樣器進氣口，經慣性微粒分徑器，將其收集於濾紙上

(2) 再以所收集微粒之淨重，除以24小時之採樣總體積，即得微粒24小時之質量濃度

(3) 由於其測定程序為非破壞性，故採集之PM₂.₅樣品可供後續之物理或化學分析之用

87. （4）為何要以直讀式檢測器檢測室內空氣污染物濃度？（1）由於大多數的公告檢測方法只能於固定位置進行監測，在室內空氣品質管理工作中，利用直讀式檢測器可移動檢測之特點，可有效取得污染物濃度變化趨勢（2）利於判定室內污染來源及後續改善（3）目前除了細菌、真菌等微生物外，其它室內空氣污染物檢測項目皆有商業化直讀式檢測器問世（4）以上皆是。

註：以直讀式檢測器檢測室內空氣污染物濃度之原因如下：

(1) 由於大多數的公告檢測方法只能於固定位置進行監測，在室內空氣品質管理工

作中，利用直讀式檢測器可移動檢測之特點，可有效取得污染物濃度變化趨勢

（2）利於判定室內污染來源及後續改

（3）目前除了細菌、真菌等微生物外，其它室內空氣污染物檢測項目皆有商業化直讀式檢測器問世

88.（3）一氧化碳與二氧化碳直讀式檢測器主要偵測原理為何？（1）有非分散性紅外線法（2）電化學法（3）以上皆是（4）以上皆非。

　　　註： 一氧化碳與二氧化碳直讀式檢測器主要偵測原理為：

　　　（1）有非分散性紅外線法

　　　（2）電化學法

89.（4）一氧化碳與二氧化碳直讀式檢測器主要優缺點為何？（1）非分散性紅外線法的直讀式檢測器優點為辨識度高、輕巧易攜帶、靈敏度高、適合長時間監測時使用（2）缺點則是會有水氣、一氧化碳與二氧化碳、懸浮微粒的干擾（3）電化學法的直讀式檢測器優點為辨識度高、輕巧易攜帶、設備成本低，缺點則是靈敏度低、長期使用會有偏移（4）以上皆是。

　　　註： 一氧化碳與二氧化碳直讀式檢測器主要優缺點為：

　　　（1）非分散性紅外線法的直讀式檢測器優點為辨識度高、輕巧易攜帶、靈敏度高、適合長時間監測時使用

　　　（2）缺點則是會有水氣、一氧化碳與二氧化碳、懸浮微粒的干擾

　　　（3）電化學法的直讀式檢測器優點為辨識度高、輕巧易攜帶、設備成本低，缺點則是靈敏度低、長期使用會有偏移

90.（3）臭氧直讀式檢測器的偵測原理為何？（1）紫外光吸收法（2）氧化反應法（3）以上皆是（4）以上皆非。

　　　註：臭氧直讀式檢測器的偵測原理為：

　　　（1）紫外光吸收法

　　　（2）氧化反應法

91.（3）甲醛直讀式檢測器的偵測原理為何？（1）電化學法（2）紅外線分光法（3）以上皆是（4）以上皆非。

　　　註：甲醛直讀式檢測器的偵測原理為：

　　　（1）電化學法

　　　（2）紅外線分光法

92.（4）總揮發性有機化合物直讀式檢測器的偵測原理為何？（1）光游離化法（2）紅外線分光法（3）以上皆非（4）以上皆是。

註： 總揮發性有機化合物直讀式檢測器的偵測原理為：

(1) 光游離化法

(2) 紅外線分光法

93. (4) 懸浮微粒直讀式檢測器的偵測原理為何？（1）有光散射法（2）貝他射線衰減法（3）慣性質量法（4）以上皆是。

註： 懸浮微粒直讀式檢測器的偵測原理為：

(1) 有光散射法

(2) 貝他射線衰減法

(3) 慣性質量法

94. (4) 除哪兩種污染物外，其他污染物均有直讀儀器供現場即時及連續監測？（1）一氧化碳及二氧化碳（2）懸浮微粒及有機污染物（3）臭氧及氫氣（4）細菌及真菌

註：細菌和真菌需採集樣品送至實驗室分析外，其他均有直讀儀器可供現場即時及連續監測。

95. (1) 我國環檢所公告室內空氣品質標準檢測方法空氣中臭氧自動檢驗方法為何？（1）紫外光吸收法（2）紅外線法（3）貝他射線衰減法（4）衝擊式手動法。

註：環檢所公告室內空氣品質標準檢測辦法：

(1) 臭氧=紫外光吸收法

(2) 一氧化碳及二氧化碳=紅外線法

(3) HCHO=DNPH衍生物之高效能液相層析測定法

(4) PM_{10}=貝他射線衰減法

(5) $PM_{2.5}$=衝擊式手動法

(6) TVOC=不鏽鋼採樣桶/火焰離子化偵測法/氣相層析儀譜儀法

(7) 細菌=室內空氣中細菌濃度檢測方法

(8) 真菌=室內空氣中真菌濃度檢測方法

96. (3) 空調系統的方式為何？（1）中央方式（2）個別方式（3）以上皆是（4）以上皆非。

註：各種空調方式分類情形大致如下：

(1) 中央方式：

    A. 全空氣方式

    B. 小型機組併用方式（空氣加水方式）

    C. 全水式

(2) 個別方式

第五章

室內空氣品質改善管理與控制技術（一）

室內裝修與通風系統改善及更新

5.1 模擬測驗題

1. （4）影響室內環境空氣品質的主要因素為何？ （1）通風換氣系統、室外污染源（2）室內人員、建築材料（3）事務機具與用品及其他有機物質（4）以上皆是。

註：影響室內環境空氣品質的主要因素為：

(1) **通風換氣系統**

(2) **室外污染源**

(3) **室內人員**

(4) **建築材料**

(5) **事務機具與用品**

(6) **其他有機物質**

2. （1）我國「室內空氣品質管理法」已於何時正式實施？ （1）民國100年11月23日奉總統公布，並於民國101年11月正式實施（2）民國101年11月23日奉總統公布，並於民國102年11月正式實施（3）民國103年11月23日奉總統公布，並於民國104年11月正式實施（4）民國99年11月23日奉總統公布，並於民國100年11月正式實施。

註：「室內空氣品質管理法」已於民國 100 年 11 月 23 日奉總統公布，並於民國 101 年 11 月正式實施

3. （4）我國綠建材法令部分逐年提升綠建材使用率，現階段施行狀況如何？ （1）於民國98年7月1日修正將建築物之綠建材使用率，由室內裝修材料及樓地板面材料之總面積5％一舉提升至30％（2）101年再提升室內裝修材料及樓地板面材料之總面積至45％，並於7月1日正式公告施行（3）以上皆非（4）以上皆是。

註：綠建材法令部分逐年提升綠建材使用率，現階段施行狀況如下：

(1) **於民國98 年7 月1日修正將建築物之綠建材使用率，由室內裝修材料及樓地板面材料之總面積5％一舉提升至30％。**

(2) **101年再提升室內裝修材料及樓地板面材料之總面積至45％，並於7月1日正式公告施行。**

4. （4）我國內政部建築研究所受理「綠建材標章」之申請，認證符合那些要求之建材產品？ （1）生態（2）健康（3）高性能（4）再生。

註：內政部建築研究所在 2003 年開始受理「綠建材標章」之申請，認證符合<u>**「生態、健**</u>
<u>**康、高性能、再生」**</u>要求之建材產品，合格後發予綠建材標章，並積極鼓勵國內建
材廠商申請。

5.（4）室內揮發性有機物質依不同之沸點可分為？A.揮發性有機物質（VVOC 沸點
溫度0℃～50-100℃）B.發性有機物質（VOC 沸點溫度50-100℃～240-260℃）
C.揮發性有機物質（SVOC 沸點溫度240-260℃～380-400℃）D.狀有機物質或
附著粒狀物上之有機物質（POM沸點溫度大於380℃）（1）A（2）AB（3）
ABC（4）ABCD。

註：室內揮發性有機物質依不同之沸點可分為：

（1）<u>**極易揮發性有機物質（VVOC 沸點溫度0℃～50-100℃）**</u>

（2）<u>**揮發性有機物質（VOC 沸點溫度50-100℃～240-260℃）**</u>

（3）<u>**半揮發性有機物質（SVOC 沸點溫度240-260℃～380-400℃）**</u>

（4）<u>**粒狀有機物質或附著粒狀物上之有機物質（POM沸點溫度大於380℃）**</u>

6.（4）室內揮發性有機物質來源為何？（1）外氣進入及室內人員（2）燃燒器具與
用品、室內有機物質（3）空調系統及建築材料（4）以上皆是。

註：室內揮發性有機物質來源有：

（1）<u>**外氣進入及室內人員**</u>

（2）<u>**燃燒器具與用品**</u>

（3）<u>**室內有機物質**</u>

（4）<u>**空調系統及建築材料**</u>

7.（4）揮發性有機物質（VOCs）對人體健康有何影響？（1）昏眩（2）頭痛（3）眼
鼻皮膚刺激（4）以上皆是。

註：VOCs 對人體健康的危害在許多毒物及動物實驗均被證實，包含致癌性及非致癌性健
康影響，一般室內常見 VOCs 雖並無充分資料證明其具有致癌性，但卻常造成人體<u>**產**</u>
<u>**生昏眩、頭痛、眼、鼻及皮膚刺激等非特異性反應。**</u>

8.（4）揮發性有機物質苯（Benzene）對人體健康有何影響？（1）白血病（2）肝癌
（3）口腔癌（4）以上皆是。

註：室內環境中也存有許多疑似或確定性致癌物，如苯（Benzene） 對於造血系統產生
毒性，導致急性骨髓白血病及慢性白血病發生，在動物實驗研究中也發現有<u>**肝癌、**</u>
<u>**口腔癌、鼻癌及乳癌等發生。**</u>

9.（4）揮發性有機物質苯乙烯（Styrene）對人體健康有何影響？（1）眼睛喉嚨刺激
（2）鼻黏膜異常分泌（3） 產生疲倦及昏眩。

註：苯乙烯(Styrene)會對於胚胎產生毒性、對染色體損害；非致癌效應部份，暴露styrene 會對於**人體眼睛、喉嚨產生刺激，鼻黏膜異常分泌、產生疲倦及昏眩等症狀。**

10.（4）建築裝修所常使用之塗料中所釋出的化學物質對人體健康造成那種危害？（1）呼吸道疾病（2）造血機能異常（3）中樞神經病變（4）以上皆是。

　　註：當VOCs具有對健康造成危害而需加以管制時，便有必要知道VOCs來源及成分。以建築裝修所常使用之塗料為例，從塗料中所釋出的化學物質主要是來自其有機溶劑與其他助溶劑成分。經由許多國際研究成果證實，除了容易在狹窄密閉的空間中因大量吸入而造成急性中毒外，亦經常因使用者的忽略而造成慢性中毒；此種慢性中毒是長期在低濃度的VOCs中暴露而引起之各種病變，**如呼吸道、造血機能、中樞神經、末梢神經病變以及肝、腎等器官病變等**，其中更有許多物質已被國際癌瘤研究署（IARC）證實為致癌物質。

11.（1）何謂綠建材？ 國際學術界對綠建材之定義？（1）1992年國際學術界為綠建材下定義：「在原料採取、產品製造、應用過程和使用以後的再生利用循環中，對地球環境負荷最小、對人類身體健康無害的材料，稱為『綠建材』」（2） 1997年國際學術界為綠建材下定義：「在原料採取、產品製造、甲醛產量最少價錢最便宜，稱為『綠建材』」（3）1998年國際學術界為綠建材下定義：「天然材料並無加工且價錢公道並不會造成大量的囤積，稱為『綠建材』」（4） 1999年國際學術界為綠建材下定義：「在地生產並未進出口的材料，稱為『綠建材』」

　　註：**1992年國際學術界為綠建材下定義：「在原料採取、產品製造、應用過程和使用以後的再生利用循環中，對地球環境負荷最小、對人類身體健康無害的材料，稱為『綠建材』」。**

12.（4）綠建材有那種特性？（1）再使用（2）再循環（3）廢棄物減量及低污染（4）以上皆是。

　　註：綜合各國之綠產品標章或建材標章，可大致歸納為以下幾種特性：**再使用（Reuse）、再循環（Recycle）、廢棄物減量（Reduce）、低污染（Low emission materials）。**

13.（4）綠建材有那種使用優點？ （1）生態材料減少化學合成材之生態負荷與能源消耗（2）回收再用減少材料生產耗能與資源消耗及使用天然材料與低揮發性有機物質的建材，可減免化學合成材所帶給人體的危害（3）材料基本性能及特殊性能評估與管制，可確保建材使用階段時之品質（4）以上皆是。

14.（4）我國綠建材評估項目為何？（1）性能確保（2）環保確保性（3）健康確保（4）以上皆是。

註：綠建材評估項目有：

(1) **性能確保**

(2) **環保確保性**

(3) **健康確保**

15. (4) 我國綠建材標章之通則一般要求爲何？（1）綠建材應於原料取得、生產製造、成品運輸及使用等階段皆不造成環境污染（2）綠建材之產品功能應符合既定國家標準；若無國家標準，應另提出其所符合之國際標準；若亦無國際標準者，則應敘明其所符合之規格標準或規範，以供查驗（3）綠建材之品質及安全性應符合相關法規規定（4）以上皆是。

註：綠建材標章之通則一般要求如下：

(1) **綠建材應於原料取得、生產製造、成品運輸及使用等階段皆不造成環境污染**

(2) **綠建材之產品功能應符合既定國家標準；若無國家標準，應另提出其所符合之國際標準；若亦無國際標準者，則應敘明其所符合之規格標準或規範，以供查驗**

(3) **綠建材之品質及安全性應符合相關法規規定**

16. (4) 我國綠建材通則主要的管制意義與目的爲何？（1）綠建材是對環境無害的建材：應確保綠建材標章產品於生命週期各階段中不會造成環境衝擊（2）綠建材應符合相關規格標準：品質應符合法規及一般功能性要求（3）綠建材是對人體無害之建材：確保對人體健康不會造成危害（4）以上皆是。

註：綠建材通則主要的管制意義與目的如下：

(1) **綠建材是對環境無害的建材：應確保綠建材標章產品於生命週期各階段中不會造成環境衝擊**

(2) **綠建材應符合相關規格標準：品質應符合法規及一般功能性要求**

(3) **綠建材是對人體無害之建材：確保對人體健康不會造成危害**

17. (4) 我國綠建材限制物質評定項目包括那些？（1）非金屬材料任一部份之重金屬成份，依據「事業廢棄物毒性特性溶出程序（TCLP）」檢出值不得超過規定及不得含有石綿成份（2）不得含有放射線【加馬等效劑量在0.2微西弗/小時以下（包括宇宙射線劑量）】及不應含有行政院環境保護署公告之毒性化學物質、不得含有蒙特婁公約管制化學品、水泥製品總氯離子含量基準≦0.1%（依據CNS 14164 7.10.3節總氯離子含量測試法）及產品內含PVC物質之建材，應比照CNS 15138進行鄰苯二甲酸酯類可塑劑（塑化劑）檢測，所含鄰苯二甲酸酯類可塑劑（塑化劑）之總量不得超過0.1%（重量比）（3）使

用於室內裝修建材，經評定專業機構之分類評定小組認定有TVOC 及甲醛逸散之虞者，應進行上開二項之檢測（TVOC 逸散速率不得超過0.19 mg/m²·hr; 甲醛逸散速率不得超過0.08 mg/m²·hr）（4）以上皆是。

註：綠建材限制物質評定項目包括下列項目：

(1) **非金屬材料任一部份之重金屬成份，依據「事業廢棄物毒性特性溶出程序（TCLP）」檢出值不得超過規定及不得含有石綿成份**

(2) **不得含有放射線【加馬等效劑量在0.2微西弗/小時以下（包括宇宙射線劑量）】及不應含有行政院環境保護署公告之毒性化學物質、不得含有蒙特婁公約管制化學品、水泥製品總氯離子含量基準≦0.1%（依據CNS 14164 7.10.3節總氯離子含量測試法）及產品內含PVC物質之建材，應比照CNS 15138進行鄰苯二甲酸酯類可塑劑（塑化劑）檢測，所含鄰苯二甲酸酯類可塑劑（塑化劑）之總量不得超過0.1%（重量比）**

(3) **使用於室內裝修建材，經評定專業機構之分類評定小組認定有TVOC 及甲醛逸散之虞者，應進行上開二項之檢測（TVOC 逸散速率不得超過0.19 mg/m²·hr; 甲醛逸散速率不得超過0.08 mg/m²·hr）**

18. （1）綠建材限制物質評定項目規定放射線加馬等效劑量在多少微西弗/小時以下？（1）不得含有放射線【加馬等效劑量在0.2 微西弗/小時以下（包括宇宙射線劑量）】（2）不得含有放射線【加馬等效劑量在0.3 微西弗/小時以下（包括宇宙射線劑量）】（3）不得含有放射線【加馬等效劑量在0.4 微西弗/小時以下（包括宇宙射線劑量）】（4） 不得含有放射線【加馬等效劑量在0.5 微西弗/小時以下（包括宇宙射線劑量）】。

註：綠建材限制物質評定項目規定放射線加馬等效劑量不得含有放射線**加馬等效劑量在0.2 微西弗/小時以下（包括宇宙射線劑量）** 。

19. （1）綠建材限制物質評定項目規定水泥相關製品總氯離子含量基準在多少以下？（1）水泥相關製品總氯離子含量基準≦0.1%（依據CNS 14164 7.10.3節總氯離子含量測試法）（2）水泥相關製品總氯離子含量基準≦0.2%（依據CNS 14164 7.10.3節總氯離子含量測試法）（3） 水泥相關製品總氯離子含量基準≦0.3%（依據CNS 14164 7.10.3節總氯離子含量測試法）（4）水泥相關製品總氯離子含量基準≦0.4%（依據CNS 14164 7.10.3節總氯離子含量測試法）。

註：綠建材限制物質評定項目規定水泥相關製品總氯離子含量基準水泥相關製品總**氯離子含量基準≦0.1%**（依據CNS 14164 7.10.3 節總氯離子含量測試法） 。

20. （3）綠建材限制物質評定項目規定產品內含PVC 物質之建材，所含鄰苯二甲酸酯

類可塑劑（塑化劑）之總量不得超過多少（重量比）？（1）含鄰苯二甲酸酯類可塑劑（塑化劑）之總量不得超過0.5%（重量比）（2）含鄰苯二甲酸酯類可塑劑（塑化劑）之總量不得超過0.4%（重量比）（3）含鄰苯二甲酸酯類可塑劑（塑化劑）之總量不得超過0.1%（重量比）（4）含鄰苯二甲酸酯類可塑劑（塑化劑）之總量不得超過0.2%（重量比）。

註：產品內含 PVC 物質之建材，應比照 CNS 15138 進行鄰苯二甲酸酯類可塑劑（塑化劑）檢測，所含鄰苯二甲酸酯類可塑劑（塑化劑）之總量不得超過 0.1%（重量比）。

21.（1）綠建材限制物質評定項目規定使用於室內裝修建材，經評定專業機構之分類評定小組認定有虞者，應進行那二項檢測？（1）TVOC逸散速率及甲醛逸散速率（2）一氧化碳逸散速率及甲醛逸散速率（3）二氧化碳逸散速率及甲醛逸散速率（4）臭氧逸散速率及甲醛逸散速率

註：使用於室內裝修建材，經評定專業機構之分類評定小組認定有 TVOC 及甲醛逸散之虞者，應進行 TVOC 逸散速率及甲醛逸散速率等二項之檢測。

22.（3）綠建材限制物質評定項目規定使用於室內裝修建材，TVOC 逸散速率不得超過多少mg/m²· hr？（1） 0.17 mg/m²·hr（2） 0.18 mg/m²·hr（3） 0.19 mg/m²·hr（4） 0.14 mg/m²·hr

註：使用於室內裝修建材，TVOC 逸散速率不得超過 0.19 mg/m²·hr。

23.（3）綠建材限制物質評定項目規定使用於室內裝修建材，甲醛逸散速率不得超過多少mg/m²· hr？（1） 0.03 mg/m²·hr（2） 0.07 mg/m²·hr（3） 0.08 mg/m²·hr（4） 0.09 mg/m²·hr

註：使用於室內裝修建材，甲醛逸散速率不得超過 0.08 mg/m²·hr。

24.（4）何謂我國之「低逸散健康綠建材」？（1）低逸散量（2）低毒性（3）低危害健康風險之建築材料（4）以上皆是。

註：低逸散健康綠建材係指「該建材之特性為低逸散量、低毒性、低危害健康風險之建築材料」。

25.（1）目前針對室內建材與室內裝修材料進行「人體危害程度」評估，以什麼評估指標？（1） 「低甲醛」及「低總揮發性有機化合物（TVOC）」逸散速率（2）「低臭氧」及「低細菌」逸散速率（3） 「低成本」及「低真菌」逸散速率（4）以上皆是。

註：目前針對室內建材與室內裝修材料進行「人體危害程度」的評估，以「低甲醛」及「低總揮發性有機化合物（TVOC）」逸散速率為評估指標。

26.（4）我國綠建材標章中有關低逸散健康綠建材評定項目有哪些？（1）地板類及

牆壁類與天花板（2）填縫劑與油灰類及塗料類（3）接著（合）劑及門窗類（4）以上皆是。

註：國內綠建材標章中有關低逸散健康綠建材評定項目有下列項目：

(1) **地板類及牆壁類與天花板**

(2) **填縫劑與油灰類及塗料類**

(3) **接著（合）劑及門窗類**

27. （1）何謂「TVOC（Total Volatile Organic Compound）」？（1）揮發性有機化合物之總量（2）揮發性有機化合物之濃度（3）揮發性有機化合物之溼度（4）揮發性有機化合物之逸散率。

註：**揮發性有機化合物（Volatile Organic Compounds, VOCs）之總量－Total VOC，為評定VOCs對人體健康影響的綜合評定指標。**

28. （2）目前我國環保署提供之室內甲醛容許濃度值為何？（1）室內甲醛容許濃度值為0.11 ppm（2）室內甲醛容許濃度值為0.1 ppm（3）室內甲醛容許濃度值為0.31 ppm（4）室內甲醛容許濃度值為0.2ppm。

註：目前我國環保署提供之室內甲醛容許濃度值為室內**甲醛容許濃度值為 0.1 ppm。**

29. （3）室內裝修面積與室內空氣中TVOC濃度是否有關連？（1）無關聯（2）反相關性（3）正相關性（4）相等關係。

註：根據國內之實測調查發現**室內裝修總面積和甲醛及 TVOC 濃度呈現正相關性。**

30. （1）為獲得我國低逸散健康綠建材標章，該取得由哪個單位出具之甲醛、TVOC（Total Volatile Organic Compound）試驗報告書進行辦理？（1）內政部（2）經濟部（3）環保署（4）衛生福利部。

註：應取得**內政部指定之「綠建材性能試驗機構」出具之試驗報告書辦理，若性能試驗項目尚無內政部指定之綠建材性能試驗機構，得檢具符合「綠建材性能試驗機構申請指定作業要點」第 2 點第 1 至 3 款之機關（構）認可或認證之試驗室出具之試驗報告書辦理。**

31. （1）低逸散健康綠建材中對於甲醛及TVOC（Total Volatile OrganicCompound）逸散速率之規定為何？（1）甲醛之逸散速率需低於0.08 $mg/m^2 \cdot hr$、TVOC 之逸散速率需低於0.19 $mg/m^2 \cdot hr$（2）甲醛之逸散速率需低於0.06 $mg/m^2 \cdot hr$、TVOC之逸散速率需低於0.17 $mg/m^2 \cdot hr$（3）甲醛之逸散速率需低於0.05 $mg/m^2 \cdot hr$、TVOC 之逸散速率需低於0.16 $mg/m^2 \cdot hr$（4）甲醛之逸散速率需低於0.04 $mg/m^2 \cdot hr$、TVOC 之逸散速率需低於0.15 $mg/m^2 \cdot hr$。

註：低逸散健康綠建材中對於甲醛及 TVOC（Total Volatile OrganicCompound）逸散速率之規定為甲醛之逸散速率需低於 0.08 mg/m^2·hr、TVOC 之逸散速率需低於 0.19 mg/m^2·hr。

32.（4）下列低逸散健康綠建材有關甲醛及TVOC 評定基準之分級制度何者為非？（1）E1逸散：TVOC 及甲醛均≦0.005（mg/m^2·hr）（2）E2逸散：0.005＜TVOC≦0.1（mg/m^2·hr）或0.005＜甲醛≦0.02（mg/m^2·hr）（3）E3逸散：0.1＜TVOC≦0.19（mg/m^2·hr）且0.02＜甲醛≦0.08（mg/m^2·hr）（4）E4逸散：0.01＜TVOC≦0.09（mg/m^2·hr）且0.002＜甲醛≦0.006（mg/m^2·hr）。

註：低逸散健康綠建材有關甲醛及 TVOC 評定基準之分級制度為：

（1）E1逸散：TVOC 及甲醛均≦0.005（mg/m^2·hr）

（2）E2逸散：0.005＜TVOC≦0.1（mg/m^2·hr）或0.005＜甲醛≦0.02（mg/m^2·hr）

（3）E3逸散：0.1＜TVOC≦0.19（mg/m^2·hr）且0.02＜甲醛≦0.08（mg/m^2·hr）

33.（4）使用低逸散健康綠建材主要考量特性？（1）低逸散：避免使用會逸散揮發性有機物質的材料（2）低污染：避免使用會釋放污染物的材料（3）低臭氣：應盡量選擇不會散發臭氣與刺激性氣體的建築材料（4）以上皆是。

註：使用低逸散健康綠建材主要考量特性如下：

（1）低逸散：避免使用會逸散揮發性有機物質的材料

（2）低污染：避免使用會釋放污染物的材料

（3）低臭氣：應盡量選擇不會散發臭氣與刺激性氣體的建築材料

34.（4）藉由我國低逸散健康綠建材標章管制建材中甲醛及總揮發性有機化合物（TVOC）之逸散可帶來何種效益？（1）室內裝修材料的提升：一般常用裝修建材、塗料及接著劑之有機物逸散限制是改善建材污染的治本之道（2）營建產業升級：促進國內建材製造商之研發並管制國外進口建材之逸散物質含量（3）改善室內空氣品質：協助室內裝修業者選用低甲醛及TVOC 之健康建材進而提升室內空氣品質（4）以上皆是。

註：藉由低逸散健康綠建材標章管制建材中甲醛及總揮發性有機化合物

（TVOC）之逸散可帶來何種效益：

（1）室內裝修材料的提升：一般常用裝修建材、塗料及接著劑之有機物逸散限制是改善建材污染的治本之道

（2）營建產業升級：促進國內建材製造商之研發並管制國外進口建材之逸散物質含量

（3）改善室內空氣品質：協助室內裝修業者選用低甲醛及TVOC 之健康建材進而提升

室內空氣品質

35.（4）我國政府在室內裝修管制上利用哪種規範或標章來促進綠建材之推廣以確保健康的室內空氣品質？（1）建築技術規則：建築物之室內裝修材料及樓地板面材料應採用綠建材，其使用率應達總面積之百分之四十五（2）綠建築標章：在室內環境指標裡獎勵使用具綠建材標章之建材（3）綠建材標章：低逸散健康綠建材標章針對建材所逸散之有機化合物，進行定性定量評估，以確保其低逸散特性（4）以上皆是。

> 註：政府在室內裝修管制上利用下列規範或標章來促進綠建材之推廣以確保健康的室內空氣品質：
>
> （1）**建築技術規則：建築物之室內裝修材料及樓地板面材料應採用綠建材，其使用率應達總面積之百分之四十五**
>
> （2）**綠建築標章：在室內環境指標裡獎勵使用具綠建材標章之建材**
>
> （3）**綠建材標章：低逸散健康綠建材標章針對建材所逸散之有機化合物，進行定性定量評估，以確保其低逸散特性**

36.（4）我國建築技術規則中所謂綠建材材料之構成包含哪些？（1）塑橡膠類再生品及建築用隔熱材料（2）水性塗料及回收木材再生品（3）資源化磚類建材、資源回收再利用建材及其他經中央主管建築機關認可之建材（4）以上皆是。

> 註：建築技術規則中所謂綠建材材料之構成如下：
>
> （1）**塑橡膠類再生品及建築用隔熱材料**
>
> （2）**水性塗料及回收木材再生品**
>
> （3）**資源化磚類建材、資源回收再利用建材及其他經中央主管建築機關認可之建材**

37.（3）我國綠建築標章中有關室內建材裝修之評估，主要從哪種方面來進行？（1）減少整體裝修量以節約地球資源（2）獎勵使用綠建材標章之建材，以減少甲醛及揮發性有機物質等室內空氣污染源，藉以維護居住者之健康（3）以上皆是（4）以上皆非。

> 註：綠建築標章中有關室內建材裝修之評估，主要從下列方面來進行：
>
> （1）**減少整體裝修量以節約地球資源**
>
> （2）**獎勵使用綠建材標章之建材，以減少甲醛及揮發性有機物質等室內空氣污染源，藉以維護居住者之健康**

38.（4）為確保室內環境在使用的狀態下，能維持良好的空氣品質，基本原則為何？（1）有效控制污染源（2）維持室內良好通風（3）施工階段工法控制（4）以上皆是。

註：為確保室內環境在使用的狀態下，能維持良好的空氣品質，基本原則如下：

(1) **有效控制污染源**

(2) **維持室內良好通風**

(3) **施工階段工法控制**

39.（1）請問何種工法對室內空氣品質較為有利？（1）廠製工法（2）現場施工工法（3）以上皆是（4）以上皆非。

註：選用廠製工法確實可降低施工中**室內空氣 TVOC 與甲醛逸散量，更能降低勞工人員及後續空間居住者健康風險。**

40.（2）從保障施工人員健康之觀點來看，塗裝工程之三種施工工法：刷塗、滾塗和噴塗於選擇上的優先次序為何？A滾塗B刷塗C噴塗（1）CBA（2）ABC（3）BAC（4）CAB。

註：**從保障施工人員健康之觀點來看，塗裝工程之三種施工工法選擇上的優先次序應為滾塗->刷塗->噴塗。**

41.（4）所謂「通風」與「換氣」為藉著機械或自然的方法將室外新鮮空氣送入室內，同時排除室內的（1）濕氣（2）異味（3）熱及生物性污染物（4）以上皆是，以滿足室內空氣品質及衛生舒適的要求。

註：所謂「通風」與「換氣」為藉著機械或自然的方法將室外新鮮空氣送入室內，同時排除室內的**濕氣、異味、熱及生物性污染物**，以滿足室內空氣品質及衛生舒適的要求。

42.（1）按照通風的範圍區分，通風可分為？（1）全面通風和局部通風（2）機械通風和自然通風（3）對流通風與循環通風（4）以上皆是。

註：按照通風的範圍**可分為全面通風和局部通風。**全面通風也稱稀釋通風，它是對整個空間進行換氣而達到稀釋污染源進而改善室內空氣品質。而局部通風則是在污染物的產生地點直接把被污染的空氣收集而排至室外，或者直接向局部空間供給新鮮空氣。局部通風具有通風效果好，風量需求較少等優點。

43.（3）依促成空氣流動的方式區分，通風可分為那幾類？（1）對流通風與循環通風（2）全面通風與局部通風（3）自然通風與機械通風（4）以上皆是。

註：依促成空氣流動的方式區分，通風可分為**自然通風和機械通風。**

44.（1）自然通風的動力如何產生？（1）是室內外空氣溫度差或壓力差所產生的（2）利用內部人移動的動力造成通風的效果（3）利用空氣濕度達到自然循環的效果（4）利用建築物室內裝修材質達到自然通風的效果。

註：自然通風的動力是室內外空氣溫度差或壓力差所產生的。

45.（1）機械通風如何形成的空氣流動？（1）機械通風是藉由風扇裝置引入送回風空氣或排氣管線之空調系統所形成的空氣流動（2）機械通風是藉由機器冷卻空氣達到機械通風效果（3）機械通風是藉由機械除濕達到空氣流動的效果（4）機械通風是藉由溫度增加達到通風的效果。

註：**機械通風是藉由風扇裝置引入送回風空氣或排氣管線之空調系統所形成的空氣流動。**

46.（4）室內空氣品質廣義來看牽涉到那方面？（1）物理性（2）生物性（3）化學性（4）以上皆是。

註：室內空氣品質廣義來看牽涉到室內的溫、溼度、風速、CO、CO_2、粉塵等物理性、揮發性有機污染物質之化學性與細菌、黴菌等生物性三方面。在建築生命週期中，這些因子應於建物使用期間定期地檢測與追蹤，以確保各方面皆在健康基準之內。

47.（3）室內空氣品質確保與改善，經常使用的手法為何？（1）污染源控制（2）通風換氣（3）以上皆是（4）以上皆非。

註：關於室內空氣品質確保與改善，經常使用的手法主要可分為污染源控制與通風換氣兩方面。污染源控制包括了建材與化學劑量使用之控制、人員造成之污染物控制、機具之污染控制；而通風換氣則為：

（1）**供給充分外氣**

（2）**稀釋污染物質**

（3）**除去污染源**

（4）**調整空間壓力控制氣流進出**

（5）**削減部分熱負荷**

（6）**排除臭氣等目的**

48.（4）通風換氣之目的為何？（1）供給充分外氣及稀釋污染物質（2）除去污染源及調整空間壓力控制氣流進出（3）削減部分熱負荷及排除臭氣（4）以上皆是。

註：通風換氣之目的如下：

（1）**供給充分外氣及稀釋污染物質**

（2）**除去污染源及調整空間壓力控制氣流進出**

（3）**削減部分熱負荷及排除臭氣**

49.（4）室內空氣污染源控制之手法為何？（1）建材與化學劑量使用之控制（2）人員造成之污染物控制（3）機具之污染控制（4）以上皆是。

註：室內空氣污染源控制之手法如下：

（1）**建材與化學劑量使用之控制**

（2）**人員造成之污染物控制**

（3）**機具之污染控制**

50.（1）**在全球追求節能減碳的趨勢下，自然與機械通風應如何取捨？**（1）自然通風為主，機械通風為輔（2）機械通風為主，自然通風為輔（3）機械與自然通風各佔1/2（4）都可以。

註：在全球追求節能減碳的趨勢下，**應優先考慮以自然通風為主，機械通風為輔。**建築於自然通風設計與運用，首要考量自然通風可利用的時機。在台灣如能針對各地微地形、氣候進行良好的通風設計，一年之中可利用自然通風時機主要分布於春、秋兩季，必要時需輔以機械式空調系統進行通風換氣，再者就是室內外換氣之確保，這牽涉開口部設計的型式與位置，以及所形成的室內通風路徑，這些都是影響自然通風效益之要素。

51.（1）**何謂自然通風理論？**（1透過外部風產生之壓力差或內外溫度差產生之浮力作為驅動力，促使建築內部氣流的自然流動，進而達到調節溫溼度和換氣的目的）（2）利用內部人移動的動力造成通風的效果（3）利用空氣濕度達到自然循環的效果（4）利用建築物室內裝修材質達到自然通風的效果。

註：**自然通風是透過外部風產生之壓力差或內外溫度差產生之浮力作為驅動力，促使建築內部氣流的自然流動，進而達到調節溫溼度和換氣的目的。**對於自然通風的室內環境中，一般以 1.0 m/s 以下的氣流速度讓居住者感到最舒適。外部風帶來的通風量與作用於建築物前後的風壓係數（C）有關，風壓係數則與所在區位有關，低密度郊區住宅應高於高密度市區住宅，也更利於自然通風之運用。另外風壓係數之大小，也因建築物之座向、形狀、開口型態等因素而異。室內外若有溫度差，隨著空氣密度差異而引起的壓力差，會自然產生對流的情況。hn 稱為中性帶（neutralzone），即內外壓差為 0 的位置，當室內溫度大於外部時，外部空氣會從中性帶以下之開口部流入，而室內空氣則會從中性帶以上之開口部流出。當房間具有上下對稱的開口時，中性帶正好位於 1/2 之室內高度。如開口面積不同，則中性帶會移向較大之開口。

52.（4）**國外常用自然通風法規為何？**（1）美國UBC法規（2）美國冷凍空調學會（ASHRAE standard 62）之標準（3）日本建築基準法（4）以上皆是。

註：國外常用自然通風法規有：

（1）**美國UBC法規**

（2）**美國冷凍空調學會（ASHRAE standard 62）之標準**

（3）**日本建築基準法**

53. （4）國內自然通風相關法規為何？（1）建築技術規則（2）綠建築評估指標（3）以上皆非（4）以上皆是。

    註：國內自然通風相關法規有：

    (1) **建築技術規則**

    (2) **綠建築評估指標**

54. （1）國內建築技術規則中對於一般居室、浴室、廁所、廚房等空間「有效通風面積」之規定為何？（1）一般居室、浴室、廁所：窗戶或開口之有效通風面積≧5%該室之樓地板面積。廚房：有效通風開口面積≧10%該室之樓地板面積，且此面積需≧0.8m²（2）一般居室、浴室、廁所：窗戶或開口之有效通風面積≧6%該室之樓地板面積。廚房：有效通風開口面積≧12%該室之樓地板面積，且此面積需≧0.7m²（3）一般居室、浴室、廁所：窗戶或開口之有效通風面積≧7%該室之樓地板面積。廚房：有效通風開口面積≧13%該室之樓地板面積，且此面積需≧0.6m²（4）一般居室、浴室、廁所：窗戶或開口之有效通風面積≧9%該室之樓地板面積。廚房：有效通風開口面積≧18%該室之樓地板面積，且此面積需≧0.3m²。

    註：建築技術規則中對於一般居室、浴室、廁所、廚房等空間「有效通風面積」之規定：

    (1) **一般居室、浴室、廁所：窗戶或開口之有效通風面積≧5%該室之樓地板面積。**

    (2) **廚房：有效通風開口面積≧10%該室之樓地板面積，且此面積需≧0.8m2**

55. （1）常用的風扇依氣流方向不同可分為哪兩種方式？（1）離心式及軸流式（2）順風式及逆風式（3）重力式及壓力式（4）自然式及機械式。

    註：常用的風扇依氣流方向不同可分為：

    (1) **離心式（centrifugal type）**

    (2) **軸流式（axial type）**

56. （3）綠建築評估指標中關於通風換氣環境評估之概念為何？（1）自然通風型：主要在確保室內通風路徑暢通，並利用可自然通風空間之比例進行評估。（2）外氣引入型：強調新鮮空氣的供應（3）以上皆是（4）以上皆非。

    註：綠建築評估指標中關於通風換氣環境評估之概念如下：

    (1) **自然通風型：主要在確保室內通風路徑暢通，並利用可自然通風空間之比例進行評估**

    (2) **外氣引入型：強調新鮮空氣的供應**

57. （3）綠建築評估指標中的通風換氣環境評估，主要分成哪種類型？又各適用於何種建築物？（1）自然通風型：可自然通風型建築（住宅類、學校類與無中央

空調之辦公類建築物）（2）外氣引入型：中央空調型辦公類建築物或上述以外之建築物（3）以上皆是（4）以上皆非。

註：綠建築評估指標中的通風換氣環境評估，主要分成兩種類型又各適用於不同類型的建築物說明如下：

(1) **自然通風型：可自然通風型建築（住宅類、學校類與無中央空調之辦公類建築物）**

(2) **外氣引入型：中央空調型辦公類建築物或上述以外之建築物**

58.（4）綠建築評估指標之通風換氣環境評估中對於「可自然通風空間」之定義為何？（1）若為單側或相鄰側通風路徑開窗之空間，室間深度在二點五倍室內淨高以內者，且其中屬於相鄰側通風路徑者，其室內窗所連接之空間需能與外在空氣直接流通。（2）若為相對側或多側通風路徑開窗之空間，室間深度在五倍室內淨高以內者，且至少有一扇室內窗所連接之空間能與外在空氣直接流通（3）以通風塔、通風道系統、機械風扇等裝置輔助置換新鮮空氣者（需

提出設計圖說）（4）以上皆是。

註：綠建築評估指標之通風換氣環境評估中對於「可自然通風空間」之定義如下：

(1) **若為單側或相鄰側通風路徑開窗之空間，室間深度在二點五倍室內淨高以內者，且其中屬於相鄰側通風路徑者，其室內窗所連接之空間需能與外在空氣直接流通**

(2) **若為相對側或多側通風路徑開窗之空間，室間深度在五倍室內淨高以內者，且至少有一扇室內窗所連接之空間能與外在空氣直接流通**

(3) **以通風塔、通風道系統、機械風扇等裝置輔助置換新鮮空氣者（需提出設計圖說）**

59.（1）有關離心式風扇與軸流式風扇之特性為何？（1）離心式風扇：風扇靜壓高，噪音小，是一種低噪音高效風扇；軸流式風扇：在葉輪直徑、轉速相同的情況下，風壓比離心式低，噪音比離心式高，主要用於系統阻力小的通風系統；優點是體積小、安裝簡便，可以直接裝設在牆上或管道內（2）離心式風扇：轉速快效果佳；軸流式風扇體積大轉速穩定（3）離心式風扇：體積小效果佳、價格便宜；軸流式風扇體積大轉速不穩價格較高（4）離心式風扇：易附著灰塵使用效率差；軸流式風扇易造成卡死，效率尚可。

註：離心式風扇：**風扇靜壓高，噪音小，是一種低噪音高效風扇；軸流式風扇：在葉輪直徑、轉速相同的情況下，風壓比離心式低，噪音比離心式高，主要用於系統阻力小的通風系統；優點是體積小、安裝簡便，可以直接裝設在牆上或管道內。**

60. （1）機械通風系統中空氣分配系統之主要功能與效益為何？（1）可決定供氣和新鮮外氣輸送速率（2）可以決定供氣及新鮮空氣輸送濃度（3）可以決定供氣及新鮮空氣輸送溼度（4）以上皆是。

   註：**可決定供氣和新鮮外氣輸送速率**，在適當地點安裝風量擋板，可確保有效地均勻輸送空氣到建築物內各個範圍；如加裝空氣流動監測器和調節器可在節省能源的同時，又能達到良好的室內空氣品質，是可考慮需求形式來控制的通風設備。

61. （1）**離心式**（centrifugal type）和**軸流式**（axial type）在應用有何差異？（1）離心式風扇，風扇靜壓高，噪音小，其中採用機翼形（air foil）葉片的後傾式（backward）風扇是一種低噪音高效風扇。軸流式風扇，在葉輪直徑、轉速相同的情況下，風壓比離心式低，噪音比離心式高，主要用於系統阻力小的通風系統；主要優點是體積小、安裝簡便（2）離心式風扇：轉速快效果佳；軸流式風扇體積大轉速穩定（3）離心式風扇：體積小效果佳、價格便宜；軸流式風扇體積大轉速不穩價格較高（4）離心式風扇：易附著灰塵使用效率差；軸流式風扇易造成卡死，效率尚可。

   註：**離心式風扇，風扇靜壓高，噪音小，其中採用機翼形（air foil）葉片的後傾式（backward）風扇是一種低噪音高效風扇。軸流式風扇，在葉輪直徑、轉速相同的情況下，風壓比離心式低，噪音比離心式高，主要用於系統阻力小的通風系統；主要優點是體積小、安裝簡便。**

62. （2）何謂AHU？其主要組成包括那些？（1）空調送風機（air handling unit又稱為AHU）用於處理空氣：則主要由空調主機及風扇和水盤組成（2）空調箱（air handling unit又稱為AHU）用於處理空氣：則主要由空調箱體、冷卻及加熱盤管、風門和風扇組成（3）空調風管（air handling unit又稱為AHU）用於處理空氣：則主要由空調風管體、出風口組成（4）以上都可稱為AHU。

   註：**空調箱（air handling unit 又稱為 AHU）**用於處理空氣：則主要由空調箱體、冷卻及加熱盤管、風門和風扇組成。

63. （1）換氣設計須遵守的哪兩個基本觀念？（1）「排氣機入口與出口必須隔離」，以及「必須造成有利的空氣流向」（2）「排氣機入口與出口必須相差1.5公尺以上」，以及「必須有強制的空氣流向」（3）「排氣機入口與出口必須上下距離1.5公尺以上」，以及「必須造成有利的空氣循環」（4）「排氣機

入口與出口必須相同」，以及「必須造成負壓的空氣流向」。

註：換氣設計須遵守的那兩個基本觀念如下：

（1）「排氣機入口與出口必須隔離」

（2）「必須造成有利的空氣流向」

64.（2）何謂固定風量空調系統（CAV）？（1）固定風量空調系統（CAV）供應固定濃度的空氣，並按所要求的熱舒適度改變溫度（2）固定風量空調系統（CAV）供應固定容量的空氣，並按所要求的熱舒適度改變溫度（3）固定風量空調系統（CAV）供應固定溼度的空氣，並按所要求的熱舒適度改變溫度（4）固定風量空調系統（CAV）供應固定速度的空氣，並按所要求的熱舒適度改變溫度。

註：固定風量空調系統（CAV）供應固定容量的空氣，並按所要求的熱舒適度改變溫度。

65.（4）固定風量（constant air volume, CAV）及可變風量（variable airvolume, VAV）系統之差異為何？（1）固定風量空調系統（CAV）：供應固定容量的空氣，並按所要求的熱舒適度改變溫度。（2）可變風量系統（VAV）：供應恆溫的空氣，但供氣量卻可改變（3）以上皆非（4）以上皆是。

註：固定風量（constant air volume, CAV）及可變風量（variable airvolume, VAV）系統之差異如下：

（1）固定風量空調系統（CAV）：供應固定容量的空氣，並按所要求的熱舒適度改變溫度

（2）可變風量系統（VAV）：供應恆溫的空氣，但供氣量卻可改變

66.（1）何謂可變風量系統（VAV）？（1）供應恆溫的空氣，但供氣量卻可改變（2）供應溫度變化的空氣，但供氣量無法改變（3）供應可變溫度的空氣，但供氣量卻可改變（4）供應恆溫的空氣，但供氣量無法改變。

註：可變風量系統（VAV）則供應恆溫的空氣，但供氣量卻可改變。在使用此系統時，應監測空氣流量，而如有需要應安裝壓力或其他裝置，以確保有足夠室外空氣進入室內以達到最佳舒適狀態。

67.（3）機械通風及空調系統中空氣過濾器及清淨器之功能為何？（1）在室外空氣以及再循環室內空氣進入系統前，先啟動殺菌系統以除去塵埃、細菌、花粉、昆蟲、煙灰和污垢粒子（2）在室外空氣以及再循環室內空氣進入系統前，先啟動溼度增加系統以除去塵埃、細菌、花粉、昆蟲、煙灰和污垢粒子（3）在室外空氣以及再循環室內空氣進入系統前，先過濾以除去塵埃、細菌、花粉、昆蟲、煙灰和污垢粒子（4）在室外空氣以及再循環室內空氣進入系統

前，先以紫外光照射系統以除去塵埃、細菌、花粉、昆蟲、煙灰和污垢粒子。

註：**機械通風及空調系統中空氣過濾器及清淨器之功能為在室外空氣以及再循環室內空氣進入系統前，先過濾以除去塵埃、細菌、花粉、昆蟲、煙灰和污垢粒子。**

68.（4）決定機械通風及空調系統所供應的空氣是否充足和空氣品質的因素為何？（1）新鮮空氣入口、空氣濾網和空氣清淨機、通風設備的位置（2）空氣再循環、風管系統、可變風量系統控制（3）潮濕氣候情況（4）以上皆是。

註：決定機械通風及空調系統所供應的空氣是否充足和空氣品質的包括下列因素：

（1）**新鮮空氣入口、空氣濾網和空氣清淨機**

（2）**通風設備的位置**

（3）**空氣再循環、風管系統、可變風量系統控制**

（4）**潮濕氣候情況**

69.（4）新鮮空氣入口設置應注意考量的事項為何？（1）新鮮空氣入口應位於在空氣最清潔的地方（2）是否有任何污染物源頭接近新鮮空氣入口或其上風處（3）新鮮空氣入口亦不應靠近其他大樓的排氣口，停車場或廚房、廁所等地面以下或接近冷卻塔（4）以上皆是。

註：新鮮空氣入口設置應注意下列考量下列事項：

（1）**新鮮空氣入口應位於在空氣最清潔的地方**

（2）**是否有任何污染物源頭接近新鮮空氣入口或其上風處**

（3）**新鮮空氣入口亦不應靠近其他大樓的排氣口**

（4）**停車場或廚房、廁所等地面以下或接近冷卻塔**

70.（3）空調系統的冷卻水塔的設置與使用上應注意的事項為何？（1）空調系統的冷卻水塔的位置應確保所排出的廢氣不會有太大機會被挾帶進入新鮮外氣入口（2）在決定冷卻水塔的位置時亦應注意避免受污染空氣例如來自工業排氣處的空氣被吸進水循環系統（3）以上皆是（4）以上皆非。

註：空調系統的冷卻水塔的設置與使用上應注意下列事項：

（1）**空調系統的冷卻水塔的位置應確保所排出的廢氣不會有太大機會被挾帶進入新鮮外氣入口**

（2）**在決定冷卻水塔的位置時亦應注意避免受污染空氣例如來自工業排氣處的空氣被吸進水循環系統**

71.（1）空調系統的冷卻水塔設有水處理系統目的為何？（1）防止微生物滋生、腐蝕和結水垢（2）防止機件損壞及生效（3）防止水溫過高造成損壞（4）以上皆是。

註：冷卻塔亦應設有水處理系統，最理想是自動加藥設備，以防止微生物滋生、腐蝕和結水垢。

72.（3）空調系統的冷卻水塔安裝水滴清除器（eliminator）目的為何？（1）防止結露（2）防止結霜（3）降低飛濺排出水霧（4）以上皆是。

註：冷卻水塔安裝水滴清除器（eliminator），以降低飛濺排出水霧。

73.（1）考慮節能並兼顧良好室內空氣品質時該如何控制通風設備？（1）可考慮使用以需求控制的通風設備（2）可以考慮全面自然通風（3）可以考慮改用手動降溫器具（4）可以改用太陽能帶動空調設備。

註：可考慮使用以需求控制的通風設備，例如：利用二氧化碳的感測器來決定引入新鮮外氣量。

74.（3）機械通風及空調系統對應潮濕氣候之可行策略有哪種？（1）空調系統應確保室內的相對濕度低於室外的相對濕度建議控制在30%至60%之間，以減低致敏或致病的微生物滋生（2）透過增壓讓室內維持正壓來盡量減低室外潮濕空氣的滲入（3）以上皆是（4）以上皆非。

註：機械通風及空調系統對應潮濕氣候之可行策略如下

（1）空調系統應確保室內的相對濕度低於室外的相對濕度建議控制在30%至60%之間，以減低致敏或致病的微生物滋生

（2）透過增壓讓室內維持正壓來盡量減低室外潮濕空氣的滲入

75.（2）就大部份大樓而言，室內外進出空氣，應維持室內何種壓力？（1）負壓（2）正壓（3）部分負壓部分正壓（4）無壓。

註：就大部份大樓而言，從室外進氣口進入的空氣量應超過從大樓排出的空氣的份量，即可維持正壓，可防止外面的污染物滲入。

76.（1）一般大樓室內正負壓力如何產生？（1）從室外進氣口進入的空氣量應超過從大樓排出的空氣的份量，可維持正壓（2）若排出的空氣比輸入的空氣多，將會造成室內形成負壓，從而導致室外空氣透過門或其他滲漏（3）以上皆是（4）以上皆非。

註：就大部份大樓而言，從室外進氣口進入的空氣量應超過從大樓排出的空氣的份量，可維持正壓，而若排出的空氣比輸入的空氣多，將會造成室內形成負壓，從而導致室外空氣透過門或其他滲漏。一個處於正壓狀態的大樓，可防止外面的污染物滲入。

77.（3）在機械通風上宜將室內通風換氣量採取哪項整合程序進行檢討？（1）通風換氣程序（ventilation rate procedure）（2）室內空氣品質程序（IAQ procedure）（3）以上皆是（4）以上皆非。

註：在機械通風上宜將室內通風換氣量採取下列程序：

(1) **通風換氣程序（ventilation rate procedure）**

(2) **室內空氣品質程序（IAQ procedure）**

整合程序進行檢討

78.（4）ASHRAE Standard 62中直接針對人員呼吸帶之新鮮外氣量加以規範，其量值之計算需要哪些參數？（1）Rp：人員所需外氣率（L/s·person）；Pz：空間活動人數（person）（2）Ra：空間所需外氣率（L/s·m2）（3）Az：空間樓地板面積（m2）（4）以上皆是。

註：ASHRAE Standard 62 中直接針對人員呼吸帶之新鮮外氣量加以規範，其量值之計算需要參數如下：

(1) **Rp：人員所需外氣率（L/s·person）**

(2) **Pz：空間活動人數（person）**

(3) **Ra：空間所需外氣率（L/s·m2）**

(4) **Az：空間樓地板面積（m2）**

79.（4）根據我國建築技術規則建築設備編第101條之規定，機械通風依實際情況可採用哪種系統？（1）機械送風及機械排風（2）機械送風及自然排風（3）自然送風及機械排風（4）以上皆是。

註：根據國內建築技術規則建築設備編第101 條之規定，機械通風依實際情況可採用：

(1) **機械送風及機械排風**

(2) **機械送風及自然排風**

(3) **自然送風及機械排風**

80.（4）下列何者為辦公室內二氧化碳的主要來源？（1）人類呼吸（2）吸菸（3）其他燃燒行為（4）以上皆是。

註：辦公室內二氧化碳的來源主要來自於**人類呼吸、吸菸、及其他燃燒行為。**

81.（1）辦公室內空氣品質良窳最重要的化學性指標為何？（1）二氧化碳濃度（2）一氧化碳濃度（3）甲醛濃度（4）甲醛濃度。

註：辦公室內當室內人員密度過高或是換氣效率不佳時，容易造成二氧化碳濃度累積。因此，**二氧化碳被視為室內空氣品質良窳最重要的化學性指標。**

82.（4）辦公室內空調換氣量不足，二氧化碳濃度過高，對人體有何影響？（1）頭痛（2）嗜睡（3）反射減退、倦怠（4）以上皆是。

註：當二氧化碳濃度過高時，除了會刺激呼吸中樞造成呼吸費力或困難等感覺，**亦會產生頭痛、嗜睡、反射減退、倦怠等症狀。**

83.（4）常見的室內通風問題有那種？（1）室內裝修過度與人員密度過高（2）中央空調外氣引入問題及結露問題（3）化學污染物累積的問題（4）以上皆是。

> 註：常見的室內通風問題有下列三項：
>
> （1）**室內裝修過度與人員密度過高**
>
> （2）**中央空調外氣引入問題及結露問題**
>
> （3）**化學污染物累積的問題**

84.（1）何謂空氣之露點溫度？（1）將不飽和空氣冷卻，其相對溼度即漸漸提高，而達飽和狀態，此時之溫度即爲此空氣之露點溫度（2）空氣含有水蒸氣結成霧狀水滴的溫度（3）冷熱空氣交接處造成成霧狀水滴的現象常出現在露臺，故形成之溫度稱爲露點溫度（4）空氣中許多人相聚的區域造成熱氣暴露在此空氣中使人感到不適的溫度，稱爲露點溫度。

> 註：**將不飽和空氣冷卻，其相對溼度即漸漸提高，而達飽和狀態，此時之溫度即爲此空氣之露點溫度。**

85.（1）何謂空氣之結露現象？（1）露點溫度下繼續冷卻時，空氣中所含之水蒸氣會有一部份凝結成爲霧狀的水滴，稱爲結露（2）空氣中冷熱不均造成水滴附著於其他物件稱爲結露（3）空氣中溼度過高造成天花板出現水滴成爲類似下雨現象稱爲結露（4）空氣中因漏水或其他因素造成滲水等現象。

> 註：**露點溫度下繼續冷卻時，空氣中所含之水蒸氣會有一部份凝結成爲霧狀的水滴，稱爲結露。**

86.（1）空氣之結露現象可分爲哪種？（1）可分爲構造體表面結露與構造體內結露（2）可分爲空氣中結露及水中結露（3）可分爲建築物結構體結露及生物結露（4）以上皆是。

> 註：空氣之結露現象可分爲**構造體表面結露與構造體內結露。**

87.（2）空氣常發生結露的位置爲何處？（1）溼度高的位置（2）冷熱交接處（3）機器故障處（4）出風口與進風口。

> 註：常發生結露的位置爲冷熱交界處，**如：窗戶、風機盤管（FCU）、室內空調箱及冰水管路等處**，而適當斷熱材的應用，能減少結露之現象發生。

88.（3）如何有效利用通風手段解決下班後辦公空間化學污染物累積導致隔天上班時濃度過高之問題？（1）上班前段大量換氣（2）下班階段持續透氣（3）以上皆是（4）以上皆非。

> 註：於**上班前段大量換氣並於下班階段持續透氣**即可解決下班後辦公空間化學污染物累積導致隔天上班時濃度過高之問題。

89.（3）在建築醫生進行室內空氣品質專業診斷步驟時，主要需實地檢核哪部分？（1）建築構體：針對建築結構之基本資料、空間人員密度、內部裝修、使用現況等進行評估調查（2）空調系統：對空調系統之細部設備與使用現狀進行全面性普查（3）以上皆是（4）以上皆非。

註：在建築醫生進行室內空氣品質專業診斷步驟時，主要需實地檢核：

　　（1）**建築構體：針對建築結構之基本資料、空間人員密度、內部裝修、使用現況等進行評估調查**

　　（2）**空調系統：對空調系統之細部設備與使用現狀進行全面性普查**

90.（4）有關室內空氣品質診斷可分為哪種診斷？（1）主訴及自體定檢（2）建築醫生專業診斷（3）建築進階健康檢查（4）以上皆是。

註：有關室內空氣品質診斷可分為：

　　（1）**主訴及自體定檢**

　　（2）**建築醫生專業診斷**

　　（3）**建築進階健康檢查**

91.（4）利用計算流體力學（Computational Fluid Dynamics, CFD）作氣流與污染物模擬解析期達到那種目的？（1）應用完善準確之檢測儀器，進行較完整且深入之物理性因子、化學性污染物、生物性污染物及建築通風效率檢測（2）配合主觀問卷進行大樓使用者心理主觀性篩選，找出真正問題點所在，並同時進行改進方案之提擬（3）以上皆非（4）以上皆是。

註：**計算流體力學（Computational Fluid Dynamics, CFD）氣流與污染物模擬及特殊測定等診斷方法之解析，期應用完善準確之檢測儀器，進行較完整且深入之物理性因子、化學性污染物、生物性污染物及建築通風效率檢測，並配合主觀問卷進行大樓使用者心理主觀性篩選，找出真正問題點所在，並同時進行改進方案之提擬。**

92.（4）以計算流體力學（CFD）數值模擬的工具模擬建造，檢討改善通風設計，需利用那種數據？（1）室內外的氣流流向（2）流速（3）壓力、溫度、污染物濃度（4）以上皆是。

註：**利用計算流體力學（CFD）數值模擬的工具模擬建造或改造完後室內外的氣流流向、流速、壓力、溫度、污染物濃度等數據，以檢討改善通風設計，進而解決許多自然通風運用的問題。**

93.（4）下列何者為空調使用上常見的節能方法？（1）使用能源回收熱交換器裝置及時序控制（2）二氧化碳濃度控制（3）建築能源管理系統（Building Energy Management System, BEMS）（4）以上皆是。

註：空調使用上常見的節能方法如下：

(1) **使用能源回收熱交換器裝置及時序控制**

(2) **二氧化碳濃度控制**

(3) **建築能源管理系統（Building Energy Management System, BEMS）**

94.（2）下列何者爲區域通風控制之概念？（1）區域通風的概念爲區域各有各的空調控制器可控制溫度（2）區域通風控制概念簡易的應用即是整合房間內的CO_2感測器來控制固定風量系統的外氣量，送入不同人員數及密度的房間內（3）區域通風的觀念即爲分離式冷氣的方式固定空間單元不同的空調系統（4）以上皆是。

註：**區域通風控制概念簡易的應用即是整合房間內的CO_2感測器來控制固定風量系統的外氣量，送入不同人員數及密度的房間內**

95.（1）何謂建築能源管理系統（Building Energy Management System, BEMS）？（1）建築能源管理系統即是取得各項耗能設備及各部耗能過程之變化數據，並針對問題點，局部利用管理控制或改善方式，降低能源成本；利用遠端遙控，並進行相關建築耗能系統運轉數據之自動量測與擷取，以便進行系統運轉性能之即時線上監控與資料庫之建立（2）建築能源管理系統即是利用建築本身的電源、水源等進行集中管理類似中控室的管控（3）建築能源管理系統即是建築空間能夠使用的來源管理，一般爲公共設施等設備（4）以上皆是。

註：**建築能源管理系統（Building Energy Management System, BEMS）即是取得各項耗能設備及各部耗能過程之變化數據**，並針對問題點，局部利用管理控制或改善方式，降低能源成本；利用遠端遙控，並進行相關建築耗能系統運轉數據之自動量測與擷取，以便進行系統運轉性能之即時線上監控與資料庫之建立。

96.（3）從平面圖來看，居室中的開口位置過近易造成短路現象，而爲增進換氣效益，開口位置之選擇該注意什麼？（1）位於相對側（2）錯開配置（3）以上皆是（4）以上皆非。

註：從平面圖來看，居室中的開口位置過近易造成短路現象，而為增進換氣效益，開口位置之選擇該注意：

(1) **位於相對側**

(2) **錯開配置**

97.（4）下列何者爲提升自然通風效益之方法？（1）高架地板置換式通風方式（2）裝設適當角度的中央橫軸旋轉窗（3）適當的導風板設計（4）以上皆是。

註：為提升自然通風效益之方法如下：

　　　（1）高架地板置換式通風方式

　　　（2）裝設適當角度的中央橫軸旋轉窗

　　　（3）適當的導風板設計

98.（1）長時間依賴空調的辦公空間如採用透氣門的設計對於室內空氣品質將有何種助益？（1）不致讓污染物大量置留於室內，即能緩和剛上班時室內空氣品質不佳的問題（2）增加通風效益可以使大量氧氣吸入可以使空氣清新（3）增加通風效率可使空氣中新鮮因子可使空氣更新鮮（4）以上皆是。

　註：讓下班（空調關閉）後，室內空間的氣流仍能保持流通，不致讓污染物大量置留於室內，即能緩和剛上班時室內空氣品質不佳的問題。

99.（1）建築物「雙層皮層（double skins）」的設計概念對通風之效益？（1）利用煙囪效應將室內的髒空氣與熱迅速排出；也可利用各樓層下方之進氣口，引進新鮮涼爽的空氣（2）利用循環效應將建築物空氣循環排出（3）利用建築物熱對流效應將空氣排出（4）以上皆是。

　註：建築物表皮增加一層軀殼體，兩個皮層間的空氣層可利用煙囪效應將室內的髒空氣與熱迅速排出；也可利用各樓層下方之進氣口，引進新鮮涼爽的空氣；因應季節變換，適當地調控開口，可達到冬暖夏涼的自然通風效果。

100.（4）室內空氣品質確保之源頭控制方式？（1）完全消除污染物源頭：如棄置受真菌滋生污染的天花板（2）使用低排放率或排放危害性較低污染物的物料作為代替品：如用水基聚胺酯油漆取代有機溶劑型油漆（3）將源頭密封或堵塞污染物的傳播通道：如把傢俱的表面密封以減低甲醛的排放（4）以上皆是。

　註：室內空氣品質確保之源頭控制方式：

　　　（1）完全消除污染物源頭：如棄置受真菌滋生污染的天花板

　　　（2）使用低排放率或排放危害性較低污染物的物料作為代替品：如用水基聚胺酯油漆取代有機溶劑型油漆

　　　（3）將源頭密封或堵塞污染物的傳播通道：如把傢俱的表面密封以減低甲醛的排放

101.（4）下列何者為有關機械通風及空調系統之通風改善的方式？（1）因應室內佔用人、熱能和污染物源頭的情況，調校及重新調整通風系統（2）增加室外空氣供應，移去阻塞回風口的障礙物，控制產生污染物的範圍與其他範圍之間的壓力關係（3）高毒性或高濃度污染物的活動地點，使用局部排氣系統（4）以上皆是。

　註：有關機械通風及空調系統之通風改善方式如下：

（1）因應室內佔用人、熱能和污染物源頭的情況，調校及重新調整通風系統

（2）增加室外空氣供應，移去阻塞回風口的障礙物，控制產生污染物的範圍與其他範圍之間的壓力關係

（3）高毒性或高濃度污染物的活動地點，使用局部排氣系統

101.（1）一既有辦公建築欲改善其室內空氣品質，相關的緩解措施可從哪些範疇著手？（1）控制源頭、改善通風（2）淨化空氣（3）行政手段（4）以上皆是。

註：一既有辦公建築欲改善其室內空氣品質，相關緩解措施可從下列範疇著手：

（1）控制源頭、改善通風

（2）淨化空氣

（3）行政手段

102.（4）為解決辦公空間室內空氣品質問題可採取之行政手段為何？（1）重新安排活動（如：在辦公時間以外的時段進行翻新工程或除蟲工作等）（2）限制個人操作可產生污染物器材的時間（3）重新安置較容易受影響的人士，使遠離曾令他們出現病徵的範圍（4）以上皆是。

註：為解決辦公空間室內空氣品質問題可採取之行政手段為：

（1）重新安排活動（如：在辦公時間以外的時段進行翻新工程或除蟲工作等）

（2）限制個人操作可產生污染物器材的時間

（3）重新安置較容易受影響的人士，使遠離曾令他們出現病徵的範圍

103.（4）有關自然通風設計及自主管理之注意事項為何？（1）設計者在考量室內空氣品質的問題，首先需能提供足夠稀釋污染物的新鮮空氣量，可以利用自然通風來補進新鮮空氣（2）在節能的考量下可以於戶外種植植栽或搭配水體（水池、噴霧系統等）以降低外氣溫度（3）考慮紗網的運用，可以降低室內粉塵量（4）以上皆是。

註：有關自然通風設計及自主管理之注意事項如下：

（1）設計者在考量室內空氣品質的問題，首先需能提供足夠稀釋污染物的新鮮空氣量，可以利用自然通風來補進新鮮空氣

（2）在節能的考量下可以於戶外種植植栽或搭配水體（水池、噴霧系統等）以降低外氣溫度。

（3）考慮紗網的運用，可以降低室內粉塵量。

（4）自然通風的運用除了選擇適當的時機（外在空氣品質條件良好時），並要掌握長年風的流向，再進一步去考量開口部的設計。

（5）風向不利於自然通風時，開口部可搭配水平或垂直導風板等裝置增加自然通風

效率。

(6) 單側通風時可設計上下開口，兩者間的距離與換氣效果成正比；而當室內形成貫流通風路徑時，迎風面之開口設計於低處，而背風面設計於高處，會有較佳的換氣效率。

(7) 空間的規劃上，易產生污染物的空間，如：廚房、廁所盡可能避免在迎風面。

(8) 減少室內不必要的隔間，隔間或隔屏盡量能保持通氣的可能，避免空間中有死域的產生。

(9) 室內搭配風扇能增加空氣的循環，保持氣流的流動性及增加體感的舒適性。

(10) 智慧與可呼吸壁體的概念設計可依外在環境變動自動調控建築軀殼或開口部，提供必要的自然通風效果及新鮮的空氣引入。

104. (4) 下列何者機械通風及空調系統中每月需要進行檢修之項目？(1) 新鮮外氣入口 (2) 空氣過濾器 (3) 冷凍管路 (4) 以上皆是。

註：機械通風及空調系統中每月需要進行檢修之項目如下：

(1) 新鮮外氣入口

(2) 空氣過濾器

(3) 冷凍管路

(4) 所有水盤和水槽

(5) 冷凝水排管

(6) 冷卻塔

(7) 冷卻塔的水處理系統

105. (4) 下列何者機械通風及空調系統中每年需要進行檢修之項目？(1) 風管的可接觸部份、風扇 (2) 盤管式風扇 (FCU) (3) 送風和回風通風系統 (4) 以上皆是。

註：機械通風及空調系統中每年需要進行檢修之項目為：

(1) 風管的可接觸部份、風扇

(2) 盤管式風扇 (FCU)

(3) 送風和回風通風系統

106. (4) 機械通風及空調系統檢查表中大致有哪些主要內容？(1) 基本資訊：大樓名稱、地址、填寫人、日期等 (2) 中央空氣處理及分佈系統資訊及室外空氣進氣口資訊 (3) 空調箱規格資訊與保養及檢查資訊 (4) 以上皆是。

註：機械通風及空調系統檢查表中大致有的主要內容如下：

(1) 基本資訊：大樓名稱、地址、填寫人、日期等

（2）**中央空氣處理及分佈系統資訊及室外空氣進氣口資訊**

（3）**空調箱規格資訊與保養及檢查資訊**

107.（4）下列何者為我國空氣污染物濃度標準值建議值第1類場所？（1）辦公大樓
（2）交易市場（3）地下街（4）醫療場所。

註：**第一類：指對室內空氣品質有特別需求場所，包括學校及教育場所、兒童遊樂場所、**
醫療場所、老人或殘障照護場所等。

108.（2）下列何者為我國空氣污染物濃度標準值建議值第2類場所？（1）學校（2）
大眾運輸工具（3）精神護理之家（4）老人院。

註：**第二類：指一般大眾聚集的公共場所及辦公大樓，包括營業商場、交易市場、展覽**
場所、辦公大樓、地下街、大眾運輸工具及車站等室內場所。

109.（4）小型機組併用方式（空氣+水方式）又可分為哪種方式？（1）F.C.U+風管方
式（2）誘引方式（3）輻射冷暖房方式（4）以上皆是。

註：小型機組併用方式（空氣+水方式）又可分為下列方式：

（1）**F.C.U+風管方式（F.C.U=小型機組風管併用方式fan coil unit方式）**

（2）**誘引方式（誘引機組方式：Induction Unit方式略稱IDU）**

（3）**輻射冷暖房方式**

110.（3）何謂ＩＥＱ？（1）室內環境污染管理（2）室內通風單位。

註：ＩＥＱ即 Indoor Environment Quality，為**「室內環境品質」**。

111.（1）建築裝潢設計改善室內空氣品質的建議順序為何？（A）避免不必要的家居
間隔（B）購入新的家具，室內應保持通風，加速毒物質的揮發（C）不要
阻塞通風口或排氣管（D）採用揮發性有機化合物含量較低的裝修物料（E）
裝修工程安排在無人時操作（1）A.B.C.D.E（2）A.C.D.E.B（3）E.D.C.B.A（4）
B.D.C.A.E。

註：建議順序為：避免不必要間隔→新家具通風→勿阻塞通風排氣→採用揮發性有機化
合物含量較低的裝修物料→安排無人時施作。

第六章

室內空氣品質改善管理與控制技術（二）

污染來源控制及清淨設備之應用

6.1 模擬測驗題

1.（4）造成PM_{10}和$PM_{2.5}$等污染物濃度的升高，導致室內空氣品質的惡化，影響人體健康之室內行為有哪些？（1）烹飪、取暖（2）燒香、抽菸（3）點蠟燭（4）以上皆是。

　　註：**烹飪、取暖、燒香、抽菸及點蠟燭**等行為常造成 PM_{10} 和 $PM_{2.5}$ 等污染物濃度的升高，導致室內空氣品質的惡化，影響人體健康。

2.（3）哪種致癌物常常附著在細小微粒而被吸入人體肺部深處？（1）氡氣（radon）（2）苯芘（benzo（a）pyrene）（3）以上皆是（4）以上皆非。

　　註：**氡氣（radon）及苯芘（benzo（a）pyrene）**致癌物，常常附著在細小微粒而被吸入人體肺部深處。

3.（4）$PM_{2.5}$本身表面積大，易附著較多的物質，並隨氣流進入呼吸系統，造成哪種疾病？（1）氣喘（2）支氣管炎（3）肺癌（4）以上皆是。

　　註：$PM_{2.5}$本身表面積大，易附著較多的物質，並隨氣流進入呼吸系統，造成下列疾病：

　　（1）**氣喘**

　　（2）**支氣管炎**

　　（3）**肺癌**

4.（4）烹調食物（煎、煮、炒、炸、炭烤等）時產生大量油煙，所包括的各種污染物為何？（1）多環芳香烴（polycyclic aromatic hydrocarbons, PAHs）（2）甲醛、CO、CO2（3）NOx 及懸浮微粒（例如：PM_{10}和$PM_{2.5}$）（4）以上皆是。

　　註：烹調食物（煎、煮、炒、炸、炭烤等）時產生大量油煙，所包括的各種污染物有：

　　（1）**多環芳香烴（polycyclic aromatic hydrocarbons, PAHs）**

　　（2）**甲醛、CO、CO₂（3）NOx 及懸浮微粒（例如： PM_{10} 和$PM_{2.5}$）**

5.（4）下列哪種行為有助於減少室內PM_{10}與$PM_{2.5}$污染物？（1）儘量避免室內燃燒行為（如：燒香、點蠟燭、抽菸等）及不使用含石綿產品（2）避免種植會產生較多花粉的室內盆栽；儘量減少雷射印表機等產品的使用；避免飼養毛髮多的寵物（或應定期修剪寵物毛髮）；門口放置地毯（以除去部分鞋底的粒狀物）並定期清洗之（3）室外空氣品質不良（如：沙塵暴）的時段關閉門窗；烹飪時開啟抽油煙機；定期使用吸塵器清理地上毛髮或皮屑（4）以上皆是。

　　註：下列行為有助於減少室內 PM_{10} 與 $PM_{2.5}$污染物：

　　（1）**儘量避免室內燃燒行為（如：燒香、點蠟燭、抽菸等）及不使用含石綿產品**

    (2) **避免種植會產生較多花粉的室內盆栽；儘量減少雷射印表機等產品的使用；避免飼養毛髮多的寵物（或應定期修剪寵物毛髮）；門口放置地毯（以除去部分鞋底的粒狀物）並定期清洗之**

    (3) **室外空氣品質不良（如：沙塵暴）的時段關閉門窗；烹飪時開啟抽油煙機；定期使用吸塵器清理地上毛髮或皮屑**

6. (4) 室內粒狀污染物之來源為何？（1）室外污染源、室內燃燒源（烹調、焚香、香菸等）（2）室內化學作用產生（如臭氧知識內化學反應）、建材、人類、寵物的毛髮、皮屑、室內盆栽所生的花粉（3）各種事務機，如：影印機、雷射印表機、傳真機等也會逸散出粒狀污染物（4）以上皆是。

    註：室內粒狀污染物之來源為：

    (1) **室外污染源、室內燃燒源（烹調、焚香、香菸等）**

    (2) **室內化學作用產生（如臭氧知識內化學反應）、建材、人類、寵物的毛髮、皮屑、室內盆栽所生的花粉**

    (3) **各種事務機，如：影印機、雷射印表機、傳真機等也會逸散出粒狀污染物**

7. (3) 室外粒狀污染物主要來源為何？（1）人為排放（例如：汽機車排放、石化燃料燃燒、煉鋼廠、廢棄物處理、營建工程等）（2）自然界產生（例如：火山爆發、森林火災、**海鹽**蒸發、孢子及花粉、地面揚塵等）（3）以上皆是（4）以上皆非。

    註：室外粒狀污染物主要來源為人為排放（例如：汽機車排放、石化燃料燃燒、煉鋼廠、廢棄物處理、營建工程等）及自然界產生（例如：火山爆發、森林火災、海鹽蒸發、孢子及花粉、地面揚塵等）。

8. (4) 香菸經過燃燒可產生哪種化合物質？（1）揮發性有機物、PAHs、重金屬（2）尼古丁、煤焦油、（3）一氧化碳、懸浮微粒（4）以上皆是。

    註：香菸經過燃燒可產生：

    (1) **揮發性有機物、PAHs、重金屬**

    (2) **尼古丁、煤焦油**

    (3) **一氧化碳、懸浮微粒等化合物質**，其包含的化學成分有四十種以上已被研究證實為致癌物質，數十種被證實為刺激物質。

9. (3) 室外的PM_{10}和$PM_{2.5}$等粒狀污染物有可能藉由何種管道進入室內？（1）門、窗、建築物縫隙傳輸進入室內（2）被人們、寵物帶進室內（3）以上皆是（4）以上皆非。

    註：室外的PM_{10}和$PM_{2.5}$等粒狀污染物有可能藉由：

  （1）**門、窗、建築物縫隙傳輸進入室內**

  （2）**被人們、寵物帶進室內**

10.（4）臭氧爲具魚腥味，活化性極強的氣體，可能會引起哪種不適現象？（1）咳嗽、氣喘、頭痛（2）肺功能降低（3）呼吸道發炎並減低肺對傳染病及毒素的抵抗力（4）以上皆是。

  註：臭氧為具魚腥味，活化性極強的氣體，可能會引起：

  （1）**咳嗽、氣喘、頭痛**

  （2）**肺功能降低**

  （3）**呼吸道發炎並減低肺對傳染病及毒素的抵抗力**

11.（1）使用中央空調系統何種過程可能使得室內臭氧濃度增高？（1）運行時引進外氣時（2）機器溫度升高時（3）空氣濕度增高時（4）二氧化碳量增加。

  註：中央空調系統運行時亦會引進一部份室外空氣，此過程亦會使得室內臭氧濃度增高。

12.（2）臭氧特性爲何？（1）具烤肉味，對皮膚有刺激性反應（2）具魚腥味，活化性極強的氣體，對呼吸系統具刺激性（3）具腐敗味，對味覺有刺激性反應（4）具甘油味，對眼睛有刺激性反應。

  註：臭氧特性為具魚腥味，活化性極強的氣體，對呼吸系統具刺激性。

13.（3）下列何者爲室內空氣臭氧來源？（1）室外產生引入（2）事務機、雷射印表機、臭氧空氣清淨機（3）以上皆是（4）以上皆非。

  註：**臭氧的光化學反應主要於室外發生，因此室外臭氧濃度普遍高於室內；然而室外臭氧會透過門、窗、建築物縫隙進入室內，而中央空調系統運行時亦會引進一部份室外空氣，此過程亦會使得室內臭氧濃度增高。室內臭氧除了來自室外，還有來自室內事務機、雷射印表機、臭氧空氣清淨機等。**

14.（1）事務機爲易產生臭氧的原因爲何？（1）使用過程中會使周圍空氣中的氧分子（O_2）產生電離，形成原子態氧（O），原子態氧與周圍氧分子結合便會形成臭氧（O_3）（2）使用中易排出二氧化碳引入室外臭氧（3）使用中易產生光源與空氣作用變成臭氧（O_3）（4）使用中易生成一氧化碳會與二氧化碳產生臭氧（O_3）。

  註：**事務機（例如：影印機、印表機、傳真機等）若以高電壓電量（corona）線作為影像合成系統元件，使用過程中會使周圍空氣中的氧分子（O_2）產生電離，形成原子態氧（O），原子態氧與周圍氧分子結合便會形成臭氧（O_3）。**

15.（1）戶外臭氧如何形成？（1）在戶外由氮氧化物（NOx）與揮發性有機物（Volatile organiccompounds, VOCs）經一連串光化反應而形成（2）以高電壓電量（corona）

線作爲影像合成系統元件，使用過程中會使周圍空氣中的氧分子（O_2）產生電離，形成原子態氧（O），原子態氧與周圍氧分子結合便會形成臭氧（O_3）（3）以上皆是（4）以上皆非。

註：戶外臭氧是在**戶外由氮氧化物（NOx）與揮發性有機物（Volatile organic compounds, VOCs）經一連串光化反應而形成。**

16. （2）國內室內及室外臭氧濃度每日最大八小時平均值標準爲多少？ （1）50ppb （2）60ppb（3）70ppb（4）80ppb。

註：國內室內及室外臭氧濃度每日**最大 8 小時平均值標準為 60ppb。**

17. （4）事務機除臭氧外，還容易產生何種污染物？（1）部分碳粉外逸（2）產生微粒物質（3）產生的揮發性有機物質（4）以上皆是。

註：除臭氧外，影印機在高速運作下會有部分碳粉外逸，產生微粒物質，而在高熱下所產生的**揮發性有機物質（苯、甲苯、乙苯、二甲苯、苯乙烯、甲醛等）。**

18. （3）下列何者爲臭氧於室內空氣化學反應所生成？（1）臭氧能與未飽和的有機化合物反應產生氧化產物，如：醛類（2）一些臭氧反應產物（例如：甲醛、有機硝酸鹽、二次有機氣膠）被認爲可能具有致癌性（3）以上皆是（4）以上皆非。

註：**室內臭氧化學反應可能是自由基的來源，例如：氫氧自由基，是由臭氧與單萜烯類、未飽和碳氫化合物反應產生；而二氧化氮與臭氧反應會產生硝酸鹽自由基。這些自由基可能會更進一步參與室內化學反應，繼續形成其他自由基和氧化物種。**例如，臭氧能與未飽和的有機化合物反應產生氧化產物，如：醛類。一些臭氧反應產物（例如：甲醛、有機硝酸鹽、二次有機氣膠）被認為可能具有致癌性。這些在室內由於臭氧反應所生成的產物，可能比臭氧本身更具有危害性。

19. （4）下列何者爲臭氧室內室外濃度比（I/O ratio）公式中各參數？（1）Ex爲室內室外氣體交換率；kd爲臭氧在表面沉降速率（2）A爲室內總表面積（3）V爲室內體積（4）以上皆是。

註：臭氧室內室外濃度比（I/O ratio）公式中各參數：

(1) **Ex 為室內室外氣體交換率；kd 為臭氧在表面沉降速率**

(2) **A 為室內總表面積**

(3) **V 為室內體積**

20. （1）臭氧能與未飽和的有機化合物反應產生之氧化產物爲何？（1）甲醛與奈米微粒（2）懸浮微粒（3）眞菌（4）病毒。

註：**臭氧能與未飽和的有機化合物反應會產生甲醛與奈米微粒氧化產物 。**

21.（3）室內臭氧濃度高時可如何因應？（1）暫時關閉門窗及中央空調系統之換氣功能（2）減少室內事務機、雷射印表機、臭氧、空氣清新淨機的使用（3）以上皆是（4）以上皆非。

　　註：室內臭氧濃度高時可暫時**關閉門窗及中央空調系統之換氣功能並減少室內事務機、雷射印表機、臭氧、空氣清新淨機的使用。**

22.（3）當PM_{10}及$PM_{2.5}$污染源頭無法有效控制時需如何改善或加強？（1）室內通風（2）利用空氣清淨技術，例如常用過濾、靜電集塵等技術（3）以上皆是（4）以上皆非。

　　註：當PM_{10}及$PM_{2.5}$污染源頭無法有效控制時需**改善或加強室內通風及利用空氣清淨技術，例如常用過濾、靜電集塵等技術。**

23.（4）常見可改善室內空氣品質之基本措施為何？（1）污染源控制（2）改善通風（3）空氣清淨（4）以上皆是。

　　註：常見可改善室內空氣品質之基本措施如下：

　　　（1）**污染源控制**

　　　（2）**改善通風**

　　　（3）**空氣清淨**

24.（4）一般常見用來降低室內PM_{10}及$PM_{2.5}$的空氣清淨技術為何？（1）機械式過濾集塵：利用各種濾材以達過濾微粒的目的（2）靜電集塵：如靜電集塵器及靜電式濾網利用電場捕集帶電的微粒，靜電集塵之使用通常會伴隨污染物臭氧的產生，可能造成健康影響（3）離子產生器：釋放離子於環境中，當其與微粒結合後，該帶電的微粒隨即會被一些表面如地板、牆壁、窗簾等所吸附（4）以上皆是。

　　註：一般常見用來降低室內PM_{10}及$PM_{2.5}$的空氣清淨技術為：

　　　（1）**機械式過濾集塵：利用各種濾材以達過濾微粒的目的**

　　　（2）**靜電集塵：如靜電集塵器及靜電式濾網利用電場捕集帶電的微粒，靜電集塵之使用通常會伴隨污染物臭氧的產生，可能造成健康影響**

　　　（3）**離子產生器：釋放離子於環境中，當其與微粒結合後，該帶電的微粒隨即會被一些表面如地板、牆壁、窗簾等所吸附**

25.（4）下列何者為通風換氣的主要目的？（1）供給充分氧氣、稀釋污染物質（2）除去污染源、調整空間壓力控制氣流進出（3）削減部分熱負荷、排除臭氣等功能以確保室內空氣的品質（4）以上皆是。

　　註：通風換氣的目的主要在於：

（1）供給充分氧氣、稀釋污染物質

（2）除去污染源、調整空間壓力控制氣流進出

（3）削減部分熱負荷、排除臭氣等功能以確保室內空氣的品質

26.（1）通風方式可分為那兩種？（1）自然通風及機械通風（2）快速通風及慢速通風（3）循環通風及上下通風（4）高度排風及低處通風。

　　註：通風方式可分為下列兩項：

　　（1）自然通風

　　（2）機械通風

27.（3）室內空氣何項重要的品質指標，越大可以有效降低相關疾病或病症的發生也可以提高「工作效率」？（1）氧氣濃度（2）空氣濕度（3）通風率（4）真菌發生率。

　　註：室內空氣**通風率**是重要的品質指標，越大可以有效降低相關疾病或病症的發生也可以提高「工作效率」。

28.（1）何謂最低濾除效率結合成總最低效率值（MERV）？（1）ASHRAE 52.2使用氯化鉀（KCl）為測試之懸浮微粒，量測濾網對粒徑介於0.3～10mm 的12 個等級微粒之濾除效率，最後將不同粒徑微粒之最低濾除效率結合成總最低效率值（MERV）（2）ASHRAE 55.2使用氯化鈉（KCL）為測試之懸浮微粒，量測濾網對粒徑介於0.5～11mm 的12 個等級微粒之濾除效率，最後將不同粒徑微粒之最低濾除效率結合成總最低效率值（MERV）（3）ASHRAE 56.2使用氯化氧（KCO）為測試之懸浮微粒，量測濾網對粒徑介於0.6～12mm 的12 個等級微粒之濾除效率，最後將不同粒徑微粒之最低濾除效率結合成總最低效率值（MERV）（4）ASHRAE 57.2使用氯化鎂（KCM）為測試之懸浮微粒，量測濾網對粒徑介於0.7～15mm 的12 個等級微粒之濾除效率，最後將不同粒徑微粒之最低濾除效率結合成總最低效率值（MERV）。

　　註：**ASHRAE 52.2 使用氯化鉀（KCl）為測試之懸浮微粒，量測濾網對粒徑介於 0.3～10mm 的 12 個等級微粒之濾除效率，最後將不同粒徑微粒之最低濾除效率結合成總最低效率值（MERV）。MERV 值介於 1～16，數值越大代表濾網去除粒狀物質的效率越高，且更能有效去除更小的粒狀物質。**

29.（1）下列何者為不同濾材之MERV特性？（1）較便宜、使用後丟棄型的玻璃纖維HVAC 濾網的MERV值可能約介於1～4；中等效率MERV 值具有褶皺的空氣濾網其MERV值約介於5～13，這類型的濾網可以有效的移除小到大粒徑的粒狀物質（2）較便宜、使用後可沖洗的玻璃纖維HVAC 濾網的MERV值可能

約介於1～4；中等效率MERV 值具有百頁設計的空氣濾網其MERV值約介於5～13，這類型的濾網可以有效的移除小到大粒徑的粒狀物質（3）較便宜、使用後利用藥劑浸泡可再使用的玻璃纖維HVAC 濾網的MERV值可能約介於1～4；中等效率MERV 值具有格網的空氣濾網其MERV值約介於5～13，這類型的濾網可以有效的移除小到大粒徑的粒狀物質（4） 較昂貴、使用後丟棄型的玻璃纖維HVAC 濾網的MERV值可能約介於1～4；中等效率MERV 值具有零型網的空氣濾網其MERV值約介於5～13，這類型的濾網可以有效的移除小到大粒徑的粒狀物質。

註：下列為不同濾材之 MERV 特性：**較便宜、使用後丟棄型的玻璃纖維 HVAC 濾網的 MERV 值可能約介於 1～4；中等效率 MERV 值具有褶皺的空氣濾網其 MERV 值約介於 5～13，這類型的濾網可以有效的移除小到大粒徑的粒狀物質。**

30.（4）吸菸室設計需注意那些？（1）室內壓力相對於外部氣壓需為負壓，且達○‧八一六毫米水柱（8 Pascal）以上（2）室內吸菸室之排煙口，應距離該建築物之出入口、其他建築物或任何依法不得吸菸之區域五公尺以上（3）吸菸室須為獨立隔間、具獨立空調等（4）以上皆是。

註：吸菸室設計需注意下列項目：

（1）**室內壓力相對於外部氣壓需為負壓，且達○‧八一六毫米水柱（8 Pascal）以上**

（2）**室內吸菸室之排煙口，應距離該建築物之出入口、其他建築物或任何依法不得吸菸之區域五公尺以上**

（3）**吸菸室須為獨立隔間、具獨立空調等**

31.（3）活性碳纖維（Activated Carbon Fibers, ACF）濾材具有那種特點？（1）常見的活性碳對臭氧的去除具有一定的效果（2）體積小且更換容易，因此常被使用做空氣清淨機吸附濾材（3）以上皆是（4）以上皆非。

註：活性碳纖維（Activated Carbon Fibers, ACF）濾材具有下列特點：

（1）**常見的活性碳對臭氧的去除具有一定的效果**

（2）**體積小且更換容易，因此常被使用做空氣清淨機吸附濾材**

32.（4）影響對污染物吸附能力的主要因素為何？（1）吸附劑（2）吸附質之特性（3）環境因子（4）以上皆是。

註：影響對污染物吸附能力的主要因素有下列三項：

（1）**吸附劑**

（2）**吸附質之特性**

（3）<u>**環境因子**</u>

33.（4）影響吸附劑吸附能力的環境因子為何？（1）溫度（2）相對溼度（3）吸附質濃度（4）以上皆是。

> 註：影響吸附劑吸附能力的環境因子為：
>
> （1）<u>**溫度**</u>
>
> （2）<u>**相對溼度**</u>
>
> （3）<u>**吸附質濃度**</u>

34.（3）當臭氧污染源頭無法有效控制時，可使用空氣清淨技術去除臭氧，臭氧污染物之控制技術為何？（1）使用活性碳（2）使用HVAC濾網（3）以上皆是（4）以上皆非。

> 註：<u>**常見的活性碳對臭氧的去除具有一定的效果。中央空調系統（HVAC）之濾網功用主要是過濾空氣中之粒狀物質，但除此之外， HVAC濾網亦對於臭氧有去除效果。**</u>

35.（4）空氣清淨元件主要包含哪種？（1）機械式濾網、靜電集塵設備（2） UV燈、吸附濾材（3）光觸媒氧化設備、負離子產生器（4）以上皆是。

> 註：空氣清淨元件主要包含：
>
> （1）<u>**機械式濾網、靜電集塵設備**</u>
>
> （2）<u>**UV燈、吸附濾材**</u>
>
> （3）<u>**光觸媒氧化設備、負離子產生器**</u>

36.（4）一般空調箱系統內裝設有濾網，此類濾網主要功能為捕捉粒狀物以保護哪種設施？（1）風機（2）熱交換器（3）風管（4）以上皆是。

> 註：一般空調箱系統內裝設有濾網，此類濾網主要功能為捕捉粒狀物以保護<u>**風機、熱交換器及風管設施。**</u>

37.（4）目前針對粒狀污染物之技術包含有哪種？（1）初級/中級濾網、HEPA/ULPA濾網（2）靜電濾網（3）靜電集塵及負離子（4）以上皆是。

> 註：目前針對粒狀污染物之技術包含有下列項目：
>
> （1）<u>**初級/中級濾網**</u>
>
> （2）<u>**HEPA/ULPA濾網**</u>
>
> （3）<u>**靜電濾網**</u>
>
> （4）<u>**靜電集塵**</u>
>
> （5）<u>**負離子**</u>

38.（4）目前針對氣狀污染物之技術包含有哪種？（1）活性碳濾網、臭氧（2）光觸媒氧化（3）化學濾網（4）以上皆是。

註：目前針對氣狀污染物之技術包含有：

(1) **活性碳濾網**

(2) **臭氧**

(3) **光觸媒氧化**

(4) **化學濾網**

39.（4）有關初級濾網、中級濾網、HEPA 濾網、ULPA 濾網等4 種濾網對粒狀物染物粒徑大小及去除效率之範圍下列何者有誤？（1）初級濾網僅能過濾可以目視大小之微粒（2）中級濾網懸浮微粒過濾效率80%（3） HEPA濾網可過濾0.3μm懸浮微粒效率達99.97%（4）ULPA濾網可過濾0.3m懸浮微粒效率達99.99997%。

註：**ULPA 濾網可過濾 0.1 m懸浮微粒效率達 99.99997%。**

40.（2）濾網對顆粒收集效率與濾材纖維之直徑、濾材充填密度與厚度等參數有關，上述參數對顆粒貫穿與氣流阻力之影響為何？（1）密度越高穿透越少;厚度越高穿透越多（2）密度越高穿透越少;厚度越高穿透越少（3）密度越高穿透越多;厚度越高穿透越多（4）都有可能。

註：濾網對顆粒收集效率與濾材纖維之直徑、濾材充填密度與厚度等參數有關，上述參數對顆粒貫穿與氣流阻力之影響為**密度越高穿透越少;厚度越高穿透越少。**

41.（1）何謂慣性衝擊（Inertial Impaction）？（1）較重之灰塵慣性大，運動路徑不會馬上隨著流線而變化，結果直接撞擊纖維而黏附於其上（2）依其習慣方式進行衝擊達到收及效果（3）依其微粒貼附物品之慣性於易生灰塵處設置黏貼氈（4）以上皆非。

註：**微粒撞擊集塵作用是因較重之灰塵慣性大，運動路徑不會馬上隨著流線而變化，結果直接撞擊纖維而黏附於其上。**

42.（4）平板型濾網以織布或不織布濾材組成，濾材成分有哪種？（1）玻璃纖維、金屬（2）聚合材料（如聚乙烯、聚丙烯）、紙類（3） 棉材、尼龍（4）以上皆是。

註：**平板型濾網以織布或不織布濾材組成，濾材成分有（1）玻璃纖維（2）金屬（3）聚合材料（如聚乙烯、聚丙烯）（4）紙類棉材（5）尼龍。**

43.（4）顆粒收集效率與濾材纖維的哪種參數有關？（1）濾材纖維之直徑（2）濾材充填密度（3）濾材厚度（4）以上皆是。

註：顆粒收集效率與濾材纖維的濾材纖維之**直徑、濾材充填密度及濾材厚度**參數有關。

44.（1）相較於平板式濾網，摺疊式濾網 （Pleated or extended surfacefilters）有那種優

點？（1）面積較大（2）材質較好（3）價錢便宜（4）可重複使用一千次以上。

　　註：相較於平板式濾網，**摺疊式濾網（Pleated or extended surfacefilters）有面積較大的優點。**

45.（4）過濾材的微粒過濾捕集機制為何？（1）慣性衝擊（Inertial Impaction）（2）直接攔截（Interception）（3）布朗運動（Brownian Motion）或擴散作用（Diffusion）（4）以上皆是。

　　註：過濾材的微粒過濾捕集機制，主要可分為：

　　　（1）**慣性衝擊（Inertial Impaction）**

　　　（2）**直接攔截（Interception）**

　　　（3）**布朗運動（Brownian Motion）**

　　　（4）**擴散作用（Diffusion）**

46.（2）何謂直接攔截（Interception）？（1）利用水作成阻隔避免髒空氣進入（2）藉著過濾材中纖維結構中的孔隙，以機械方式移除微粒（3）利用臭氧殺菌直接隔離（4）以上皆是。

　　註：藉著過濾材中纖維結構中的孔隙，以機械方式移除微粒，此機制隨著濾材孔洞的大小而有所不同。**若是微粒的粒徑大於濾材的孔洞，則會被捕集於濾材表面，對越大的粒子，直接攔截效果越好。**

47.（4）過濾材微粒過率捕集機制除貫性衝擊仍有哪種？（1）直接攔截（2）布朗運動（Brownian Motion）（3）擴散作用（Diffusion）（4）以上皆是。

　　註：**微粒在空氣中會被空氣撞擊而作激烈的曲折運動，此一效應對越小的粒子越明顯。因為微粒受周圍空氣分子碰撞，使微粒運動軌跡呈不規則的運動，這種不規則的運動顯著地提升微粒與濾材接觸的機會，此效應對於越小的微粒（小於 0.1 μm）越明顯。**

48.（3）相對溼度對濾網濾過濾有哪種影響？（1）捕集效果（2）壓力損失（3）以上皆是（4）以上皆非。

　　註：**一般溼度大時，水分子易冷凝於濾材表面，雖造成捕集效果增加，但也造成壓力損失快速提高，因此，過濾時相對溼度之控制十分重要，應避免水冷凝於濾材表面，以免壓損過大。**

49.（1）靜電集塵器去除粒狀污染物作用原理為何？（1）利用電荷正負相吸原理（2）利用電殺菌原理（3）利用電伏特吸塵原理（4）以上皆是。

註：靜電集塵器（electrostatic precipitator）係利用電場捕集帶電粒子。靜電集塵器作用原理是利用電荷正負相吸原理，當灰塵通過離子化器（ionizer）時，使灰塵帶電，然後再以相反電性之收集板聚集灰塵。

50.（1）負離子去除粒狀污染物作用原理為何？（1）負離子附著於空氣中之微粒使其帶負電，而此帶電之微粒可與空氣中帶正電之污染物質如灰塵、病毒、細菌等中和後沈降，進而達到清淨空氣的效果（2）負離子附著於空氣中之微粒使其帶正電，而此帶電之微粒可與空氣中帶負電之污染物質如灰塵、病毒、細菌等中和後沈降，進而達到清淨空氣的效果（3）負離子附著於空氣中之微粒使其帶負電，而此帶電之微粒可與空氣中帶正電之污染物質如灰塵、病毒、細菌等自動附著於濾往上，進而達到清淨空氣的效果（4）負離子附著於空氣中之微粒使其帶正電，而此帶電之微粒可與空氣中帶負電之污染物質如灰塵、病毒、細菌等中和後發出殺菌光，進而達到清淨空氣的效果。

註：負離子是利用放電而產生，當原子或原子團得到電子而帶負電荷即成為負離子，負離子附著於空氣中之微粒使其帶負電，而此帶電之微粒可與空氣中帶正電之污染物質如灰塵、病毒及細菌等物質中和後沈降，進而達到清淨空氣的效果。

51.（4）由於一般常見的負離子機是採用高壓放電的技術，不僅釋放出的負離子濃度（數量）有限，同時也會伴隨有影響健康之副產物，通常為產生那種副產物？（1）臭氧（2）氮氧（3）甲醛（4）以上皆是。

註：由於一般常見的負離子機是採用高壓放電的技術，不僅釋放出的負離子濃度（數量）有限，同時也會伴隨有影響健康之副產物，通常為臭氧、氮氧、甲醛等副產物。

52.（1）吸附法去除氣狀污染物作用原理為何？（1）是一種發生在氣-固相或液-固相間之界面化學現象（2）是一種發生在氣-液-固相間之界面物理現象（3）是一種發生在氣-液-固相間之界面生物性現象（4）以上皆是。

註：吸附（adsorption）是一種發生在氣-固相或液-固相間之界面化學現象。固體利用本身之表面力，對流體中之物質產生親和力作用，使其附著於固體表面上，具此種表面力之固體稱為吸附劑（adsorbent），被吸附的物質則稱為吸附質（adsorbate）。

53.（4）目前商業化之活性碳的形態為哪種？（1）粉狀、粒狀（2）球狀或圓柱狀（3）纖維狀（4）以上皆是。

註：目前商業化之活性碳的形態有下列幾種：

（1）粉狀（2）粒狀（3）球狀或圓柱狀（4）纖維狀

54.（2）吸附劑比表面積對吸附能力有何影響？（1）無影響（2）面積越大吸附能力越大（3）面積越小吸附能力越大（4）面積等於500m^2/g才能吸附。

註：吸附劑**比表面積為判定吸附劑之首要條件，比表面積愈大者提供之吸附位置愈多，其吸附能力亦愈大，常用之活性碳其比表面積大都在 500 至 1500 ㎡/g 之間。**

55.（4）吸附質不同，吸附能力亦有差異，造成這些差異之主要因子有哪種？（1）分子大小（2）沸點（3）官能基、極性（4）以上皆是。

　　註：吸附質不同，吸附能力亦有差異，造成這些差異之主要因子有

　　（1）**分子大小**

　　（2）**沸點**

　　（3）**官能基**

　　（4）**極性**

56.（2）吸附質分子量大小與吸附能力之關係為何？（1）分子過大吸附速率越快（2）分子過大其吸附速率較慢（3）吸附能力與分子量無關（4）都有可能。

　　註：吸附質分子量大小與吸附能力之關係：**分子過大，其吸附速率較慢，且受吸附劑微小孔隙分佈及比表面積大小影響，可擴散至吸附劑孔隙內之分子數將減少，而降低其吸附容量；但另一方面，分子較大者，與吸附劑之凡得瓦而力亦較大，其吸附能力較強。**

57.（1）吸附質之官能基及極性對吸附能力之影響為何？（1）造成不可逆反應（2）造成可逆反應（3）造成光合作用（4）造成氧化作用。

　　註：**活性碳表面為非極性，具有疏水及親有機的特性，極性的增加會使吸附劑之吸附能力降低，而官能基可能與吸附劑反應，產生化學吸附之現象，造成不可逆反應。**

58.（2）吸附為何種反應？（1）吸熱反應（2）放熱反應（3）都可能（4）都不是。

　　註：**對放熱反應而言，溫度升高不利於吸附作用，吸附量自然會下降。相對溼度愈大，則活性碳飽和吸附量愈低，通常在相對溼度大於 50% 時效應才較明顯。而當吸附質濃度低時，相對溼度影響較大。**

59.（4）活性碳是使用最普遍之吸附劑，其吸附一般揮發性有機物效果不錯，但對於哪個物質的吸附效果不佳？（1）對於較低分子量之醛類（如甲醛）、硫氧化物（2）硫化氫、氮氧化物、一氧化碳（3）氨氣（4）以上皆是。

　　註：活性碳是使用最普遍之吸附劑，其吸附一般揮發性有機物效果不錯，但**對於較低分子量之醛類（如甲醛）、硫氧化物、硫化氫、氮氧化物、一氧化碳、氨氣物質的吸附效果不佳。**

60.（1）臭氧去除氣狀污染物作用原理為何？（1）利用本身的氧化性遇到細菌、臭味或有機物時能產生氧化反應，達到清淨空氣之效果（2）利用本身的殺菌性遇到細菌、臭味或有機物時能產生氧化反應，達到清淨空氣之效果（3）利用

本身光合性遇到細菌、臭味或有機物時能產生氧化反應，達到清淨空氣之效果（4）利用本身的化學作用遇到細菌、臭味或有機物時能產生吞噬反應，達到清淨空氣之效果。

註：**臭氧由三個氧分子所組成，因此有極強的氧化性，當遇到細菌、臭味或有機物時能產生氧化反應，達到清淨空氣之效果。**

61.（4）目前人工產生臭氧的方式有哪種方法？（1）化學法（2）電解法（3）紫外線照射法、高壓放電法（4）以上皆是。

註：目前人工產生臭氧的方式有下列 4 種方法：

(1) **化學法**

(2) **電解法**

(3) **紫外線照射法**

(4) **高壓放電法**

62.（4）光觸媒去除氣狀污染物作用原理為何？（1）光觸媒氧化（photocatalytic oxidation, PCO）是利用光線能量作為空氣淨化機制的原動力（2）光線照射激發二氧化鈦（TiO_2）表層的電子（e-）脫離，留下電洞（positive holes h+），電洞吸引水中的氫氧離子，變成極不穩定的氫氧根自由基（Hydroxyl Radicals）（3）為轉變成穩定狀況，氫氧根會與有機化合物反應變成無害之CO_2、H_2O釋放至空氣中（4）以上皆是。

註：光觸媒去除氣狀污染物作用原理如下：

(1) **光觸媒氧化（photocatalytic oxidation, PCO）是利用光線能量作為空氣淨化機制的原動力**

(2) **光線照射激發二氧化鈦（TiO_2）表層的電子（e-）脫離，留下電洞（positive holes h+），電洞吸引水中的氫氧離子，變成極不穩定的氫氧根自由基（Hydroxyl Radicals）**

(3) **為轉變成穩定狀況，氫氧根會與有機化合物反應變成無害之CO_2、H_2O釋放至空氣中**

63.（3）含氯揮發性有機物經光觸媒氧化後，可能產生哪種有害氣體？一般揮發性有機物經紫外光光觸媒氧化後，若未完全礦化，則易產生哪種有害副產品？（1）含氯有機物可能產生：CO、HO、熱氣；一般揮發性有機物可能產生：乙醚、丙醛、鹽酸（2）含氯有機物可能產生：H_2O、CO_2、水氣；一般揮發性有機物：鉀、硫酸、二氧化鈦（3）含氯有機物可能產生：光氣、氯化氫、氯氣；一般揮發性有機物可能產生：甲醛、乙醛、丙酮（4）以上皆非。

註：含氯揮發性有機物經光觸媒氧化後，可能產生**光氣、氯化氫、氯氣**有害氣體；一般揮發性有機物經紫外光光觸媒氧化後，若未完全礦化，則易產生**甲醛、乙醛、丙酮**有害副產品。

64.（4）有關空間中UVC紫外線光殺菌的效能，取決於哪種因素？（1）微生物曝照紫外光的時間、UVC 光能量的強度（2）微粒之存在（有可能保護著微生物避免UVC 光的照射）（3）微生物本身耐紫外光照射的能力（4）以上皆是。

註：空間中 UVC 紫外線光殺菌的效能，取決於：

（1）**微生物曝照紫外光的時間、UVC 光能量的強度**

（2）**微粒之存在（有可能保護著微生物避免UVC 光的照射）**

（3）**微生物本身耐紫外光照射的能力**

65.（4）影響紫外線殺菌照射法效果之環境及設計因子為何？（1）相對溼度、溫度、氣流速度與混合情況（2）燈具選擇、反射設備（3）過濾組合（4）以上皆是。

註：影響紫外線殺菌照射法效果之環境及設計因子包含：

（1）**相對溼度、溫度、氣流速度與混合情況**

（2）**燈具選擇、反射設備**

（3）**過濾組合**

66.（2）滅菌UV紫外線一般波長之範圍為何？（1）波長285～300nm（2）波長280～200nm（3）波長380～400nm（4）波長480～700nm。

註：**滅菌 UV 紫外線一般波長之範圍為波長 280～200nm。**

67.（4）國內最新空氣清淨機之相關標準為民國九十八年修訂之國家標準－CNS 7619「空氣清淨機 Air cleaners」，其主要測試法係美國家電製造協會ANSI/AHAM AC-1-2006 可攜式空氣清淨機檢測標準方法，其針對空氣清淨機進行哪種粒子之清淨效能測試，並將測試結果以CADR值（Clean Air Delivery Rate）量化表示？（1）粉塵（2）香煙（3）花粉（4）以上皆是。

註：國內最新空氣清淨機之相關標準為民國九十八年修訂之國家標準－CNS 7619「空氣清淨機 Air cleaners」，其主要測試法係美國家電製造協會 ANSI/AHAM AC-1-2006 可攜式空氣清淨機檢測標準方法，其針對空氣清淨機進行（1）**粉塵**（2）**香煙**（3）**花粉**三種粒子之清淨效能測試，並將測試結果以 CADR 值（Clean Air Delivery Rate）量化表示。

68.（4）有關室內空氣清淨設備效能評估JEM 1467方法為何？（1）JEM 1467（The Japan Electrical Manufacturers' Association）測試項目包含脫臭性能試驗、集塵能力試

驗及耐久性測試（2）脫臭及集塵測試之試驗物質皆使用香煙（3）脫臭測試為試驗清淨機對香煙燃燒產物氨、乙酸及乙醛之除去率（4）以上皆是。

註：室內空氣清淨設備效能評估 JEM 1467 方法為：

(1) **JEM 1467（The Japan Electrical Manufacturers' Association）測試項目包含脫臭性能試驗、集塵能力試驗及耐久性測試**

(2) **脫臭及集塵測試之試驗物質皆使用香煙**

(3) **脫臭測試為試驗清淨機對香煙燃燒產物氨、乙酸及乙醛之除去率。**

69.（3）CADR 值之意義為何？（1）CADR值 （Clean Air Delivery Rate），即清淨機單位時間內之有效處理風量（2）使消費者可辨別空氣清淨機之清淨能力，並可作為選購時之指標（3）以上皆是（4）以上皆非。

註： CADR 值之意義如下：

(1) **CADR值（Clean Air Delivery Rate），即清淨機單位時間內之有效處理風量**

(2) **使消費者可辨別空氣清淨機之清淨能力，並可作為選購時之指標**

70.（4）JIS C 9615（Japanese Standards Association）包含何種測試？（1）噪音測試、風量測試（2） 氣體排除率測試（NO2、SO2）、粉塵捕集率（3）粉塵保持容量測試（4）以上皆是。

註：JIS C 9615（Japanese Standards Association）包含下列測試：

(1) **噪音測試、風量測試**

(2) **氣體排除率測試（NO2、SO2）、粉塵捕集率**

(3) **粉塵保持容量測試**

71.（3）現行國際室內空氣清淨設備測試方法，若以測試原理及效率指標來區分，主要區分為哪種方法？（1）Pull-down方法（2）Constant-source方法（3）以上皆是（4）以上皆非。

註：**Pull-down 其方法主要描述於環境控制室中，使測試污染物產生至設定濃度範圍後停止，隨即開啟空氣清淨機進行測試，量測污染物初始濃度及其濃度之衰減變化情形，並計算其 CADR 指標。Constant-source 方法為於測試期間連續產生測試污染物，量測空氣清淨設備入氣污染物濃度與出氣污染物濃度，以計算濾材去除污染物之效率。**

72.（4）下列何者為現行空氣清淨設備效能評估之缺失？（1）細小微粒之去除（2）長期使用之材質劣化（3）微生物之去除（4）以上皆是。

註：現行空氣清淨設備效能評估之缺失：

(1) **細小微粒之去除：現行檢測方式，對於粒狀物去除，以空氣中之粒狀物重量濃度之變化來評估其效率，因此只要能去除質量大的粒狀物即可達到良好去除效**

率或CADR，但是質量大粒狀物卻不易經呼吸進入人體，反而質量及粒徑較小的粒狀物，較易被吸入至肺部而形成健康危害，但小微粒去除應以其在空氣中數目濃度之減少作為去除效率之指標，以小微粒而言，數目濃度之減少較能反應其對人體健康維護之功效；電子式空氣清淨機與負離子產生器通常會伴隨著臭氧的產生，特別是在不當的使用或保養時，可能會使空氣清淨機釋放出較高濃度的臭氧，現行國際常用空氣清淨機檢驗標準對臭氧之釋出通常無嚴格規範

(2) 長期使用之材質劣化：吸附型濾材飽合會造成效能下降或無效，甚至污染物脫附形成另一污染源。光觸媒濾材也可能在使用一段時間後因毒化作用失去效能

(3) 二次污染物之產生：如光觸媒氧化可能產生毒性更強之污染物，臭氧之產生可能與空氣中不飽合碳氫化合物形成危害性更大之醛類及奈米級超細微粒

(4) 微生物之去除：現行國際常用空氣清淨機檢驗標準無嚴格規範；雖然氣狀污染物也可能造成健康的危害，在相關文獻與法規標準上，也對於這些清除設備的效能並無太多探討與規範；部分空氣清淨機產品會宣稱其能夠有效地預防一些如花粉、室塵、黴菌及動物皮屑等所引起的過敏反應，然而從學術的觀點而言，上述這些微粒由於其粒徑較大，因此無法長時間懸浮於空氣中，雖然藉由些如拍打或清掃的動作能夠使其再次地懸浮，但是短時間內其又會再次地沉降，而空氣清淨機也只有在這些微粒懸浮於空氣中的時候，才有機會將其除去。

73.（4）各種空氣清淨技術之限制為何？（1）機械式濾網： 對沉降速度快之大顆粒難以捕集，因其在被濾網捕集前已沉降至室內表面（2）氣態污染物濾網（化學濾網）普通室內環境較少使用，使用期限可能有限。紫外線殺菌照射法（Ultraviolet Germicidal Irradiation, UVGI）需足夠之UV 暴露強度與時間（3）光觸媒氧化（photocatalyticoxidation, PCO）目前破壞有機物之效率依然不高；臭氧產
生器其未必安全有效，有危害健康之疑慮（4）以上皆是。

註：各種空氣清淨技術之限制如下：

(1) 機械式濾網：對沉降速度快之大顆粒難以捕集，因其在被濾網捕集前已沉降至室內表面

(2) 氣態污染物濾網（化學濾網）普通室內環境較少使用，使用期限可能有限。紫外線殺菌照射法（Ultraviolet Germicidal Irradiation, UVGI）需足夠之UV 暴露強度與時間

(3) 光觸媒氧化（photocatalyticoxidation, PCO）目前破壞有機物之效率依然不高；臭氧產生器其未必安全有效，有危害健康之疑慮

74.（4）使用臭氧產生器可以去除的污染物種類有哪種？（1）粒狀污染物（2）氣態污染物（3）微生物（4）以上皆是。

註：使用臭氧產生器可以去除的污染物種類有：

(1) 粒狀污染物

(2) 氣態污染物

(3) 微生物

75.（3）利用空氣清淨設備去除室內污染物，要評估選用之處理技術及機種，應先了解什麼以利評估？（1）欲去除之污染物特性（2）室內空間之大小（3）以上皆是（4）以上皆非。

註：應先了解下列項目，以利評估：

(1) 欲去除之污染物特性

(2) 室內空間之大小

76.（1）下列何者為空氣淨化裝置類型？（1）吸附型（2）融合型（3）殺菌型（4）破壞型。

註：提升空氣清淨系統功能，淨化空氣中的污染物所設置的空氣淨化裝置一般可分為下列類型：

(1) 吸附型

(2) 過濾型

(3) 靜電型

(4) 氧化型

77.（3）下列何者為粒狀污染物？（1）香菸（2）臭氧（3）氫氣（4）揮發性性物質。

註：通常於室內所發生的污染物則包括下列種類：

(1) 氣態污染物：如 CO、CO_2、NOx（氮氧化物）、Sox（硫氧化物）、O_3 及甲醛等

(2) 粒狀污染物：如氫氣、SPM（懸浮顆粒物）、細菌微生物及纖維狀粒子等

(3) 其他污染物：如香菸、臭氧、揮發性物質、過敏原物質等

78.（2）室內空氣污染物呈均勻擴散狀態稱為（1）全體擴散（2）完全擴散（3）傳染擴散（4）平衡擴散。

79.（3）室內污染物濃度隨時間變化稱為（1）變異狀態（2）平衡狀態（3）過度狀態（4）流動狀態。

註：室內空氣污染物呈均勻擴散狀態稱為完全擴散，室內污染物濃度隨時間變化，稱為過度狀態。

80.（1）通風量除以室容積之值稱為（1）通風次數（2）通風容量（3）通風面積（4）

通風容積。

註：通風量除以室容積之值**稱為通風次數（Ven-tilation Rate）**。

81.（3）自然通風為利用什麼達到通風換氣？（1）高低差（2）材質（3）溫度差（4）比重。

註：自然通風設備為具有通風效果之進氣與排氣口所構成，主要**利用溫度差**來達成通風換氣效果。

82.（4）每單位時間內朝室內空間流入或流出的空氣量稱為（1）流動量（2）對流量（3）交換量（4）通風量。

註：每單位時間內朝室內空間流入或流出的空氣量稱**為通風量或換氣量**（Ventilation Volume）。

83.（3）下列關於自然換氣之敘述，何者錯誤？（1）開口部之換氣流量與開口面積成正比（2）開口部之換氣流量與開口部前後壓力差之平方根成正比（3）同一風向時，風力換氣之換氣流量與風速的平方成正比（4）利用重力換氣時，其換氣流量與內外空氣之密度差之平方根成正比。

註：自然換氣，同一風向時，**風力換氣之換氣流量與風速成正比。**

89.（2）考慮不同之開口形式及其流量係數後，實際所得之換氣量值稱為（1）實得換氣量（2）有效換氣量（3）風配換氣量（4）平均換氣量。

註：建築設計考慮不同之開口形式及其流量係數後，實際所得之換氣量值**稱為有效換氣量。**

90.（3）室內空氣乾淨程度達到無塵無菌狀態稱為（1）舒適度100級（2）安全度100級（3）清淨度100級（4）品質度100級。

註：室內空氣乾淨程度達到無塵無菌狀態稱為**空氣清淨度達到Class100。**

91.（2）室內空氣品質的好壞，一般是以空氣中的（1）氧氣（2）二氧化碳（3）一氧化碳（4）氮氣作為指標。

註：一般室內空氣品質指的是**二氧化碳的濃量**為主要指標。

92.（2）下列關於室內空氣污染的防制，那些是錯誤的？（1）增加機械通風設備（2）多使用臭氧機除臭（3）多開啟窗戶通風（4）工廠內裝置廢氣處理和排除設備。

註：臭氧在空氣會和其他物質反應，產生二次空氣污染物。

第七章

室內空氣品質改善管理與控制技術（三）

生物性氣膠管理與控制技術

7.1 模擬測驗題

1. （4）何謂生物氣膠，生物氣膠包含哪種微粒？（1）懸浮在空氣中生物本身或生物體活動所產生之微粒及微生物本身（可培養的、不可培養的或是死的微生物）（2）生物碎片（花粉、真菌孢子或菌絲碎片）及毒素（黴菌毒素、細菌內毒素）（3）生物體排泄或剝落的微粒（塵蟎排泄物或蟲體碎片）（4）以上皆是。

   註：何謂生物氣膠，生物氣膠包含下列微粒：

   （1）**懸浮在空氣中生物本身或生物體活動所產生之微粒及微生物本身（可培養的、不可培養的或是死的微生物）**

   （2）**生物碎片（花粉、真菌孢子或菌絲碎片）及毒素（黴菌毒素、細菌內毒素）**

   （3）**生物體排泄或剝落的微粒（塵蟎排泄物或蟲體碎片）**

2. （4）在合適的生長條件下，微生物可能在室內何處生長？（1）牆壁、黏著劑（2）木製傢俱、紙張、地毯、衣物（3）各式建材（4）以上皆是。

   註：在合適的生長條件下，微生物可能在室內下列地區生長：

   （1）**牆壁、黏著劑**

   （2）**木製傢俱、紙張、地毯、衣物**

   （3）**各式建材**

3. （4）建築體中主要之污染源及影響室內生物性污染的重要因子為何？（1）空調系統設計及維護、建築體的溫度梯度問題、建築材料的選擇r及建築結構（2）污水和廢物處理及建築設計（3）水害及淹水等事件（4）以上皆是。

   註：建築體中主要之污染源及影響室內生物性污染的重要因子為：

   （1）**空調系統設計及維護、建築體的溫度梯度問題、建築材料的選擇r及建築結構**

   （2）**污水和廢物處理及建築設計**

   （3）**水害及淹水等事件**

4. （4）建築體中微生物的污染來源為何處？（1）室外：建築系統周遭大氣中若有大量的生物性氣膠，則可能透過自然開口或是機械通風系統的外氣引入管道將生物性氣膠引入室內（2）空調系統：設計不當或維護不良的空氣調節及通風設備，卻可能成為細菌及黴菌孳生的源頭（3）空間使用：空間特性及使用行為的多元化，室內使用空間微生物污染來源也會相當不同（4）以上皆是。

   註：建築體中微生物的污染來源如下：

　　(1) <u>室外：建築系統周遭大氣中若有大量的生物性氣膠，則可能透過自然開口或是機械通風系統的外氣引入管道將生物性氣膠引入室內</u>

　　(2) <u>空調系統：設計不當或維護不良的空氣調節及通風設備，卻可能成為細菌及黴菌孳生的源頭</u>

　　(3) <u>空間使用：空間特性及使用行為的多元化，室內使用空間微生物污染來源也會相當不同</u>

5. (3) 解決室外空氣（外氣）所造成之生物氣膠污染之方法為何？（1）重新檢討外氣引入口的相對位置（2）加強外氣引入口過濾（3）以上皆是（4）以上皆非。

　　註：解決室外空氣（外氣）所造成之生物氣膠污染之方法如下：

　　(1) <u>重新檢討外氣引入口的相對位置</u>

　　(2) <u>加強外氣引入口過濾</u>

6. (4) 空氣調節及通風設備在建築體中的功能為何？（1）調節溫度及濕度（2）通風稀釋（3）移除污染物（4）以上皆是。

　　註：空氣調節及通風設備在建築體中的功能有：

　　(1) <u>調節溫度及濕度</u>

　　(2) <u>通風稀釋</u>

　　(3) <u>移除污染物</u>

7. (3) 美國冷凍空調協會（ASHARE）建議理想的空調外氣引入口位置應距離各類污染源（如排氣口、車庫進出口、垃圾儲存/回收區、冷卻水塔進氣等等）多少距離？（1）1公尺以上（2）3公尺以上（3）5公尺以上（4）10公尺以上。

　　註：美國冷凍空調協會（ASHARE）建議理想的空調外氣引入口位置應距離各類<u>污染源（如排氣口、車庫進出口、垃圾儲存/回收區、冷卻水塔進氣等等）距離5公尺以上。</u>

8. (1) 空調系統中濾網的設置目的為何？（1）攔阻來自於外氣引入及內部回風所攜帶的微粒物質（2）平均分配風量（3）美觀及防止老鼠（4）以上皆是。

　　註：空調系統中設置濾網的目標在於攔阻來自於外氣引入及內部回風所攜帶的微粒物質，是空調系統清潔維護的第一道防線。在相對濕度相對較低的情況下（＜80% RH.），濾網能有效降低空氣中微生物濃度。但是，長時間處於高濕度的情況下（＞80% R.H.），濾網上攔截的有機微粒及吸收的濕氣反而提供微生物絕佳的繁衍場所，變成空氣中微生物污染的源頭。經由研究實際測試，顯示微生物在濾材上滋長時，會持續釋放出小於 1.1 微米的微粒至空調管線中；潮濕且微粒過度負載的濾網會變成真菌的滋生源，除了持續釋放真菌孢子外，真菌生長代謝過程中，亦會持續釋放出揮發性有機物質與黴菌毒素至室內空氣中。

9. (4) 專責人員欲檢視建築物空間的生物氣膠污染，可由哪方面優先著手進行巡查

檢視？（1）風管冷凝水是否長期滴漏，造成礦纖天花板潮濕發黴及牆壁中水管系統破損或是外牆滲水造成水泥牆壁癌（2）牆面或窗櫺形成結露現象、室內使用空間有受潮或水害的現象及過多的盆栽、骯髒潮濕的地毯、髒污的窗簾及沙發（3）缺乏清潔維護的除濕機、窗型冷氣及蒸氣式空氣冷卻設備、盤管式風機及進氣裝置及回風室（4）以上皆是。

註：專責人員欲檢視建築物空間的生物氣膠污染，可由下列方面優先著手進行巡查檢視：

(1) **風管冷凝水是否長期滴漏，造成礦纖天花板潮濕發黴及牆壁中水管系統破損或是外牆滲水造成水泥牆壁癌**

(2) **牆面或窗櫺形成結露現象、室內使用空間有受潮或水害的現象及過多的盆栽、骯髒潮濕的地毯、髒污的窗簾及沙發**

(3) **缺乏清潔維護的除濕機、窗型冷氣及蒸氣式空氣冷卻設備、盤管式風機及進氣裝置及回風室**

10.（4）在室內栽種盆栽的好處為何？（1）美化環境及降低室內二氧化碳濃度（2）降低揮發性有機物質濃度（3）減少懸浮微粒（4）以上皆是。

註：在室內栽種盆栽的好處有下列三項：

(1) **美化環境及降低室內二氧化碳濃度**

(2) **降低揮發性有機物質濃度**

(3) **減少懸浮微粒**

11.（4）醫療院所待診室、捷運系統或展覽會場在特定時間的人員高密度，所造成之室內活性細菌量濃度過高，可採用何種方式進行改善？（1）空間的通風負荷進行人員進出管控（2）透過增加通風量稀釋（3）其他積極的空氣殺菌方法（4）以上皆是。

註：醫療院所待診室、捷運系統或展覽會場在特定時間的人員高密度，所造成之室內活性細菌量濃度過高，可採用下列方式進行改善：

(1) **空間的通風負荷進行人員進出管控**

(2) **透過增加通風量稀釋**

(3) **其他積極的空氣殺菌方法**

12.（3）建築體中室外生物性污染來源可能來自於何處？（1）室外空氣：種植穀類及收成－收割、翻土、施用有機肥料、或是擾動後植物成分的暴露；開墾或是建築工程；廢水的處理或是沖洗；紡織廠；屠宰場或是油脂精煉廠；養殖場；堆肥活動（2）建築物外部：缺乏坡度或排水；水滲入的痕跡（變色）；排水溝堵塞；滲透進邊緣或是表面飾板；建築物表面受損；結構中的木質材料腐爛；建築物附近或是管線間內有動物侵擾；草坪的自動灑水器弄濕牆面

（3）以上皆是（4）以上皆非。

註：建築體中室外生物性污染來源可能來自下列兩項：

(1) **室外空氣：種植穀類及收成－收割、翻土、施用有機肥料、或是擾動後植物成分的暴露；開鑿或是建築工程；廢水的處理或是沖洗；紡織廠；屠宰場或是油脂精煉廠；養殖場；堆肥活動**

(2) **建築物外部：缺乏坡度或排水；水滲入的痕跡（變色）；排水溝堵塞；滲透進邊緣或是表面飾板；建築物表面受損；結構中的木質材料腐爛；建築物附近或是管線間內有動物侵擾；草坪的自動灑水器弄濕牆面**

13. （4）建築體中生物性污染來源若來自HVAC 系統，巡檢人員應檢視之重要檢視 HVAC單元/部位為何？（1）室外空氣引入口（OAIs）、濾網（2）熱交換、供風室及通風管（3）出氣口、回風室（4）以上皆是。

註：建築體中生物性污染來源若來自 HVAC 系統，巡檢人員應檢視之重要檢視 HVAC 單元/部位如下：

(1) **室外空氣引入口（OAIs）、濾網**

(2) **熱交換、供風室及通風管**

(3) **出氣口、回風室**

14. （4）建築物體中生物性污染因室外空氣所造成之可能來源為何？（1）種植穀類及收成－泥土、翻泥土、或是擾動後植物成分的暴露（2）開鑿或是建築工程（3）廢水的處理或是沖洗；紡織廠；屠宰場或是油脂精煉廠；堆肥活動（4）以上皆是。

註：建築物體中生物性污染因室外空氣所造成之可能來源如下：

(1) **種植穀類及收成－泥土、翻泥土、或是擾動後植物成分的暴露**

(2) **開鑿或是建築工程**

(3) **廢水的處理或是沖洗；紡織廠；屠宰場或是油脂精煉廠；堆肥活動**

15. （4）建築物體中生物性污染因建築物外部所造成之可能來源為何？（1）缺乏坡度或排水；水滲入的痕跡（變色）；排水溝堵塞；滲透進邊緣或是表面飾板（2）建築物表面受損；結構中的木質材料腐爛；建築物附近或是管線間內有動物侵擾（3）草坪的自動灑水器弄濕牆面（4）以上皆是。

註：建築物體中生物性污染因建築物外部所造成之可能來源如下：

(1) **缺乏坡度或排水；水滲入的痕跡（變色）；排水溝堵塞；滲透進邊緣或是表面飾板。**

(2) **建築物表面受損；結構中的木質材料腐爛；建築物附近或是管線間內有動物侵擾。**

（3）草坪的自動灑水器弄濕牆面。

16.（4）建築物體中生物性污染因室外空氣引入口 （OAIs）所造成之可能來源為何？
（1）植物的殘骸、羽毛及鳥的排泄物（2）昆蟲或鼠類的侵擾、風管的衛生
（3）冷卻水塔或蒸汽冷凝器、不流動的蓄水（4）以上皆是。

註：附近有生物氣膠來源（例：植物的殘骸、羽毛及鳥的排泄物、昆蟲或鼠類的侵擾、
風管的衛生、冷卻水塔或蒸汽冷凝器、不流動的蓄水）；室外空氣引入口之下。

17.（1）建築物體中生物性污染因濾網所造成之可能來源為何？（1）潮濕、濾網上
有微生物生長（2）濾網及房屋間具隔閡（3）濾網效率差（4）以上皆是。

註：建築物體中生物性污染因濾網所造成之可能來源為潮濕、濾網上有微生物生長。

18.（1）建築物體中生物性污染因熱交換所造成可能來源為何？（1）加熱/冷卻盤管
骯髒、冷凝水盤中有過多的水分－沒有適當的排除收集盤上的水分（2）水滴
被吹到盤管下游的表面（3）隔音內襯潮濕以及表面有微生物生長（4）以上
皆非。

註：建築物體中生物性污染因熱交換所造成之可能來源為加熱/冷卻盤管骯髒、冷凝水盤
中有過多的水分－沒有適當的排除收集盤上的水分。

19.（4）建築物體中生物性污染因供風室、通風管出氣口所造成之可能來源為何？（1）
表面灰塵堆積、潮濕以及表面有微生物生長（2）生鏽（3）天花板與牆的連
接處骯髒（4）以上皆是。

註：建築物體中生物性污染因供風室、通風管出氣口所造成之可能來源為：

（1）表面灰塵堆積、潮濕以及表面有微生物生長

（2）生鏽

（3）天花板與牆的連接處骯髒。

20.（4）建築物體中生物性污染因使用空間受潮所造成之可能來源為何？（1）過去
曾有水管系統破損或屋頂漏水（2）水滲入或溢出（3）室內溼度高 （>70%）
（3）清洗或消毒地毯的紀錄、霉味（4）以上皆是。

註：建築物體中生物性污染因使用空間受潮所造成之可能來源為：

（1）過去曾有水管系統破損或屋頂漏水

（2）水滲入或溢出

（3）室內溼度高 （>70%）

（4）清洗或消毒地毯的紀錄、霉味。

21.（1）建築物體中生物性污染因使用空間表面長期有凝結水所造成之可能來源為
何？（1）室外潮濕的空氣侵入室內而導致在窗上、周邊牆面、或是在較冷的
表面上有凝結水產生（2）真菌過多（3）黴菌數量過多造成水的滯留（4）以

上皆是。

註：建築物體中生物性污染因使用空間表面長期有凝結水所造成之可能來源**為室外潮濕**
的空氣侵入室內而導致在窗上、周邊牆面、或是在較冷的表面上有凝結水產生。

22.（4）建築物體中生物性污染因使用空間中窗型冷氣及蒸氣式空氣冷卻設備所造成
　　　之可能來源爲何？（1）裝設位置是否方便維護（2）冷凝水盤有污水蓄積（3）
　　　設備附近表面潮濕並有微生物生長（4）以上皆是。

註：建築物體中生物性污染因使用空間中窗型冷氣及蒸氣式空氣冷卻設備所造成之可能
　　來源為下列三項：

　（1）**裝設位置是否方便維護**

　（2）**冷凝水盤有污水蓄積**

　（3）**設備附近表面潮濕並有微生物生長**

23.（4）建築物體中生物性污染因使用空間中盤管式風機及進氣裝置所造成之可能來
　　　源爲何？（1）冷卻盤管或濾網骯髒（2）冷凝水盤中有污水蓄積（3）設備
　　　附近表面潮濕並有微生物生長（4）以上皆是。

註：建築物體中生物性污染因使用空間中盤管式風機及進氣裝置所造成之可能來源為下
　　列三項：

　（1）**冷卻盤管或濾網骯髒**

　（2）**冷凝水盤中有污水蓄積**

　（3）**設備附近表面潮濕並有微生物生長**

24.（4）建築物體中生物性污染因使用空間中盆栽所造成之可能來源爲何？（1）葉
　　　子、泥土（2）植物容器或是容器表面上有微生物生長（3）過多的水分而導
　　　致多餘的溼氣（4）以上皆是。

註：建築物體中生物性污染因使用空間中盆栽所造成之可能來源為下列三項：

　（1）**葉子、泥土**

　（2）**植物容器或是容器表面上有微生物生長**

　（3）**過多的水分而導致多餘的溼氣**

25.（4）建築物體中生物性污染因使用空間中地毯、布質辦公室隔板、壁紙、窗廉；
　　　裝上墊子的傢俱所造成之可能來源爲何？（1）缺乏維護或曾經受過潮的地
　　　毯，灰塵累積、缺乏維護（2）曾經受潮的布質表面（3）裝上墊子之物品變
　　　成了灰塵累積（4）以上皆是。

註：建築物體中生物性污染因使用空間中地毯、布質辦公室隔板、壁紙、窗廉；裝上墊
　　子的傢俱所造成之可能來源為下列三項：

　（1）**缺乏維護或曾經受過潮的地毯，灰塵累積、缺乏維護**

215

(2) 曾經受潮的布質表面

(3) 裝上墊子之物品變成了灰塵累積

26.（3）建築物體中生物性污染因使用空間中攜帶式（落地式）除濕機所造成之可能來源為何？（1）裝置缺乏維護導致微生物在蓄水槽中生長（2）噴霧或水霧裝置（3）以上皆是（4）以上皆非。

註：建築物體中生物性污染因使用空間中攜帶式（落地式）除濕機所造成之可能來源為下列兩項：

(1) 裝置缺乏維護導致微生物在蓄水槽中生長

(2) 噴霧或水霧裝置

27.（1）ASHARE新鮮外氣入口距離各類污染源所需之最小距離為？（1）需注意污染排氣15（5）ft（m）（2）有毒或危險的排氣45（12）（3）冷卻水塔排氣（30）（8）（4）冷卻水塔進氣或水池（15（5））。

註：ARE 新鮮外氣入口距離各類污染源所需之最小距離為需注意污染排氣15(5)ft(m)。

28.（4）何種行為會產生帶有致病原的飛沫液滴（droplet）？（1）嘔吐、咳嗽（2）打噴嚏（3）沖馬桶（4）以上皆是。

註：(1) 嘔吐、咳嗽

(2) 打噴嚏

(3) 沖馬桶行為會產生帶有致病原的飛沫液滴（droplet）。

29.（1）哪種環境因素是影響病原菌存活時間及感染力的重要因素？（1）溫度及濕度（2）濃度（3）生長源（4）以上皆是。

註：(1) 溫度及濕度

(2) 濃度

(3) 生長源環境因素是影響病原菌存活時間及感染力的重要因素。

30.（4）一般具備有空調系統的建築會以哪些方法去除空氣中的生物性氣膠？（1）通風稀釋（2）移除、淨化污染物（3）去活化（殺菌）處理（4）以上皆是。

註：一般具備有空調系統的建築會以（1）通風稀釋（2）移除、淨化污染物（3）去活化（殺菌）處理去除空氣中的生物性氣膠。

31.（4）一般而言可用哪種手法去除空氣中的生物性氣膠？（1）通風稀釋（2）移除或淨化（3）去活化（殺菌）處理（4）以上皆是。

註：一般而言可用

(1) 通風稀釋

(2) 移除或淨化

(3) 去活化（殺菌）處理手法去除空氣中的生物性氣膠。

32.（4）美國建築師學會建築衛生研究院，提出醫院與衛生保健設施設計及施工指南，各類使用空間於設計施工時應注意之項目為何？（1）空調系統之空氣流動關係（正負壓區劃）（2）最小室外空氣通風換氣率、最小總換氣效率、是否可進行空氣循環（3）溫度及相對溼度建議（4）以上皆是。

> 註：美國建築師學會建築衛生研究院，提出醫院與衛生保健設施設計及施工指南，各類使用空間於設計施工時應注意之項目為：
>
> （1）**空調系統之空氣流動關係（正負壓區劃）**
>
> （2）**最小室外空氣通風換氣率、最小總換氣效率、是否可進行空氣循環**
>
> （3）**溫度及相對溼度建議**

33.（4）關於醫療院所正負壓區域的規劃需考量那些因素？（1）有明確污染源的區域必須維持在相對負壓的狀態下、微生物實驗室及呼吸道傳染隔離病房，除了需要是相對負壓外，仍必須符合生物實驗室設置準則，特別是生物安全第三等級實驗室需符合疾管局2011年2月所訂定之「生物安全第三等級實驗室安全規範」（2）負壓隔離病房需依據疾管局與勞研所於2006 年共同訂定之「負壓隔離病房作業參考手冊」執行嚴格管控。（3）醫療院所中需要潔淨及預防感染的空間，需要維持在相對正壓的狀態下，引入該空間的空氣可經過高效能過濾系統或管道內紫外光殺菌燈管進行淨化，再導引進入該空間，並維持較高的出風量，使該空間的空氣只出不進，以確保週邊的髒空氣不會進入潔淨區域（4）以上皆是。

> 註：關於醫療院所正負壓區域的規劃需考量因素如下：
>
> （1）**有明確污染源的區域必須維持在相對負壓的狀態下、微生物實驗室及呼吸道傳染隔離病房，除了需要是相對負壓外，仍必須符合生物實驗室設置準則，特別是生物安全第三等級實驗室需符合疾管局2011年2月所訂定之「生物安全第三等級實驗室安全規範」**
>
> （2）**負壓隔離病房需依據疾管局與勞研所於2006 年共同訂定之「負壓隔離病房作業參考手冊」執行嚴格管控**
>
> （3）**醫療院所中需要潔淨及預防感染的空間，需要維持在相對正壓的狀態下，引入該空間的空氣可經過高效能過濾系統或管道內紫外光殺菌燈管進行淨化，再導引進入該空間，並維持較高的出風量，使該空間的空氣只出不進，以確保週邊的髒空氣不會進入潔淨區域。**

34.（4）醫療院所需要針對各類空間使用特性及污染程度規劃正負壓區，醫院中有哪些區域須規劃為正壓區？（1）開刀房/外科膀胱鏡室、產房、創傷治療室、手術等待室（2）正壓保護室、外科手術/重症病房/導管室之放射線室、生物

性/血清學實驗室（3）藥局/藥物治療室、無菌物儲存室、清潔準備室/乾淨衣物儲存區。

註：醫療院所需要針對各類空間使用特性及污染程度規劃正負壓區，醫院中有下列區域須規劃為正壓區：

(1) **開刀房/外科膀胱鏡室、產房、創傷治療室、手術等待室**

(2) **正壓保護室、外科手術/重症病房/導管室之放射線室、生物性/血清學實驗室**

(3) **藥局/藥物治療室、無菌物儲存室/清潔準備室/乾淨衣物儲存區。**

35.（4）醫療院所需要針對各類空間使用特性及污染程度規劃正負壓區，醫院中有哪些區域須規劃為負壓區？（1）麻醉室、內視鏡室/支氣管鏡檢查室（2）急診等待室/放射等待室、盥洗室、呼吸道傳染隔離病房（3）滅菌室/消毒室、解剖室（4）以上皆是。

註：醫療院所需要針對各類空間使用特性及污染程度規劃正負壓區，醫院下列區域須規劃為負壓區。

(1) **麻醉室、內視鏡室/支氣管鏡檢查室**

(2) **急診等待室/放射等待室、盥洗室、呼吸道傳染隔離病房**

(3) **滅菌室/消毒室、解剖室**

36.（4）根據「醫院與衛生保健設施設計及施工指南」，醫療院所哪些區域裡的室內空氣不可以進行循環使用？（1）開刀房/產房/恢復室、加護及重症病房、嬰兒室（2）正壓保護室、呼吸道傳染隔離病房、生物性/病理/血清學/細胞實驗室（3）滅菌室/消毒室、污穢衣物儲存區（4）以上皆是。

註：根據「醫院與衛生保健設施設計及施工指南」，醫療院所下列區域裡的室內空氣不可以進行循環使用：

(1) **開刀房/產房/恢復室、加護及重症病房、嬰兒室**

(2) **正壓保護室、呼吸道傳染隔離病房、生物性/病理/血清學/細胞實驗室**

(3) **滅菌室/消毒室、污穢衣物儲存區**

37.（1）在中央型的通風系統中，過濾裝置主要安裝的位置為何？（1）空調箱盤管前（2）送風機前（3）出風口前（4）迴風口前。

註：中央型的通風系統中，**過濾裝置主要安裝在空調箱盤管前**，當外氣環境的污染物濃度超過環保署環境要求時，過濾元件必須安裝在外氣引入管道。

38.（4）機械通風系統中所使用去除微粒的濾網，其特性為何？（1）可有效攔截病原菌（2）攔截效率高（3）成本比其他控制技術低（4）以上皆是。

註：**機械通風系統中所使用的濾網，其微粒濾除效率為 80-90%，可以有效的攔截建築外的病原菌進入室內，且高效能濾網主要攔截的微粒範圍(針對0.3μm的微粒，有99.97**

%攔截效率）是許多院內感染重要的病原菌，而且相對於其他控制技術而言，成本相對較低。

39.（4）室內建築中各類水系統可定期添加適量之消毒劑，特別是哪個地方？（1）增溼器的儲存水（2）冷卻水塔（3）任何有靜止水的地方（4）以上皆是。

註：室內建築中各類水系統可定期添加適量之消毒劑，特別是下列地方：

（1）增溼器的儲存水

（2）冷卻水塔

（3）任何有靜止水的地方

40.（4）良好的消毒劑應該具有哪種特性？（1）易於使用（2）對微生物有很強的毒性（3）對人體無毒性（4）以上皆是。

註：良好的消毒劑應該具有下列特性：

（1）易於使用

（2）對微生物有很強的毒性

（3）對人體無毒性

41.（4）在室內空氣品質中有關生物氣膠粒狀物的去除，應考量之事項爲何？（1）生物性氣膠等粒狀污染物的移除可倚賴空氣過濾（2）針對居家和高污染環境（如醫院、公共場所）則可以局部安裝獨立運轉的空氣清淨機（3）亦可利用機械式過濾、電子式過濾、靜電集塵及負離子集塵等方法進行收集，以降低空氣中的微粒濃度，便可進一步降低生物性氣膠濃度（4）以上皆是。

註：在室內空氣品質中有關生物氣膠粒狀物的去除，應考量之事項為：

（1）生物性氣膠等粒狀污染物的移除可倚賴空氣過濾

（2）針對居家和高污染環境（如醫院、公共場所）則可以局部安裝獨立運轉的空氣清淨機

（3）亦可利用機械式過濾、電子式過濾、靜電集塵及負離子集塵等方法進行收集，以降低空氣中的微粒濃度，便可進一步降低生物性氣膠濃度。

42.（4）我國建築系統中如冷卻水塔、供水系統及公共浴池消毒作業方式可參考疾病管制局2007年公告之「退伍軍人菌控制作業建議指引」，該指引中建議的方法包括下列何者方法？（1）加熱殺菌法、加氯法（2）銅銀離子法、臭氧消毒（3）紫外線消毒方法（4）以上皆是。

註：「退伍軍人菌控制作業建議指引」（行政院衛生署疾病管制局，2007 出版），該指引中建議的方法包括：

（1）加熱殺菌法、加氯法

（2）銅銀離子法、臭氧消毒

（3）**紫外線消毒方法**

43.（4）常用之消毒劑作用機制為何？（1）與微生物之核酸蛋白質產生氧化反應及使細胞產生氧化反應（2）增加細胞膜的穿透性及使蛋白質凝固、沉澱、變性與微生物之蛋白質鍵結（3）釋出無機碘與微生物之核酸、蛋白質產生氧化反應與微生物之DNA及蛋白質鍵結（4）以上皆是。

　　註：常用之消毒劑作用機制為：

　　（1）**與微生物之核酸蛋白質產生氧化反應及使細胞產生氧化反應**

　　（2）**增加細胞膜的穿透性及使蛋白質凝固、沉澱、變性與微生物之蛋白質鍵結**

　　（3）**釋出無機碘與微生物之核酸、蛋白質產生氧化反應與微生物之DNA及蛋白質鍵結**

44.（4）下列何者為現階段可運用或研發上前景可期的空氣殺菌法？（1）紫外線殺菌照射法（2）次氯酸水噴灑（3）觸媒氧化殺菌法（4）以上皆是。

　　註：為現階段可運用或研發上前景可期的空氣殺菌法為：

　　（1）**紫外線殺菌照射法**

　　（2）**次氯酸水噴灑**

　　（3）**觸媒氧化殺菌法**

45.（1）下列何種紫外線照射殺菌效果最強？（1）殺菌效果最強的為波長介於200-275nm的UV-C滅菌紫外線，最佳滅菌波長則為253.7 nm（2）殺菌效果最強的為波長介於210-285nm的UV-C滅菌紫外線，最佳滅菌波長則為258.7 nm（3）殺菌效果最強的為波長介於215-295nm的UV-C滅菌紫外線，最佳滅菌波長則為259.7 nm（4）殺菌效果最強的為波長介於220-299nm的UV-C滅菌紫外線，最佳滅菌波長則為263.7 nm。

　　註：**殺菌效果最強的為波長介於200-275nm 的 UV-C 滅菌紫外線，最佳滅菌波長則為253.7 nm 的紫外線照射殺菌效果最強。**

46.（3）影響UVGI殺菌效力最重要的因子？（1） UVGI 能量強度（2）微生物照射暴露時間（3）以上皆是（4）以上皆非。

　　註：影響 UVGI 殺菌效力最重要的因子為下列兩項：

　　（1）**UVGI 能量強度**

　　（2）**微生物照射暴露時間**

47.（3）決定微生物對於紫外光照射耐受度的因子為何？（1）微生物的數量（2）微生物的濃度（3）微生物外細胞壁組成及厚度（4）以上皆是。

　　註：**決定微生物對於紫外光照射耐受度的因子為微生物外細胞壁組成及厚度。**

48.（2）試比較病毒、細菌、真菌在UV-C 照射之後標準衰減常數（standarddecay-rate constant, cm^2/μW-s）的大小排序為何？（1）細菌＞病毒＞真菌（2）病毒＞

細菌＞眞菌（3）眞菌＞細菌＞病毒（4）細菌＞眞菌＞病毒。

> 註：病毒、細菌、真菌在 UV-C 照射之後標準衰減常數（standarddecay-rate constant, $cm^2/\mu W\text{-}s$）的大小為**病毒＞細菌＞真菌。**

49.（3）利用UVGI紫外線殺菌照射法進行消毒，其作法爲何？（1）上層空間UVGI 系統（upper room system）（2）風管內系統（in duct system）（3）以上皆是（4）以上皆非。

> 註：利用 UVGI 紫外線殺菌照射法進行消毒，其作法有下列兩項：
> （1）**上層空間UVGI 系統（upper room system）**
> （2）**風管內系統（in duct system）**

50.（4）影響紫外光殺菌效能的因素爲何？（1）溼度、溫度、氣流速度與氣流混合情況（2）燈具選擇（紫外光能量強度）、反射設備、適當搭配的過濾系統（3）燈具的安裝、清潔、能量強度檢測，以及維護更新的自主管理（4）以上皆是。

> 註：影響紫外光殺菌效能的因素為下列三項：
> （1）**溼度、溫度、氣流速度與氣流混合情況**
> （2）**燈具選擇（紫外光能量強度）、反射設備、適當搭配的過濾系統**
> （3）**燈具的安裝、清潔、能量強度檢測，以及維護更新的自主管理。**

51.（1）使用風管內UVGI系統的最大好處爲何？（1）不會有人員暴露的問題、可以使用能量功率較大之紫外光燈具（2）不會有故障問題容易維修（3）不會有髒污問題不修保養（4）以上皆是。

> 註：使用風管內 UVGI 系統的最大好處為**不會有人員暴露的問題、可以使用能量功率較大之紫外光燈具。**

52.（4）UVGI可應用的室內環境類型爲何場所？（1）醫療照護場所、飯店、學校、實驗室及動物中心（2）商用建築、飛機、船舶/載客輪船（3）居家環境、圖書館或博物館、食品工廠、農業及相關工業場所、監獄及臨時收容中心（4）以上皆是。

> 註： UVGI（紫外線殺菌器）可應用的室內環境類型如下：
> （1）**醫療照護場所、飯店、學校、實驗室及動物中心**
> （2）**商用建築、飛機、船舶/載客輪船**
> （3）**居家環境、圖書館或博物館、食品工廠、農業及相關工業場所、監獄及臨時收容中心**

53.（2）應用次氯酸水噴灑殺菌的優點及需注意事項爲何？（1）應用噴灑技術於實際環境中或空氣殺菌時，各類影響最佳殺菌效能的元素仍需要更多研究確認

221

（2）應用噴灑技術於實際環境中或空氣殺菌時，各類影響最佳殺菌效能的參數仍需要更多研究確認（3）應用噴灑技術於實際環境中或空氣殺菌時，各類影響最佳殺菌效能的比例仍需要更多研究確認（4）應用噴灑技術於實際環境中或空氣殺菌時，各類影響最佳殺菌效能的能源仍需要更多研究確認。

註：**優點－次氯酸水為對人體極低危害的強氧化劑；成本低廉；環境衝擊低；在實驗室測試中證明具有良好的殺菌效果。需注意事項－應用噴灑技術於實際環境中或空氣殺菌時，各類影響最佳殺菌效能的參數仍需要更多研究確認。**

54.（1）觸媒氧化殺菌法目前的限制為何？（1）現階段的二氧化鈦光觸媒材料仍須透過紫外光激發，較為耗能（2）現階段的二氧化鈦光觸媒材料仍須透過紅外光激發，較為耗能（3）現階段的二氧化鈦光觸媒材料仍須透過綠矽光激發，較為耗能（4）現階段的二氧化鈦光觸媒材料仍須透過殺菌光激發，較為耗能。

註：**在空氣殺菌上，適當的濾材塗敷技術及具有良好收集效能之空氣清淨機仍在研發中；現階段的二氧化鈦光觸媒材料仍須透過紫外光激發，較為耗能。**

55.（4）觸媒氧化殺菌法常見之觸媒材料為何？（1）二氧化鈦（TiO_2）（2）三氧化鎢（WO_3）（3）硫化鋅（ZnS）（4）以上皆是。

註：觸媒氧化殺菌法常見之觸媒材料為下列三項：
（1）**二氧化鈦（TiO_2）**
（2）**三氧化鎢（WO_3）**
（3）**硫化鋅（ZnS）**

56.（1）黴菌孢子的特性為何？（1）黴菌主要經由孢子，隨著氣流傳播；大小多介於2-100微米左右，但大部分的黴菌孢子粒徑比較小（2）黴菌的粒子較重常沉澱於較低處故易感染（3）黴菌的粒子多毛孔易附著於寵物身上到處帶原（4）以上皆是。

註：黴菌孢子的特性為下列三項：
（1）**黴菌主要經由孢子，隨著氣流傳播；大小多介於2-100微米左右，但大部分的黴菌孢子粒徑比較小**
（2）**黴菌的粒子較重常沉澱於較低處故易感染**
（3）**黴菌的粒子多毛孔易附著於寵物身上到處帶原**

57.（4）下列何者為室內環境黴菌可能的生長來源？（1）建材內部腐朽的木材及發黴的食物（2）牆上的覆蓋物（例：油漆、壁紙）、灰塵（3）寵物、室內植物、受潮而損害的建材（4）以上皆是。

註：室內環境黴菌可能的生長來源為下列三項：

（1）建材內部腐朽的木材及發黴的食物

（2）牆上的覆蓋物（例：油漆、壁紙）、灰塵

（3）寵物、室內植物、受潮而損害的建材

58.（2）HVAC系統中，下列何者經常成為黴菌繁殖的溫床？（1）風管（2）冷凝集水盤管（condensation pans）（3）集風箱（4）以上皆是。

註：**HVAC系統中，冷凝集水盤管（condensation pans）成為黴菌繁殖的溫床，** 每3個月清理冷凝集水盤，可避免藻類和黴菌生長。

59.（1）若室內的真菌孢子濃度高於室外，可能造成的原因為何？（1）室內環境中有特定真菌滋生源（如受污染的通風系、受潮溼損害的建材等等）（2）具有高度灰塵及土壤的殘留（3）具有木屑及落葉的環境（4）以上皆是。

註：　若室內的真菌孢子濃度高於室外，可能造成的原因為下列三項：

（1）**室內環境中有特定真菌滋生源（如受污染的通風系、受潮溼損害的建材等等）**

（2）**具有高度灰塵及土壤的殘留**

（3）**具有木屑及落葉的環境**

60.（4）真菌暴露評估的指標包括？（1）真菌的細胞組成（可反映總真菌量，total fungal biomass）：包含有（1_3）-_-D-glucan、ergosterol（麥角固醇）、fungalextracellular polysaccharides（EPS）（細胞外多醣體）等及真菌毒素（mycotoxin）（2）空氣中真菌的逸散物：microbial Volatile OrganicCompounds（MVOCs）（生物性有機揮發物）（3）真菌本身：包含viable/culturable fungi（具活性可培養真菌）、total fungal spores（真菌孢子總量）（4）以上皆是。

註：真菌暴露評估的指標包括：

（1）**真菌的細胞組成（可反映總真菌量，total fungal biomass）：包含有（1_3）-_-D-glucan、ergosterol（麥角固醇）、fungalextracellular polysaccharides（EPS）（細胞外多醣體）等及真菌毒素（mycotoxin）**

（2）**空氣中真菌的逸散物：microbial Volatile OrganicCompounds（MVOCs）（生物性有機揮發物）**

（3）**真菌本身：包含viable/culturable fungi（具活性可培養真菌）、total fungal spores（真菌孢子總量）**

61.（4）常見生物性氣膠採樣原理為何？（1）過濾機制（Filtration）（2）慣性衝擊力（Impaction）（3）洗滌法（Impingement）（4）以上皆是。

註：常見生物性氣膠採樣原理為：

（1）**過濾機制（Filtration）**

（2）**慣性衝擊力（Impaction）**

（3）洗滌法（Impingement）

62.（1）生物性氣膠採樣技術中，發展較早、操作較簡易、且較適用於大規模環境調查的方法為何？（1）慣性衝擊搭配固態培養基質（2）慣性衝擊搭配洗滌法（3）

註：生物性氣膠採樣技術中，發展較早、操作較簡易、且較適用於大規模環境調查的方法為**慣性衝擊搭配固態培養基質。**

63.（3）使用我國現行公告之活性微生物監測方法（慣性衝擊搭配固態培養基質）進行環境診斷及自主管理時，可能會面對的問題為何？（1）不同季節、不同天、不同時間差異性過大（2）無法依此單次或少數短時間量測數值判定室內空氣中微生物濃度是否符合基準（3）以上皆是（4）以上皆非。

註：使用我國現行公告之活性微生物監測方法（慣性衝擊搭配固態培養基質）進行環境診斷及自主管理時，可能面對的問題為：

（1）**不同季節、不同天、不同時間差異性過大**

（2）**無法依此單次或少數短時間量測數值判定室內空氣中微生物濃度是否符合基準**

64.（4）常見生物性氣膠採樣原理的優缺點和特色為何？（1）過濾機制長時間採樣在環境暴露評估上較具代表性，但常因乾燥化而使微生物施去活性，較適宜用以進行非活性指標或特定病源菌鑑定（2）慣性衝擊力易於攜帶方便操作並具有粒徑分析的能力，採樣時間過長容易造成落菌過度負載無法計數等問題（3）洗滌法對於小微粒補集效率高，降低微粒在氣膠化及採集液之揮發程度因而可進行較長時間之採樣，但因玻璃設備操做不易，難以進行大規模環境監測。（4）以上皆是。

註：常見生物性氣膠採樣原理的優缺點和特色為下列三項：

（1）**過濾機制長時間採樣在環境暴露評估上較具代表性，但常因乾燥化而使微生物施去活性，較適宜用以進行非活性指標或特定病源菌鑑定**

（2）**慣性衝擊力易於攜帶方便操作並具有粒徑分析的能力，採樣時間過長容易造成落菌過度負載無法計數等問題**

（3）**洗滌法對於小微粒補集效率高，降低微粒在氣膠化及採集液之揮發程度因而可進行較長時間之採樣，但因玻璃設備操做不易，難以進行大規模環境監測。**

65.（3）室內黴菌滋長最基本之要素為何？（1）壁癌及油漆（2）木材及木皮（3）潮濕及有機質（4）磁磚及填縫劑。

註：室內黴菌滋長最基本之要素為：

（1）**壁癌及油漆**

（2）**木材及木皮**

（3）潮濕及有機質

（4）磁磚及填縫劑

66.（4）既存建築則需注意以下室內黴菌預防之方案為何？（1）盡快修繕建築物滲漏之配管（系統）及外牆滲漏部份、一旦觀察到室內有結露或潮濕之斑點時，需立刻修繕潮濕問題（2）預防因為建築表面溫度增加或空氣間溼度減少所導致之結露問題，可分別透過增加通風換氣效能（當室外乾且冷時）及去除室內濕氣（室外溫暖又潮濕）減少結露現象。（3）維持室內各項通風系統設備之集水盤管等乾淨、適當導引流動且沒有阻塞、利用排風將設備製造之濕氣排至建築物外、維持室內相對溼度低於60%，最理想的狀況是維持在30-50%、定期檢視建築物及調系統，並定期進行自主性清潔管理及48小時內將受潮或遭受水害之材質清理乾淨或移除替換之（4）以上皆是。

註：既存建築則需注意以下室內黴菌預防之方案為：

（1）儘快修繕建築物滲漏之配管（系統）及外牆滲漏部份、一旦觀察到室內有結露或潮濕之斑點時，需立刻修繕潮濕問題。

（2）預防因為建築表面溫度增加或空氣間溼度減少所導致之結露問題，可分別透過增加通風換氣效能（當室外乾且冷時）及去除室內濕氣（室外溫暖又潮濕）減少結露現象。

（3）維持室內各項通風系統設備之集水盤管等乾淨、適當導引流動且沒有阻塞、利用排風將設備製造之濕氣排至建築物外、維持室內相對溼度低於60%，最理想的狀況是維持在30-50%、定期檢視建築物及調系統，並定期進行自主性清潔管理及48小時內將受潮或遭受水害之材質清理乾淨或移除替換之。

67.（4）在討論移除室內微生物污染上，主要步驟為何？（1）清除微生物前居住人員之協調與移出管理（2）微生物污染源的鑑別（3）瞭解微生物污染主要傳播機制（4）以上皆是。

註：在討論移除室內微生物污染上，主要步驟為：

（1）清除微生物前居住人員之協調與移出管理

（2）微生物污染源的鑑別

（3）瞭解微生物污染主要傳播機制

68.（4）勘查評估建築物潮濕狀態及黴菌污染問題時，人員必需注意的安全要點為何？（1）不可以在沒有配戴手套等安全防護狀況下，碰觸任何黴菌或發黴物品（2）不可讓黴菌或孢子接觸到眼睛、不可吸進黴菌孢子（3）確認污染狀況並配戴合宜之個人防護設備、防護設備之最基本要應包含有N95口罩、手套及護目鏡（4）以上皆是。

225

註：勘查評估建築物潮濕狀態及黴菌污染問題時，人員必需注意的安全要點

　(1) **不可以在沒有配戴手套等安全防護狀況下，碰觸任何黴菌或發黴物品**

　(2) **不可讓黴菌或孢子接觸到眼睛、不可吸進黴菌孢子**

　(3) **確認污染狀況並配戴合宜之個人防護設備、防護設備之最基本要應包含有N95口罩、手套及護目鏡**

69.（4）如何在24～48小時內預防受水潮之材質的黴菌生長？（1）直接丟棄（2）利用吸水器吸水、利用除濕機降低空氣中的濕氣、利用風扇、加熱器加速乾燥流程（3）利用軟性清潔劑或乾淨的水擦拭並使其乾燥、受潮處以撬子將其撬起風乾（4）以上皆是。

註：在24～48小時內預防受水潮之材質的黴菌生長的方式如下：

　(1) **直接丟棄**

　(2) **利用吸水器吸水、利用除濕機降低空氣中的濕氣、利用風扇、加熱器加速乾燥流程**

　(3) **利用軟性清潔劑或乾淨的水擦拭並使其乾燥、受潮處以撬子將其撬起風乾**

70.（4）室內易受水潮之材質清理方式為何？（1）濕式吸塵器及濕式擦拭法（2）高效能濾網除塵器（3）物品棄置（4）以上皆是。

註：室內易受水潮之材質清理為下列三種方式：

　(1) **濕式吸塵器及濕式擦拭法**

　(2) **高效能濾網除塵器**

　(3) **物品棄置**

71.（2）濕式吸塵器的特點與用途為何？（1）可將空氣中濕空氣水分吸出達到空氣之乾燥（2）濕式真空吸塵器被設計來吸取積水，在洪災或水害過後，可利用濕式吸塵器吸取建築物中地板上、地毯上及任何硬質表面上之積水（2）可用以吸取多孔隙的材質如石膏板、礦纖板上之水分（3）可吸取水管中的阻塞物可達到管理疏通的效果（4）以上皆是。

註：**濕式真空吸塵器被設計來吸取積水，在洪災或水害過後，可利用濕式吸塵器吸取建築物中地板上、地毯上及任何硬質表面上之積水，但不可用以吸取多孔隙的材質如石膏板、礦纖板上之水分。**僅在建材仍然處於濕的狀況下使用濕式吸塵器，若在水分不夠多時使用濕式吸塵器，可能會進一步將黴菌孢子散播開來。使用完畢後，設備的儲水槽、吸水管及所有銜接環均需仔細清潔、消毒並乾燥之，以避免真菌孢子存留於設備中。

72.（2）溼式擦拭法的特點與用途為何？（1）可將已潮濕發霉的物品擦拭乾淨（2）可以避免真菌孢子揚起擴散，在擦拭過程中可搭配水及稀釋適當倍數的消毒

劑使用（3）可將感染細菌的物品擦拭乾淨以避免病毒感染（4）以上皆是。

註：**在清理硬質的表面時，以濕式擦拭法或用力擦洗的方法，可以避免真菌孢子揚起擴**
散，在擦拭過程中可搭配水及稀釋適當倍數的消毒劑使用。但擦洗完後，要盡快讓
擦洗過之材料乾燥，以避免後續黴菌的滋長。多孔隙的材質若已潮濕且長黴，黴菌
會深入多孔隙材質的基質及孔隙中，濕式擦洗將無法去除深層之黴菌，因此，必須
將其封包完整後，依循安全守則丟棄之。

73.（1）高效能濾網除塵器的特點與用途為何？（1）用高效能過濾吸塵器（HEPA吸
塵器）清理污染區域之灰塵及掉落的孢子，亦可用以清理污染區域外的落
塵，以減少整體真菌孢子之濃度（2）用高效能過濾吸塵器（HEPA吸塵器）
清理污染區域之臭氧以確保環境無污染（3）用高效能過濾吸塵器（HEPA吸
塵器）清理污染區域之甲醛，以防治致癌物質逸散（4）用高效能過濾吸塵
器（HEPA吸塵器）清理污染區域之細小懸浮微粒以改善空氣品質。

註：**在積水與潮濕物件被移除或乾燥後，可利用高效能過濾吸塵器（HEPA 吸塵器）清理**
污染區域之灰塵及掉落的孢子，亦可用以清理污染區域外的落塵，以減少整體真菌
孢子之濃度。但是，使用上必須要確認HEPA濾網正確的安裝且氣密性良好，確保所
有吸入的空氣均在過濾後才會被排出。當更換吸塵器的HEPA濾網時，人員需配戴良
好之個人防護設備，且更換下來之濾網需經良好封包後方能丟棄。

74.（1）受真菌污染物品的棄置原則為何？（1）利用雙層聚乙烯材質的塑膠布，將
其包裹並緊密綑綁或將其封貼密封，妥善封包好之後，這些棄置的物件方能
視為一般事業廢棄物丟棄（2）以專用垃圾帶包裹後以一般廢棄物丟棄（3）
以特殊感染垃圾袋包裹後以感染廢棄物丟棄（4）以米袋三層包複後再循適當
地點掩埋。

註：書本、紡織品及各類有孔隙之建築材料受到嚴重之真菌污染，無法清理
時，需要將其丟棄，丟棄的要點是將其利用雙層聚乙烯材質的塑膠布，將其
包裹並緊密綑綁或將其封貼密封，妥善封包好之後，這些棄置的物件方能視
為一般事業廢棄物丟棄。

註：受真菌污染物品的棄置原則為**利用雙層聚乙烯材質的塑膠布，將其包裹並緊密綑綁**
或將其封貼密封，妥善封包好之後，這些棄置的物件方能視為一般事業廢棄物丟棄。

75.（4）下列何者為清理黴菌的過程中，使用個人防護具的原則？（1）整個清除作
業中全程配戴手套以避免皮膚直接接觸真菌過敏原、黴菌毒素或消毒劑（2）
為了保護工作者的眼睛，需配戴護目鏡或全臉式HEPA濾網呼吸防護具（3）
在呼吸防護具之選用上，最基本之要求是在各類清除行為中需要有N-95的口
罩（4）以上皆是。

註：清理黴菌的過程中，常會有大量的孢子揚起，特別是在進行切割長黴的多孔隙材質時、侵入性的檢查或移除牆壁空隙的黴菌污染、削下壁紙及使用風扇吹乾受潮的物件時，需特別謹慎的配戴個人防護具。**建議在整個清除作業中全程配戴手套以避免皮膚直接接觸真菌過敏原、黴菌毒素或消毒劑。建議配戴長及前臂的手套，手套材質的選擇需視整個清潔過程中會碰觸到的物質而決定，假如過程中會使用含氯漂白劑或強力清潔劑，則需選用利用天然橡膠、亞硝酸鹽、聚氨酯或 PVC 的手套。為了保護工作者的眼睛，需配戴護目鏡或全臉式 HEPA 濾網呼吸防護具，護目鏡需要能與臉部密合以避免小的懸浮微粒穿透接觸到眼睛。在呼吸防護具之選用上，最基本之要求是在各類清除行為中需要有 N-95 的口罩。**

76.（3）下列何者為隔離封包設施的主要目的與特點？（1）主要目的是避免或減少清除過程中黴菌飄散至建築物其他空間中，避免污染區域以外的人員受到暴露（2）污染的範圍愈大，在清除作業中愈需要將污染區域利用密封性佳的圍籬將其隔離封包（3）以上皆是（4）以上皆非。

註： 隔離封包設施的目的與特點為：

(1) **主要目的是避免或減少清除過程中黴菌飄散至建築物其他空間中，避免污染區域以外的人員受到暴露**

(2) **污染的範圍愈大，在清除作業中愈需要將污染區域利用密封性佳的圍籬將其隔離封包**

77.（4）臺灣辦公大樓室內空氣品質的常見問題為何？（1）室內換氣不足造成室內污染物的累積（2）室內有機污染物逸散過高不易排除（3）溫濕條件不良造成微生物污染（4）以上皆是。

註：臺灣辦公大樓室內空氣品質的常見問題如下：

(1) **室內換氣不足造成室內污染物的累積**

(2) **室內有機污染物逸散過高不易排除**

(3) **溫濕條件不良造成微生物污染**

78. （4）一般家戶環境中過敏原及黴菌、細菌內毒素等生物性污染物較高的是哪個國家？（1）美國（2）英國（3）芬蘭（4）臺灣。

註：經調查臺灣一般家戶環境中**過敏原及黴菌、細菌內毒素等生物性污染物**明顯較美國、英國及芬蘭等其他國家高出許多。

79.（2）南臺灣的熱帶氣候區在黴菌的濃度上明顯較北部高出許多，尤其在哪兩個季節出現的高濃度？（1）春、夏季（2）秋、冬季（3）夏、秋季（4）冬、春季。

註：而南臺灣的熱帶氣候區在黴菌的濃度上明顯較北部高出許多，尤其在**秋、冬季**出現的高濃度。

80.（4）勘查評估建築物潮濕狀態及黴菌污染問題時，所有人員必要的安全要點為何？（1）不可以在沒有配戴手套等安全防護狀況下，碰觸任何黴菌或發黴物品（2）不可讓黴菌或孢子接觸到眼睛及不可吸進黴菌孢子（3）確認污染狀況並配戴合宜之個人防護設備（防護設備之最基本要應包含有N95口罩、手套及護目鏡）（4）以上皆是。

　　註：勘查評估建築物潮濕狀態及黴菌污染問題時，所有人員有幾個必要的安全要點需要瞭解下列事項：

（1）**不可在沒有配戴手套或其他安全防護狀況下，碰觸任何黴菌或發黴物品**

（2）**不可讓黴菌或孢子接觸到眼睛**

（3）**不可吸進黴菌孢子**

（4）**確認污染狀況並配戴合宜之個人防護設備**

（5）**防護設備之最基本要應包含有N95口罩、手套及護目鏡**

81.（2）美國環保署針對遭受水患後多少小時內依室內建築材料及用品之清理原則做，以避免後續室內產生嚴重之黴菌污染問題？（1）3-8小時（2）24-48小時（3）12-24小時（4）8-12。

　　註：美國環保署針對遭受水患後，**24—48 小時內**依室內建築材料及用品之清理原則做，以避免後續室內嚴重之黴菌污染問題，不同材質之物品對水的吸收性不同、提供給真菌生長的營養介質不同，處理方法因而有不同需求，最重要的是盡快移除已經無法復原或嚴重損害的傢俱設備，並將室內各部位濕度盡快降低，以避免黴菌大舉入侵。

82.（3）對已興建完成之既存建築則需注意維持室內相對溼度低於60%，最理想的狀況是維持在（1）5-15%（2）15-30%（3）30-50%（4）50-59%。

　　註：對已興建完成之既存建築則需注意以下室內黴菌預防之方案：

（1）**儘快修繕建築物滲漏之配管（系統）及外牆滲漏部份。**

（2）**若觀察到室內有結露或潮濕之發霉的斑點時，應該立刻修繕潮濕問題。**

（3）**預防因為建築表面溫度增加或空氣間溼度減少所導致之結露問題，可分別透過增加通風換氣效能（當室外乾且冷時）及去除室內濕氣（室外溫暖又潮濕）減少結露現象。**

（4）**維持室內各項通風系統設備集水盤管等乾淨、適當導引流動且無阻塞。**

（5）**利用排風將設備製造之濕氣排至建築物外。**

（6）**維持室內相對溼度低於60%，最理想的狀況是維持在30-50%。**

(7) 定期檢視建築物及調系統，並定期進行自主性清潔管理。

(8) 48小時內將受潮或遭受水害之材質清理乾淨或移除替換之。

83.（3）對於辦公室事務設備使用（如影印機、事務機）改善方法為何？（1）隔離影印區（2）使用低污染環保設備（3）以上皆是（4）以上皆非。

　　註：辦公大樓之「病態建築物症候群」與室內污染物及通風系統有關，辦公室如影印機、傳真機等皆會釋放臭氧。對於辦公室事務設備使用改善方法如下：

　　（1）隔離影印區

　　（2）使用低污染環保設備

84.（4）解決病態大樓（建築物）症候群之狀況，於空調設備及室內空氣品質中，應注意那點？（1）適當引進新鮮空氣（2）空調系統定期檢修及清洗（3）室內設置空氣品質檢測系統，隨時注意空氣品質狀況（4）以上皆是。

　　註：為解決病態大樓症候群之狀況，於空調設備及室內空氣品質中，應注意下列各點：

　　（1）適當引進新鮮空氣

　　（2）空調系統定期檢修及清洗，尤其是冷卻水塔及送風系統更應特別注意

　　（3）室內設置空氣品質檢測系統，隨時注意空氣品質狀況

85.（1）粒狀物質的濃度通常以何種單位表示？（1）mgm3（2）ppm（3）ppb（4）％。

　　註：

　　1. 氣體及蒸氣等氣態物質常用單位：

　　（1）百分率，％

　　（2）ppm，每立方公尺空氣中污染物之立方公分數

　　（3）mg/m3：每立方公尺空氣中污染物之毫克數

　　2. 粒狀污染有害物（含纖維狀物質）常用單位：

　　（1）mg/m3：每立方公尺空氣中污染物之毫克數

　　（2）f/c.c.：每立方公尺空氣中含石綿之根數

86.（4）能使有害物質在其發生源處未擴散前即加以排除的工程控制方法為下列何者？（1）整體換氣（2）熱對流換氣（3）自然通風（4）局部換氣。

　　註：局部排氣（換氣）裝置係在於污染有害物發生源附近予以補集，並加以處理後排出室外。

87.（1）何項不是空氣污染的來源之一？（1）打開電腦（2）燃燒垃圾（3）二手菸（4）工業廢氣。

　　註：除打開電腦外其餘皆為空氣污染的可能來源。

88.（1）「一氧化碳濃度監測站」是政府為防制那一項公害而建立的監視系統？（1）空氣污染（2）土壤污染（3）放射線污染（4）噪音污染。

註：CO 係一種窒息性氣體，會阻礙氧與血紅素之結合，為無色無味無臭，比空氣略輕，易擴散，**屬空氣污染**。一氧化碳濃度監測站係以儀器自動監測之監測站，隨時將最新資料傳回監測中心。

89.（3）下列空氣污染的防制不是正確的？（1）響應拒吸二手菸運動（2）多使用大眾運輸系統（3）多噴香水及其他芳香劑（4）工廠內裝置廢氣處理和排除設備。

註：多噴香水及其他芳香劑並無法改善空氣品質。香水或芳香劑在現代人日常生活中無所不在：百貨公司洗手間、家中浴室、衣櫃鞋櫃裡都可以看到。不管是液狀、固體或是噴霧型，造型精巧可愛的芳香劑不但取悅人們的嗅覺，還兼顧視覺效果，但研究卻發現密閉空間中使用芳香劑可能有害健康。

90.（4）為了維護室內空氣品質，改善室內空氣品質，可由哪種方式著手？（1）改善室內通風或空調系統（2）使用空氣清淨機（3）選擇低污染的建材及低污染的傢俱。

註：為了維護室內空氣品質，我們先從改善室內空氣品質做起，改善室內空氣品質，可由下列方式著手：

（1）**改善室內通風或空調系統**

（2）**使用空氣清淨機**

（3）**選擇低污染的建材**

（4）**選擇低污染的傢俱**

91.（3）室內空氣品質管理法中所述及之"室內"何者錯誤？（1）地下停車場（2）公車上（3）畜牧場的馬廄（4）百貨公司。

註：馬廄屬開放空間不屬於室內的範疇。

92.（1）教室夏季開放冷氣，有關室溫及室內空氣品質之描述，下列何者最正確？（1）舒適的室溫為20℃～26℃；二氧化碳濃度理想值約在0.1%以下（2）舒適的室溫為28℃～32℃；二氧化碳濃度理想值約在1%以下（3）舒適的室溫為28℃～32℃；室內外溫差以4℃～6℃之間較適宜（4）舒適的室溫為20℃～26℃；室內外溫差以8℃～10℃之間較適宜。

註：（1）二氧化碳值符合規定，室溫亦符合規定，（4）則溫差過大，容易產生結露現象。

93.（2）行政院環境保護署於民國94年公告室內空氣品質建議值，對於室內空氣品質有特別需求場所，包括學校及教育場所、兒童遊樂場所、醫療場所、老人或殘障照護場所等，二氧化碳於8小時值，建議不宜超過多少ppm？（1）400（2）600（3）800（4）1000。

註：此題有陷阱，其考得是建議值非標準值，民國94年公告室內空氣品質建議值對特別需求場所二氧化碳8小時值**建議不宜超過600ppm**。

94.（4）下列哪一種污染物不屬於粒狀污染物？（1）懸浮微粒 （2）金屬燻煙（3）酸霧（4）光化學性高氧化物。

註：光化學性高氧化物為經光化學反應所產生之強氧化性物質，如臭氧、過氧硝酸乙醯酯（PAN）等氣體。所謂的酸霧（Acid mist）是指硫酸、硝酸、磷酸、鹽酸等微滴之煙霧。

95.（4）綠建材標章，將符合健康與環保要求的建材分類下列何者為其中之分類？（1）健康綠建材（2）生態綠建材（3）再生綠建材（4）以上皆是。

註：綠建材標章，將符合健康與環保要求的建材分類為：

（1）**健康綠建材**

（2）**生態綠建材**

（3）**再生綠建材**

（4）**高性能綠建材**

96.（1）在室內使用噴霧殺蟲劑時應注意哪些事項？（1）按照指示說明噴灑（2）集中噴灑（3）害蟲出沒處大量噴灑（4）朝順風處噴灑。

註：噴霧殺蟲劑瓶身都有使用說明，應依說明酌量噴灑。

97.（2）化學性有害物進入人體最常見路徑為下列何者？（1）口腔（2）呼吸道（3）皮膚（4）眼睛。

註：化學性有害物常經由**呼吸道**進入人體造成危害。

98.（4）肉眼能見之粉塵粒徑為多少微米以上？（1）0.1（2）1（3）10（4）50。

註：粉塵粒徑在**50微米**以上，可用肉眼看見。

99.（3）空氣中氧氣含量降到何種程度，會對人體造成不良影響？（1）18%（2）16%（3）14%（4）12%。

註：噴霧殺蟲劑瓶身都有使用說明，應依說明酌量噴灑。

100.（1）吸菸者增加何種物質產生致癌性？（1）石綿（2）二氧化鈦（3）石膏（4）雲母。

註：**石綿**加抽菸可能產生肺癌，是屬於相加效應。

附錄

相關法規

室內空氣品質管理法

中華民國 100 年 11 月 23 日總統華總一義字第 10000259721 號令公布

第一章 總 則

第一條 為改善室內空氣品質，以維護國民健康，特制定本法。

第二條 本法所稱主管機關：在中央為行政院環境保護署；在直轄市為直轄市政府；在縣（市）為縣（市）政府。

第三條 本法用詞，定義如下：

一、室內：指供公眾使用建築物之密閉或半密閉空間，及大眾運輸工具之搭乘空間。

二、室內空氣污染物：指室內空氣中常態逸散，經長期性暴露足以直接或間接妨害國民健康或生活環境之物質，包括二氧化碳、一氧化碳、甲醛、總揮發性有機化合物、細菌、真菌、粒徑小於等於十微米之懸浮微粒（PM10）、粒徑小於等於二.五微米之懸浮微粒（PM2.5）、臭氧及其他經中央主管機關指定公告之物質。

三、室內空氣品質：指室內空氣污染物之濃度、空氣中之溼度及溫度。

第四條 中央主管機關應整合規劃及推動室內空氣品質管理相關工作，訂定、修正室內空氣品質管理法規與室內空氣品質標準及檢驗測定或監測方法。

各級目的事業主管機關之權責劃分如下：

一、建築主管機關：建築物通風設施、建築物裝修管理及建築物裝修建材管理相關事項。

二、經濟主管機關：裝修材料與商品逸散空氣污染物之國家標準及空氣清淨機（器）國家標準等相關事項。

三、衛生主管機關：傳染性病原之防護與管理、醫療機構之空調標準及菸害防制等相關事項。

四、交通主管機關：大眾運輸工具之空調設備通風量及通風設施維護管理相關事項。

各級目的事業主管機關應輔導其主管場所改善其室內空氣品質。

第五條 主管機關及各級目的事業主管機關得委託專業機構，辦理有關室內空氣品質調查、檢驗、教育、宣導、輔導、訓練及研究有關事宜。

第二章 管 理

第六條 下列公私場所經中央主管機關依其場所之公眾聚集量、進出量、室內空氣污
染物危害風險程度及場所之特殊需求，予以綜合考量後，經逐批公告者，其
室內場所爲本法之公告場所：

一、高級中等以下學校及其他供兒童、少年教育或活動爲主要目的之場所。

二、大專校院、圖書館、博物館、美術館、補習班及其他文化或社會教育機構。

三、醫療機構、護理機構、其他醫事機構及社會福利機構所在場所。

四、政府機關及公民營企業辦公場所。

五、鐵路運輸業、民用航空運輸業、大眾捷運系統運輸業及客運業等之搭乘空
間及車（場）站。

六、金融機構、郵局及電信事業之營業場所。

七、供體育、運動或健身之場所。

八、教室、圖書室、實驗室、表演廳、禮堂、展覽室、會議廳（室）。

九、歌劇院、電影院、視聽歌唱業或資訊休閒業及其他供公眾休閒娛樂之場所。

十、旅館、商場、市場、餐飲店或其他供公眾消費之場所。

十一、其他供公共使用之場所及大眾運輸工具。

第七條 前條公告場所之室內空氣品質，應符合室內空氣品質標準。但因不可歸責於
公告場所所有人、管理人或使用人之事由，致室內空氣品質未符合室內空氣
品質標準者，不在此限。

前項標準，由中央主管機關會商中央目的事業主管機關依公告場所之類別及
其使用特性定之。

第八條 公告場所所有人、管理人或使用人應訂定室內空氣品質維護管理計畫，據以
執行，公告場所之室內使用變更致影響其室內空氣品質時，該計畫內容應立
即檢討修正。

第九條 公告場所所有人、管理人或使用人應置室內空氣品質維護管理專責人員（以
下簡稱專責人員），依前條室內空氣品質維護管理計畫，執行管理維護。

前項專責人員應符合中央主管機關規定之資格，並經訓練取得合格證書。

前二項專責人員之設置、資格、訓練、合格證書之取得、撤銷、廢止及其他
應遵行事項之辦法，由中央主管機關定之。

第十條 公告場所所有人、管理人或使用人應委託檢驗測定機構，定期實施室內空氣
品質檢驗測定，並應定期公布檢驗測定結果，及作成紀錄。

經中央主管機關指定之公告場所應設置自動監測設施，以連續監測室內空氣品質，其自動監測最新結果，應即時公布於該場所內或入口明顯處，並應作成紀錄。

前二項檢驗測定項目、頻率、採樣數與採樣分布方式、監測項目、頻率、監測設施規範與結果公布方式、紀錄保存年限、保存方式及其他應遵行事項之辦法，由中央主管機關定之。

第十一條 檢驗測定機構應取得中央主管機關核發許可證後，始得辦理本法規定之檢驗測定。

前項檢驗測定機構應具備之條件、設施、檢驗測定人員資格、許可證之申請、審查、許可證有效期限、核（換）發、撤銷、廢止、停業、復業、查核、評鑑程序及其他應遵行事項之辦法，由中央主管機關定之。

本法各項室內空氣污染物檢驗測定方法及品質管制事項，由中央主管機關公告之。

第十二條 主管機關得派員出示有關執行職務之證明文件或顯示足資辨別之標誌，執行公告場所之現場檢查、室內空氣品質檢驗測定或查核檢（監）測紀錄，並得命提供有關資料，公告場所所有人、管理人或使用人不得規避、妨礙或拒絕。

第三章 罰 則

第十三條 公告場所所有人、管理人或使用人依本法第十條規定應作成之紀錄有虛偽記載者，處新臺幣十萬元以上五十萬元以下罰鍰。

第十四條 規避、妨礙或拒絕依第十二條規定之檢查、檢驗測定、查核或命提供有關資料者，處公告場所所有人、管理人或使用人新臺幣十萬元以上五十萬元以下罰鍰，並得按次處罰。

第十五條 公告場所不符合第七條第一項所定室內空氣品質標準，經主管機關命其限期改善，屆期未改善者，處所有人、管理人或使用人新臺幣五萬元以上二十五萬元以下罰鍰，並再命其限期改善；屆期仍未改善者，按次處罰；情節重大者，得限制或禁止其使用公告場所，必要時，並得命其停止營業。

前項改善期間，公告場所所有人、管理人或使用人應於場所入口明顯處標示室內空氣品質不合格，未依規定標示且繼續使用該公告場所者，處所有人、管理人或使用人新臺幣五千元以上二萬五千元以下罰鍰，並命其限期改善；屆期未改善者，按次處罰。

第十六條　檢驗測定機構違反第十一條第一項或依第二項所定辦法中有關檢驗測定人員資格、查核、評鑑或檢驗測定業務執行之管理規定者，處新臺幣五萬元以上二十五萬元以下罰鍰，並命其限期改善，屆期未改善者，按次處罰；檢驗測定機構出具不實之文書者，主管機關得廢止其許可證。

第十七條　公告場所所有人、管理人或使用人違反第八條、第九條第一項或第二項規定者，經命其限期改善，屆期未改善者，處新臺幣一萬元以上五萬元以下罰鍰，並再命其限期改善，屆期仍未改善者，按次處罰。

第十八條　公告場所所有人、管理人或使用人違反第十條第一項、第二項或依第三項所定辦法中有關檢驗測定項目、頻率、採樣數與採樣分布方式、監測項目、頻率、監測設施規範、結果公布方式、紀錄保存年限、保存方式之管理規定者，經命其限期改善，屆期未改善者，處所有人、管理人或使用人新臺幣五千元以上二萬五千元以下罰鍰，並再命其限期改善；屆期仍未改善者，按次處罰。

第十九條　依本法處罰鍰者，其額度應依違反室內空氣品質標準程度及特性裁處。前項裁罰準則，由中央主管機關定之。

第二十條　依本法命其限期改善者，其改善期間，以九十日為限。因天災或其他不可抗力事由，致未能於改善期限內完成改善者，應於其事由消滅後十五日內，以書面敘明事由，檢具相關資料，向主管機關申請延長改善期限，主管機關應依實際狀況核定改善期限。

　　　　　公告場所所有人、管理人或使用人未能於前項主管機關所定限期內改善者，得於接獲限期改善之日起三十日內，提出具體改善計畫，向主管機關申請延長改善期限，主管機關應依實際狀況核定改善期限，最長不得超過六個月；未切實依其所提之具體改善計畫執行，經查證屬實者，主管機關得立即終止其改善期限，並視為屆期未改善。

第二十一條　第十五條第一項所稱情節重大，指有下列情形之一者：

　　　一、公告場所不符合第七條第一項所定室內空氣品質標準之日起，一年內經二次處罰，仍繼續違反本法規定。

　　　二、公告場所室內空氣品質嚴重惡化，而所有人、管理人或使用人未立即採取緊急應變措施，致有嚴重危害公眾健康之虞。

第四章 附 則

第二十二條 未於限期改善之期限屆至前，檢具資料、符合室內空氣品質標準或其他符合本法規定之證明文件，向主管機關報請查驗者，視爲未改善。

第二十三條 本法施行細則，由中央主管機關定之。

第二十四條 本法自公布後一年施行。

室內空氣品質管理法施行細則

第一條 本細則依室內空氣品質管理法（以下簡稱本法）第二十三條規定訂定之。

第二條 本法所定中央主管機關之主管事項如下：

　　一、全國性室內空氣品質管理政策、方案與計畫之策劃、訂定及督導。

　　二、全國性室內空氣品質管理法規之訂定、研議及釋示。

　　三、全國性室內空氣品質管理之督導、獎勵、稽查及核定。

　　四、全國性室內空氣品質維護管理專責人員之訓練及管理。

　　五、室內空氣品質檢驗測定機構之許可及管理。

　　六、與直轄市、縣（市）主管機關及各級目的事業主管機關對室內空氣品質管理之協調或執行事項。

　　七、全國性室內空氣品質管理之研究發展及宣導。

　　八、室內空氣品質管理之國際合作及科技交流。

　　九、其他有關全國性室內空氣品質維護管理事項。

第三條 本法所定直轄市、縣（市）主管機關之主管事項如下：

　　一、直轄市、縣（市）室內空氣品質管理工作實施方案之規劃及執行事項。

　　二、直轄市、縣（市）室內空氣污染事件糾紛之協調事項。

　　三、直轄市、縣（市）室內空氣品質自治法規之訂定及釋示。

　　四、直轄市、縣（市）室內空氣品質維護管理之督導、獎勵、稽查及核定。

　　五、直轄市、縣（市）室內空氣品質管理之宣導事項。

　　六、直轄市、縣（市）轄境公告場所之室內空氣品質檢驗測定紀錄、自動監測設施、檢驗測定結果公布之查核事項。

　　七、直轄市、縣（市）室內空氣品質管理統計資料之製作及陳報事項。

　　八、直轄市、縣（市）室內空氣品質管理之研究發展及人員之訓練與講習事項。

　　九、其他有關直轄市、縣 （市） 室內空氣品質維護管理事項。

第四條 本法第六條各款所列公私場所，應依所屬業別或屬性認定其各級目的事業主管機關。

　　前項中央目的事業主管機關之認定產生爭議時，由中央主管機關報請行政院認定之。

第五條 本法第七條所稱不可歸責之事由，包括下列項目：

　　一、非常態性短時間氣體洩漏排放。

二、特殊氣象條件致室內空氣品質惡化。

三、室外空氣污染物明顯影響室內空氣品質。

四、其他經中央主管機關公告之歸責事由。

　　因前項各款事由致室內空氣品質未符合室內空氣品質標準者，其公告場所所有人、管理人或使用人須於命其限期改善期間內提出佐證資料並經主管機關認定者為限。

第六條　本法第八條所稱室內空氣品質維護管理計畫，其內容應包括下列項目：

一、公告場所名稱及地址。

二、公告場所所有人、管理人及使用人員之基本資料。

三、室內空氣品質維護管理專責人員之基本資料。

四、公告場所使用性質及樓地板面積之基本資料。

五、室內空氣品質維護規劃及管理措施。

六、室內空氣品質檢驗測定規劃。

七、室內空氣品質不良之應變措施。

八、其他經主管機關要求之事項。

　　前項計畫依中央主管機關所定格式撰寫並據以執行，其資料應妥善保存，以供備查。

第七條　本法第十條第二項應設置自動監測設施之公告場所，係具有供公眾使用空間、公眾聚集量大且滯留時間長之場所。

前項場所應於指定公告規定期限內完成設置自動監測設施，且場所所有人、管理人或使用人並應負自動監測設施功能完整運作及維護之責。

第八條　本法第十二條所稱主管機關執行公告場所之現場檢查、室內空氣品質檢驗測定或查核檢（監）測紀錄，其執行內容應包括以下事項：

一、查核室內空氣品質維護管理計畫之辦理及備查作業。

二、檢查室內空氣品質維護管理專責人員之設置情形。

三、得派員進行室內空氣品質檢驗測定，並擇點採樣檢測其室內空氣品質符合情形。

四、查核定期實施檢驗測定及公布檢驗測定結果紀錄之辦理情形。

五、查核自動監測設施之設置情形。

六、其他經中央主管機關指定之事項。

前項主管機關進行公告場所稽查檢測選定檢測點時，應避免受局部污染源干擾，距離室內硬體構築或陳列設施最少○‧五公尺以上及門口或電梯最少三公尺以上。

第九條 公告場所所有人、管理人或使用人依本法第十五條第二項規定於場所入口明顯處標示，其標示規格如下：

一、標示應保持完整，其文字應清楚可見，標示方式以使用白色底稿及邊長十公分以上之黑色字體為原則。

二、標示文字內容應以橫式書寫為主。

三、標示內容應包含場所名稱、改善期限及未符合項目與日期。

四、其他經中央主管機關指定之事項。

第十條 本法第二十條第二項規定申請延長改善期限所提報之具體改善計畫，應包括下列事項：

一、場所名稱及原據以處罰並限期改善之違規事實。

二、申請延長之事由及日數。

三、改善目標、改善時程及進度、具體改善措施及其相關證明文件。

四、改善期間所採取之措施。

五、其他經主管機關指定之事項。

前項申請，由場所當地主管機關受理，並於三十日內核定。

經主管機關核定延長改善期限者，應於每月十五日前向核定機關提報前一月之改善執行進度。

第十一條 本法第二十條第二項所稱未切實依改善計畫執行，指有下列情形之一者：

一、未依前條第三項，按月提報改善進度。

二、非因不可抗力因素，未按主管機關核定之改善計畫進度執行，且落後進度達三十日以上。

三、未依主管機關核定之改善計畫內容執行。

四、延長改善期間，未採取前條改善計畫之防護措施，嚴重危害公眾健康。

五、其他經中央主管機關認定之情形。

第十二條 直轄市、縣（市）主管機關應定期將其實施室內空氣品質之監督、檢查結果與違反本法案件處理情形，製表報請中央主管機關備查。

第十三條 本細則自中華民國一百零一年十一月二十三日施行。

室內空氣品質管理法施行細則總說明

　　室內空氣品質管理法（以下簡稱本法）業於一百年十一月二十三日公布，並明定自公布後一年施行。為利本法之推動與執行，依本法第二十三條規定：「本法施行細則，由中央主管機關定之。」；爰擬具室內空

　　氣品質管理法施行細則（以下簡稱本細則），共計十三條，其要點如下：

一、法源依據。（第一條）

二、中央主管機關、中央目的事業主管機關、直轄市及縣（市）主管機關之主管事項及所屬場所產生爭議時之認定方式。（第二條至第四條）

三、定義因意外或偶發性室外環境因素致公告場所未符合室內空氣品質標準者，其不可歸責於公告場所所有人、管理人或使用人之事由。（第五條）

四、室內空氣品質維護管理計畫之要項。（第六條）

五、公告場所應設置自動監測設施規範內容。（第七條）

六、主管機關得於公告場所執行稽查作業重點內容。（第八條）

七、不符合室內空氣品質標準者，於改善期間應進行標示規範說明。（第九條）

八、依本法第二十條第二項規定申請延長改善期限所提報之具體改善計畫內容。（第十條）

九、定義依本法第二十條第二項所稱未切實依改善計畫執行之認定原則。（第十一條）

十、地方主管機關辦理室內空氣品質相關管理事項之備查規定。（第十二條）

十一、本細則之施行日。（第十三條）

<table>
<tr><td colspan="3" style="text-align:center">室內空氣品質標準</td></tr>
</table>

	中華民國 101 年 11 月 23 日行政院環境保護署環署空字第 1010106229 號令訂定發布全文共五條
第 一 條	本標準依室內空氣品質管理法（以下簡稱本法）第七條第二項規定訂定之。
第 二 條	各項室內空氣污染物之室內空氣品質標準規定如下：

項　　目		標準值	單　位
二氧化碳（CO_2）	8 小時值	1000	ppm（體積濃度百萬分之一）
一氧化碳（CO）	8 小時值	9	ppm（體積濃度百萬分之一）
甲醛（HCHO）	1 小時值	0.08	ppm（體積濃度百萬分之一）
總揮發性有機化合物（TVOC，包含：十二種苯類及烯類之總和）	1 小時值	0.56	ppm（體積濃度百萬分之一）
細菌（Bacteria）	最高值	1500	CFU/m³（菌落數/立方公尺）
真菌（Fungi）	最高值	1000 但真菌濃度室內外比值小於等於一・三者，不在此限。	CFU/m³（菌落數/立方公尺）
粒徑小於等於 10 微米（μm）之懸浮微粒（PM_{10}）	24 小時值	75	μg/m³（微克/立方公尺）
粒徑小於等於 2.5 微米（μm）之懸浮微粒（$PM_{2.5}$）	24 小時值	35	μg/m³（微克/立方公尺）
臭氧（O_3）	8 小時值	0.06	ppm（體積濃度百萬分之一）

第三條	本標準所稱各標準值、成分之意義如下：
	一、 一小時值：指一小時內各測值之算術平均值或一小時累計採樣之測值。
	二、 八小時值：指連續八小時各測值之算術平均值或八小時累計採樣之測值。
	三、 二十四小時值：指連續二十四小時各測值之算術平均值或二十四小時累計採樣之測值。
	四、 最高值：指依中央主管機關公告之檢測方法所規範採樣方法之採樣分析值。
	五、 總揮發性有機化合物（TVOC，包含：十二種揮發性有機物之總和）：指總揮發性有機化合物之標準值係採計苯（Benzene）、四氯化碳（Carbon tetrachloride）、氯仿（三氯甲烷）（Chloroform）、1,2-二氯苯（1,2-Dichlorobenzene）、1,4-二氯苯（1,4-Dichlorobenzene）、二氯甲烷（Dichloromethane）、乙苯（Ethyl Benzene）、苯乙烯（Styrene）、四氯乙烯（Tetrachloroethylene）、三氯乙烯（Trichloroethylene）、甲苯（Toluene）及二甲苯（對、間、鄰）（Xylenes）等十二種化合物之濃度測值總和者。
	六、 真菌濃度室內外比值：指室內真菌濃度除以室外真菌濃度之比值，其室內及室外之採樣相對位置應依室內空氣品質檢驗測定管理辦法規定辦理。
第四條	公告場所應依其場所公告類別所列各項室內空氣污染物項目及濃度測值，經分別判定未超過第二條規定標準者，始認定符合本標準
第五條	本標準自中華民國一百零一年十一月二十三日起施行。

室內空氣品質檢驗測定管理辦法

訂定時間：中華民國 101 年 11 月 23 日

第一條 本辦法依室內空氣品質管理法（以下簡稱本法）第十條第三項規定訂之。

第二條 本辦法所稱室內空氣品質檢驗測定，分下列二種：

一、定期檢測：經本法公告之公告場所（以下簡稱公告場所）應於規定之一定期限內辦理室內空氣污染物濃度量測，並定期公布檢驗測定結果。

二、連續監測：經中央主管機關指定應設置自動監測設施之公告場所，其所有人、管理人或使用人設置經認可之自動監測設施，應持續操作量測室內空氣污染物濃度，並即時顯示最新量測數值，以連續監測其室內空氣品質。

第三條 本辦法用詞，定義如下：

一、巡查檢驗：指以可直接判讀之巡檢式檢測儀器進行簡易量測室內空氣污染物濃度之巡查作業。

二、巡檢點：指巡查檢驗使用檢測儀器量測之採樣位置。

三、巡檢式檢測儀器：指具有量測室內空氣污染物濃度功能，可直接判讀及方便攜帶之檢測儀器。

四、室內樓地板面積：指公私場所建築物之室內空間，全部或一部分經公告適用本法者，其樓地板面積總和，但不包括露臺、陽（平）臺及法定騎樓面積。

五、校正測試，指下列：

（一）零點偏移：指自動監測設施操作一定期間後，以零點標準氣體或校正器材進行測試所得之差值。

（二）全幅偏移：指自動監測設施操作一定期間後，以全幅標準氣體或校正器材進行測試所得之差值。

第四條 公告場所所有人、管理人或使用人應於每次實施定期檢測前二個月內完成巡查檢驗。

巡查檢驗應於場所營業及辦公時段進行量測，由室內空氣品質維護管理專責人員操作量測或在場監督，並得以巡檢式檢測儀器量測室內空氣污染物濃度。

巡查檢驗應量測之室內空氣污染物項目，除中央主管機關另有規定外，至少應包含二氧化碳。

第五條　公告場所巡查檢驗應避免受局部污染源干擾，距離室內硬體構築或陳列設施最少０‧五公尺以上及門口或電梯最少三公尺以上，且規劃選定巡檢點應平均分布於公告管制室內空間樓地板上。

前項巡查檢驗應佈巡檢點之數目依下列原則定之：

一、室內樓地板面積小於等於二千平方公尺者，巡檢點數目至少五點。

二、室內樓地板面積大於二千平方公尺小於或等於五千平方公尺者，以室內樓地板面積每增加四百平方公尺應增加一點，累進統計巡檢點數目；或以巡檢點數目至少十點。

三、室內樓地板面積大於五千平方公尺小於或等於一萬五千平方公尺者，以室內樓地板面積每增加五百平方公尺應增加一點，累進統計巡檢點數目；或以巡檢點數目至少二十五點。

四、室內樓地板面積大於一萬五千平方公尺小於或等於三萬平方公尺者，以室內樓地板面積每增加六百二十五平方公尺應增加一點，累進統計巡檢點數目，且累進統計巡檢點數目不得少於二十五點；或以巡檢點數目至少四十點。

五、室內樓地板面積大於三萬平方公尺者，以室內樓地板面積每增加九百平方公尺應增加一點，累進統計巡檢點數目，且累進統計巡檢點數目不得少於四十點。

第六條　公告場所所有人、管理人或使用人於公告管制室內空間進行定期檢測，應委託檢驗測定機構辦理檢驗測定。但依本法第十一條第一項規定取得中央主管機關核發許可證者，得自行辦理檢驗測定。

定期檢測之採樣時間應於營業及辦公時段。

檢驗測定機構受託從事室內空氣品質定期檢測業務，同一採樣點各室內空氣污染物項目之採樣應同日進行。受託檢驗測定機構為多家時，亦同　。

定期檢測之採樣點數目超過二個以上，各採樣點之採樣時間得於不同日期進行，但仍應符合前二項規定。

第七條　公告場所所有人、管理人或使用人進行定期檢測，除細菌及真菌室內空氣污染物之定期檢測外，室內空氣污染物採樣點之位置須依巡查檢驗結果，優先依濃度較高巡檢點依序擇定之。但有特殊情形，經公告場所所有人、管理人或使用人檢具相關文件報請所在地直轄市、縣（市）主管機關同意者，不在此限。

前項室內空氣污染物採樣點之數目應符合下列規定：

一、室內樓地板面積小於或等於五千平方公尺者，採樣點至少一個。

二、室內樓地板面積大於五千平方公尺小於或等於一萬五平方公尺者，採樣點至少二個。

三、室內樓地板面積大於一萬五平方公尺小於或等於三萬平方公尺者，採樣點至少三個。

四、室內樓地板面積大於三萬平方公尺者，採樣點至少四個。

第八條　公告場所所有人、管理人或使用人進行細菌及真菌室內空氣污染物之定期檢測，於採樣前應先進行現場觀察，發現有滲漏水漬或微生物生長痕跡，列為優先採樣之位置，且規劃採樣點應平均分布於公告管制室內空間樓地板上。

前項細菌及真菌室內空氣污染物採樣點之數目，依場所之公告管制室內空間樓地板面積每一千平方公尺（含未滿），應採集一點。但其樓地板面積有超過二千平方公尺之單一無隔間室內空間者，得減半計算採樣點數目，且減半計算數目後不得少於二點。

第九條　前條進行真菌室內空氣污染物之定期檢測，室外測值採樣相對位置應依下列規定：

一、公告場所使用中央空調系統設備將室外空氣引入室內者，採樣儀器架設應鄰近空調系統之外氣引入口且和外氣引入口同方位，儀器採樣口高度與空調系統之外氣引入口相近。

二、公告場所以自然通風或使用窗型、分離式冷氣機者，採樣儀器架設應位於室內採樣點相對直接與室外空氣流通之窗戶或開口位置。

前項室外測值採樣相對位置之數目至少一個，不受前條第二項限制。

第十條　公告場所定期檢測之檢驗頻率，除中央主管機關另有規定者外，應每二年實施定期檢測室內空氣污染物濃度至少一次。

公告場所所有人、管理人或使用人實施第二次以後之定期檢測，應於第一次定期檢測月份前後三個月內辦理之。

第十一條　公告場所定期檢測應量測之室內空氣污染物項目，除中央主管機關另有規定者外，依其場所公告類別所列者辦理。

第十二條　公告場所經中央主管機關指定應設置自動監測設施者，應於公告之一定期限內辦理下列事項：

一、檢具連續監測作業計畫書，包含自動監測設施運作及維護作業，併同其室內空氣品質維護計畫，送直轄市、縣（市）主管機關審查核准後，始得辦理設置及操作。

二、依中央主管機關規定之格式、內容，以網路傳輸方式，向直轄市、縣（市）主管機關申報其連續監測作業計畫書。但中央主管機關另有規定以書面申報者，不在此限。公告場所依連續監測作業計畫書進行設置自動監測設施，於開始操作運轉前七日，應通知直轄市、縣（市）主管機關，並由直轄市、縣（市）主管機關監督下進行操作測試，操作測試完成後，經直轄市、縣（市）主管機關同意並副知該目的事業主管機關，始得操作運轉。連續監測操作時間應為營業及辦公日之全日營業及辦公時段。

公告場所自動監測設施進行汰換或採樣位置變更時，應依第一項規定辦理。

第十三條 公告場所設置自動監測設施之數目，除中央主管機關另有規定者外，依其公告管制室內空間樓地板面積每二千平方公尺（含未滿），應設置一台自動監測設施。但其樓地板面積有超過四千平方公尺以上之單一無隔間室內空間，得減半計算應設置自動監測設施數目，且減半計算後數目不得少於二台。

前項設置自動監測設施之監測採樣位置，應具代表性且分布於各樓層，於同樓層者應平均分布於樓層空間。

第十四條 公告場所設置自動監測設施應量測之室內空氣污染物項目如下：

一、二氧化碳。

二、其他經中央主管機關指定者。

第十五條 前二條規定之自動監測設施，應符合下列規定：

一、有效測定範圍應大於該項室內空氣污染物之室內空氣品質標準值上限。

二、配有連續自動記錄輸出訊號之設備，其紀錄值應註明監測數值及監測時間。

三、室內空氣經由監測設施之採樣口進入管線到達分析儀之時間，不得超過二十秒。

四、取樣及分析應在六分鐘之內完成一次循環，並應以一小時平均值作為數據紀錄值。其一小時平均值為至少十個等時距數據之算術平均值。

五、每月之監測數據小時紀錄值，其完整性應有百分之八十有效數據。

六、採樣管線及氣體輸送管線材質具不易與室內空氣污染物產生反應之特性。

第十六條 公告場所設置自動監測設施，應進行校正及維護儀器。

自動監測儀器應依下列規定進行例行校正測試及查核：

一、零點及全幅偏移測試應每半年進行一次。

二、定期進行例行保養，並以標準氣體及相關校正儀器進行定期校正查核。

三、其他經中央主管機關指定之事項。

　　前項校正測試及查核應作成紀錄，紀錄方式應依主管機關同意之方式爲之，並逐年次彙集建立書面檔案或可讀取之電子檔，保存五年，以備查閱。

第十七條　公告場所操作中自動監測設施進行汰換或採樣位置變更，致無法連續監測其室內空氣品質時，除應依第十二條第一項規定辦理外，其所有人、管理人或使用人於汰換或變更前三十日報請直轄市、縣（市）主管機關同意者，得依其同意文件核准暫停連續監測，但任一自動監測設施以不超過三十日爲限，其須延長者，應於期限屆滿前七日向直轄市、縣（市）主管機關申請延長，並以一次爲限。

　　公告場所操作中自動監測設施故障或損壞，致無法連續監測室內空氣品質時，其所有人、管理人或使用人於發現後二日內，通知直轄市、縣（市）主管機關，得暫停連續監測。但超過三十日仍無法修復者，應依前項規定辦理。

第十八條　第六條規定公告場所所有人、管理人或使用人辦理定期檢測，其室內空氣品質定期檢測結果應自定期檢測採樣之日起三十日內，併同其室內空氣品質維護計畫，以網路傳輸方式申報，供直轄市、縣（市）主管機關查核，同時於主要場所入口明顯處公布。

　　第十二條規定公告場所辦理連續監測，各監測採樣位置量測之監測數值資料，即時連線顯示自動監測之最新結果，同時於營業及辦公時段以電子媒體顯示公布於場所內或入口明顯處，並將自動監測設施監測數值資料，製成各月份室內空氣品質連續監測結果紀錄，於每年一月底前，以網路傳輸方式上網申報前一年連續監測結果紀錄，供直轄市、縣（市）主管機關查核。

　　前二項室內空氣品質定期檢測結果及連續監測結果紀錄資料，應逐年次彙集建立書面檔案或可讀取之電子檔，保存五年。

第十九條　本辦法有關自動監測設施之設備規範、作業方式、附屬電子媒體即時顯示系統及其他應注意事項，由中央主管機關定之。

第二十條　本辦法自中華民國一百零一年十一月二十三日施行。

違反室內空氣品質管理法罰鍰額度裁罰準則

中華民國101年11月23日行政院環境保護署環署空字第1010106156號令訂定發布全文共九條

第一條 本準則依室內空氣品質管理法（以下簡稱本法）第十九條第二項規定訂定之。

第二條 違反本法規定者，罰鍰額度除依附表所列情事裁處外，依行政罰法第十八條第一項規定，並應審酌違反本法義務行為應受責難程度、所生影響及因違反本法義務所得之利益，並得考量受處罰者之資力。

第三條 一行為違反本法數個規定，應依法定罰鍰額最高之規定及附表所列情事計算罰鍰額度裁處之。

第四條 一行為違反本法數個規定，且其法定罰鍰額均相同者，應先依附表所列情事分別計算罰鍰額度，再依罰鍰額度最高者裁處之。

第五條 主管機關審酌罰鍰額度時，於違反本法義務所得之利益，未超過法定罰鍰最高額時，應依第二條附表計算罰鍰，併加計違反本法義務所得之利益裁處，惟最高不得超過法定罰鍰最高額。

前項所得之利益超過法定罰鍰最高額時，應依行政罰法第十八條第二項規定，於所得利益之範圍內酌量加重，不受法定罰鍰最高額之限制。

第六條 依本法所為按次處罰之每次罰鍰額度，屬未於改善期限屆滿前向主管機關報請查驗，視為未完成改善或補正者，依最近一次所處罰鍰額度裁處之；屬報請主管機關查驗而認定未完成改善或補正者，依查驗當日附表所列情事裁處之。

第七條 屬本法第二十一條各款規定情節重大情形之一者，得以各該條最高罰鍰額度裁處之。

第八條 公告場所所有人、管理人或使用人於公告場所改善期間，未進行室內空氣污染物改善及控管，經主管機關認定其違規行為更形惡化者，按其違規行為，依本準則按次處罰。

第九條 本準則自中華民國一百零一年十一月二十三日施行。

附表

項次	違反條款（違規行為）	處罰條款及罰鍰範圍（新臺幣）	違反程度及特性因子（A）	違規行為紀錄因子（B）	應處罰鍰計算方式（新臺幣）
一	第七條第一項（公告場所之室內空氣品質不符合室內空氣品質標準）	1. 依第十五條第一項規定，處所有人、管理人或使用人之罰鍰為： 五萬元以上二十五萬元以下罰鍰	1. 二氧化碳濃度超過室內空氣品質標準之程度： (1)達500%者，A=3 (2)達300%但未達500%者，A=2 (3)未達300%者，A=1 2. 甲醛、總揮發性有機污染物濃度超過室內空氣品質標準之程度： (1)達1000%者，A=3 (2)達500%但未達1000%者，A=2 (3)未達500%者，A=1 3. 除前兩項外之室內空氣污染物濃度超過室內空氣品質標準之程度：A=1 4. 於前三項情形有同時違反二項以上者，A因子以最高者計算。	B＝自違反本法發生日（含）回溯前一年內違反相同條款未經撤銷之裁罰累積次數	二十五萬元≧（A×B×五萬元）≧五萬元
		1. 依第十五條第二項規定，處所有人、管理人或使用人之罰鍰為：	1. 改善期間未於場所明顯處標示室內空氣品質不合格且繼續使用該公告場所者：A=2 2. 改善期間於場所標示室內空氣品質不符	B＝自違反本法發生日（含）回溯前一年內違反相同條款未經撤銷之	二萬五千元≧（A×B×五千元）≧五千元

項次	違反條款（違規行為）	處罰條款及罰鍰範圍（新臺幣）	違反程度及特性因子（A）	違規行為紀錄因子（B）	應處罰鍰計算方式（新臺幣）
		五千元以上二萬五千元以下罰鍰	合規定且繼續使用該公告場所者：A=1	裁罰累積次數	
二	第八條（未符合應訂定室內空氣品質維護管理計畫相關規定）	依第十七條規定，處所有人、管理人或使用人之罰鍰為：一萬元以上五萬元以下罰鍰	1. 未訂定室內空氣品質維護管理計畫者：A=2　2. 已訂定室內空氣品質維護管理計畫，但未據以執行者：A=1　3. 公告場所之室內使用變更致影響其室內空氣品質，但未檢討修正其計畫者：A=1	B＝自違反本法發生日（含）回溯前一年內違反相同條款未經撤銷之裁罰累積次數	五萬元≧（A×B×一萬元）≧一萬元
三	第九條第一項或第二項（未符合應置專責人員相關規定）	依第十七條規定，處所有人、管理人或使用人之罰鍰為：一萬元以上五萬元以下罰鍰	1. 未置室內空氣品質維護管理專責人員者：A=2　2. 已置室內空氣品質維護管理專責人員，但其資格未符合中央主管機關規定者：A=1	B＝自違反本法發生日（含）回溯前一年內違反相同條款未經撤銷之裁罰累積次數	五萬元≧（A×B×一萬元）≧一萬元

項次	違反條款（違規行為）	處罰條款及罰鍰範圍（新臺幣）	違反程度及特性因子（A）	違規行為紀錄因子（B）	應處罰鍰計算方式（新臺幣）
四	第十條（定期實施室內空氣品質檢驗測定、自動監測設施連續監測結果作成之紀錄有虛偽記載者）	依第十三條規定，處所有人、管理人或使用人之罰鍰為：十萬元以上五十萬元以下罰鍰	1. 每次定期實施室內空氣品質檢驗測定作成之紀錄有虛偽記載者：A=1 2. 每次自動監測設施連續監測結果作成之紀錄有虛偽記載者：A=1 3. 前兩項均虛偽記載者：A=2	B＝自違反本法發生日（含）回溯前五年內違反相同條款未經撤銷之裁罰累積次數	十萬元≧(A×B×十萬元)≧五十萬元
五	第十條（未實施定期室內空氣品質檢驗測定、設置自動監測設施，及未符合室內空氣品質檢驗測定管理辦法規定）	依第十八條規定，處所有人、管理人或使用人之罰鍰為：五千元以上二萬五千元以下罰鍰	1. 未實施定期室內空氣品質檢驗測定者：A=1 2. 應設置而未設置自動監測設施者：A=1 3. 前兩項以外之其他違反室內空氣品質檢驗測定管理辦法規定之情形者：A=1 4. 於前三項情形有同時違反二項以上者，A因子得併計。	B＝自違反本法發生日（含）回溯前一年內違反相同條款未經撤銷之裁罰累積次數	二萬五千元≧(A×B×五千元)≧五千元
六	第十一條（檢驗測定機構違反本法規定）	依第十六條規定，處檢驗測定機構之罰鍰為：五萬元以上二十五萬元以下罰鍰	1. 未取得中央主管機關核發許可從事受託室內空氣污染物項目檢驗測定者：A=2 2. 除中央主管機關另有規定，其他違反情形者：A=1	B＝自違反本法發生日（含）回溯前一年內違反相同條款未經撤銷之裁罰累積次數	二十五萬元≧(A×B×五萬元)≧五萬元

項次	違反條款（違規行為）	處罰條款及罰鍰範圍（新臺幣）	違反程度及特性因子（A）	違規行為紀錄因子（B）數	應處罰鍰計算方式（新臺幣）
七	第十二條（規避、妨礙或拒絕主管機關執行公告場所之檢查、檢驗測定、查核或命提供有關資料）	依第十四條規定，處所有人、管理人或使用人之罰鍰為：十萬元以上五十萬元以下罰鍰	1. 規避、妨礙或拒絕主管機關執行公告場所之檢驗測定者：A=2 2. 其他違反情形者：A=1	B＝自違反本法發生日（含）回溯前一年內違反相同條款未經撤銷之裁罰累積次數	五十萬元≧（A×B×十萬元）≧十萬元

室內空氣品質維護管理專責人員設置管理辦法

中華民國 101 年 11 月 23 日行政院環境保護署環署空字第 1010106090 號令訂定發布全文共十九條

第一條　本辦法依室內空氣品質管理法（以下簡稱本法）第九條第三項規定訂定之。

第二條　室內空氣品質維護管理專責人員（以下簡稱專責人員）設置規定如下：

　　　　一、本法之公告場所，應於公告後一年內設置專責人員至少一人。

　　　　二、各公告場所有下列各款情形之一，並經直轄市、縣（市）主管機關同意者，得共同設置專責人員：

　　　　（一）於同幢（棟）建築物內有二處以上之公告場所，並使用相同之中央空氣調節系統。

　　　　（二）於同一直轄市、縣（市）內之公告場所且其所有人、管理人或使用人相同。

　　　　（三）其他經中央主管機關認定之情形。

第三條　專責人員應具有下列資格之一：

　　　　一、領有國內學校或教育部採認之國外學校授予副學士以上學位證書，經訓練及格者。

　　　　二、領有國內高級中學、高級職業學校畢業證書，並具三年以上實務工作經驗得有證明文件，經訓練及格者。

第四條　本辦法之訓練，其報名、訓練方式、內容、課程、科目、測驗方式及試場規定，依中央主管機關之規定。

　　　　前項訓練由中央主管機關或其委託之機關（構）辦理，並核實收取訓練費用。

第五條　專責人員之訓練內容分學科與術科，各科目之測驗或評量成績以一百分為滿分，六十分為及格，各科目成績均達六十分以上者，為訓練成績合格。

　　　　前項成績不及格科目，得於結訓日起一年內申請再測驗或評量，但以二次為限。

　　　　前項經第二次再測驗或評量，仍未達第一項及格標準，符合再訓練規定者，得於第二次再測驗或評量結束之日起三個月內，申請再訓練及測驗或評量，但以一次為限，其仍不合格者應重行報名參訓。

第六條　參加專責人員訓練之測驗或評量成績有異議者，得於成績通知單送達之次日起三十日內，以書面向中央主管機關申請複查。

前項申請複查以一次為限。

第七條 專責人員訓練測驗試卷或評量紀錄由中央主管機關自測驗或評量結束日起保存三個月。

第八條 參加專責人員之訓練，缺課時數達總訓練時數四分之一者，應予退訓，其已繳訓練費用不予退還。

第九條 訓練合格者，應於最後一次測驗或評量結束之翌日起九十日內，檢具申請書及第三條規定之學經歷證明文件，向中央主管機關申請核發合格證書。

未於前項規定期間內申請核發合格證書者，其原參加訓練之課程、內容有變更時，應就其變更部分補正參加訓練成績及格後始得申請，補正參加訓練以一次為限。

第一項檢具外國學歷證明文件者，應併檢附中文譯本；證明文件正本及中文譯本並經我國駐外單位或外交部授權機構驗證。

第十條 中央主管機關對於依法設置執行業務之專責人員，必要時得舉辦在職訓練，專責人員及公告場所所有人、管理人或使用人不得拒絕或妨礙調訓。

專責人員因故未能參加前項在職訓練者，專責人員或公告場所所有人、管理人或使用人應於報到日前，以書面敘明原因，向中央主管機關或其委託之機關（構）辦理申請延訓。

第十一條 公告場所所有人、管理人或使用人，依本辦法規定設置專責人員時，應檢具專責人員合格證書、設置申請書及同意查詢公（勞）、健保資料同意書，向直轄市、縣（市）主管機關申請核定。

前項單位或人員設置內容有異動時，公告場所所有人、管理人或使用人應於事實發生後十五日內，向原申請機關申請變更。

專責人員因故未能執行業務時，公告場所所有人、管理人或使用人應即指定適當人員代理；代理期間不得超過三個月，但報經主管機關核准者，可延長至六個月。代理期滿前，應依第一項規定重行申請核定。

前二項公告場所所有人、管理人或使用人應向主管機關報核而未報核者，專責人員得於未執行業務或異動日起三十日內以書面向主管機關報備。

第十二條 依本辦法設置之專責人員應為直接受僱於公告場所之現職員工，除依第二條規定共同設置者外，不得重複設置為他公告場所之專責人員。

第十三 條專責人員應執行下列業務：

一、協助公告場所所有人、管理人或使用人訂定、檢討、修正及執行室內空氣品質維護管理計畫。

二、監督公告場所室內空氣品質維護設備或措施之正常運作，並向場所所有人、管理人或使用人提供有關室內空氣品質改善及管理之建議。

三、協助公告場所所有人、管理人或使用人監督室內空氣品質定期檢驗測定之進行，並作成紀錄存查。

四、協助公告場所所有人、管理人或使用人公布室內空氣品質檢驗測定及自動監測結果。

五、其他有關公告場所室內空氣品質維護管理相關事宜。

第十四條 專責人員有下列情形之一者，中央主管機關應撤銷其合格證書：

一、以詐欺、脅迫或違法方法取得合格證書。

二、提供之學經歷證明文件有虛偽不實。

第十五條 專責人員有下列情形之一者，中央主管機關應廢止其合格證書：

一、因執行業務違法或不當，致明顯污染環境或危害人體健康。

二、使公告場所利用其名義虛偽設置為專責人員。

三、同一時間設置於不同之公告場所為專責人員。但屬依第二條第二款共同設置者，不在此限。

四、明知為不實之事項而申報不實或於業務上作成之文書為虛偽記載。

五、連續二次未參加在職訓練且未依第十條第二項規定向中央主管機關或其委託之機關（構）申請辦理延訓。

六、其他違反本法或本辦法規定，情節重大。

第十六條 專責人員之合格證書經廢止或撤銷者，三年內不得再請領；其再為請領者，須再依本辦法重新訓練合格後辦理。

第十七條 請領或補發合格證書須繳納證書費，其費額由中央主管機關定之。

前項證書費之收繳，依預算程序辦理。

第十八條 本辦法施行前，曾參與主管機關或其委託之機關（構）舉辦之專責人員講習訓練並領有上課證明者，參加本辦法訓練，得依中央主管機關之規定，於本辦法施行起二年內申請部分課程抵免。

前項申請者，仍須參與學科與術科測驗或評量。

第十九 條本辦法自中華民國一百零一年十一月二十三日施行

環境檢驗測定機構管理辦法

中華民國八十六年十一月十九日（八六）環署檢字第七一八五〇號令發布
中華民國八十七年六月十日（八七）環署檢字第三五三九一號令修正發布
中華民國八十八年三月二十四日（八八）環署檢字第一六四六八號令修正發布
中華民國九十年八月二十九日（九〇）環署檢字第〇〇五二九六三號令修正發布
中華民國九十二年一月二十九日環署檢字第〇九二〇〇〇七三八〇號令修正發布
中華民國 96 年 6 月 8 日環署檢字第 0960042517 號令修正發布
中華民國 97 年 10 月 31 日環署檢字第 0970083548 號令修正發布
中華民國 98 年 4 月 7 日環署檢字第 0980028103C 號令修正發布
中華民國 98 年 11 月 9 日環署檢字第 0980101131C 號令修正發布
中華民國 99 年 4 月 16 日環署檢字第 0990031764 號令修正發布
中華民國 101 年 2 月 10 日環署檢字第 1010011210C 號令修正發布
中華民國 102 年 3 月 20 日環署檢字第 1020021176A 號令修正發布

第一章 總則

第一條 本辦法依空氣污染防制法第四十四條第二項、室內空氣品質管理法第十一條第二項、噪音管制法第二十條第二項、水污染防治法第二十三條第二項、土壤及地下水污染整治法第十條第二項、廢棄物清理法第四十三條第二項、毒性化學物質管理法第二十五條第三項、環境用藥管理法第三十六條第二項及飲用水管理條例第十二條之一第二項規定訂定之。

第二條 本辦法專用名詞定義如下：

　　一、環境檢驗測定業務：指應用各種物理性、化學性或生物性檢測方法以執行環境標的物採樣、檢驗、測定之工作。

　　二、環境檢驗測定機構（以下簡稱檢測機構）：指依本辦法規定申請核發許可證，執行環境檢驗測定業務之機構。

　　三、環境檢驗測定人員（以下簡稱檢測人員）：指檢驗室主管、品保品管人員及其他從事環境檢驗測定業務之專業技術人員。

第二章 許可

第三條 申請檢測機構許可證者，應向中央主管機關為之。

第四條 申請檢測機構許可證者，應具備下列條件之一：
　　　一、非公營事業之公司實收資本額或財團法人登記財產總額在新臺幣五百萬元
　　　　　以上者。
　　　二、公營事業或非環境保護主管機關之政府機關（構）。
　　　三、公立大專以上院校。
第五條 申請檢測機構許可證者，應有專屬之檢驗室，每一檢驗室應有專屬之儀器設
　　　備及專任之檢測人員六人以上，其中應有檢驗室主管一人及品保品管人員。
　　　但以非環境保護主管機關之政府機關（構）申請者，其專任檢測人員應為與
　　　其主管業務有關之人員，且應置檢測人員二人以上，其中一人為檢驗室主管。
　　　依前項但書取得檢測機構許可證者，僅得執行與其主管業務有關業別之環境
　　　檢驗測定業務。
第六條 前條檢驗室主管之資格應符合下列條件：
　　　一、公立或立案之私立專科以上學校或經教育部承認之國外專科以上學校之化
　　　　　學或環境相關科系畢業者。但以非環境保護主管機關之政府機關（構）申
　　　　　請者，其檢驗室主管具與其主管業務相關科系專科以上畢業者，亦得充任
　　　　　之。
　　　二、具有與申請許可檢測類別相關之檢測經驗五年以上而有證明文件者。但持
　　　　　有相關大學學士學位者，得減少二年檢測經驗；持有相關碩士學位者，得
　　　　　減少三年檢測經驗；持有相關博士學位者，得減少四年檢測經驗。
　　　　　僅從事噪音、振動、物理性公害檢測類或其他經中央主管機關公告檢測類
　　　　　別項目之檢驗室，其主管得以物理或工科專科以上畢業者充任之。
第七條 第五條檢驗室品保品管人員之資格應符合下列條件：
　　　一、公立或立案之私立專科以上學校或經教育部承認之國外專科以上學校之化
　　　　　學或環境相關科系畢業者。但以非環境保護主管機關之政府機關（構）申
　　　　　請者，其檢驗室品保品管人員具與其主管業務相關科系專科以上畢業者，
　　　　　亦得充任之。
　　　二、具有與申請許可檢測類別相關之檢測經驗三年以上而有證明文件者。但持
　　　　　有相關碩士學位者，得減少一年檢測經驗；持有相關博士學位者，得減少
　　　　　二年檢測經驗。
　　　　　僅從事噪音、振動、物理性公害檢測類或其他經中央主管機關公告檢測類
　　　　　別項目之檢驗室，其品保品管人員得以物理或工科專科以上畢業者充任
　　　　　之。

259

第八條 檢測人員除檢驗室主管及品保品管人員外，其資格應符合下列條件之一：

一、公立或立案之私立專科以上學校或經教育部承認之國外專科以上學校之理工醫農或環境相關科系畢業者。

二、公立或立案之私立高中（職）畢業，具有相關檢測經驗三年以上而有證明文件者。但化驗科、化工科、農化科、食品科或環境相關科畢業者，得減少一年檢測經驗。

第九條 檢測機構從事不明事業廢棄物採樣項目，其現場品保品管負責人、採樣員及安全衛生負責人，應接受四十小時以上之安全與應變知能訓練及三日以上之實務訓練。

檢測機構從事前項以外之事業廢棄物採樣項目，其現場品保品管負責人、採樣員及安全衛生負責人，應接受十六小時以上之安全與應變知能訓練及八小時以上之實務訓練。

經第一項訓練者，得從事前項之事業廢棄物採樣項目。

第十條 申請檢測機構許可證者，應檢具下列文件：

一、申請表。

二、機關（構）組織證明文件。

三、負責人證明文件影本。

四、檢驗室地理位置簡圖。

五、檢驗設施配置圖及平面圖。

六、檢測人員任職、學經歷及必要之訓練證明文件影本。

七、敘明申請之項目及使用方法名稱等文件。

八、具有申請項目十五組以上實際檢測數據及相關品管圖表或具有申請項目檢測經驗能力之證明文件與相關品管資料。但中央主管機關另有規定者，不在此限。

九、檢驗室管理手冊。

十、其他經中央主管機關指定之文件。

前項申請文件不符規定或內容有欠缺者，中央主管機關應通知其限期補正，屆期未補正者，應予駁回，所收文件不予退還。

第十一條檢測機構分設一個以上之檢驗室，應分別申請許可證。

檢測機構申請展延、復業、檢驗室搬遷或增加檢驗室、檢測類別、檢測項目，應檢附前條第一款、第四款至第十款規定之文件。

前項申請展延，檢測機構並應檢附檢測人員依第二十二條接受訓練之證明

文件。

第十二條 許可證之檢測類別如下：

一、空氣檢測類。

二、水質水量檢測類。

三、飲用水檢測類。

四、廢棄物檢測類。

五、土壤檢測類。

六、環境用藥檢測類。

七、毒性化學物質檢測類。

八、噪音檢測類。

九、地下水檢測類。

十、底泥檢測類

十一、其他經中央主管機關公告之檢測類。

前項各款檢測類別之項目，以環境法規規定之管制項目及中央主管機關已公告檢測方法之項目或其他經中央主管機關公告之項目為限。

第十三條 中央主管機關審查檢測機構許可證申請、展延、復業、檢驗室搬遷、增加檢驗室、增加檢測類別或檢測項目，應辦理下列事項，經審查合格始得核發許可證。但增加檢測項目之審查，得免系統評鑑。

一、書面審核：對檢測機構所提申請文件進行審核。

二、績效評鑑：對檢測機構所申請之檢測項目，進行盲樣測試、實地比測或術科考試。

三、系統評鑑：對檢測機構所申請之個別檢驗室品質管理系統，進行現場實地查核與評鑑。

四、其他經中央主管機關指定之審核或評鑑。

第十四條中央主管機關為辦理檢測機構許可證之審查、評鑑及諮詢得設評鑑技術委員會（以下簡稱評委會）。

前項評委會置委員二十一人至二十五人，任期均為二年，期滿得續聘之。

第十五條 許可證應記載下列事項：

一、機構名稱。

二、檢驗室名稱及地址。

三、檢驗室主管姓名。

四、檢測類別、項目及方法。

五、有效期限。

六、其他經中央主管機關指定事項。

第十六條 許可證有效期限最長為五年，有效期限屆滿四個月前起算一個月之期間內提出申請，每次展延期限為五年，逾期應重行申請許可證。

第三章 管理

第十七條 檢測機構執行環境檢驗測定業務時，應遵行下列規定：

一、以檢驗室所屬檢測人員使用其專屬之儀器設備。

二、依中央主管機關公告之檢測方法及品質管制事項之程序，作成標準作業程序手冊，置於檢驗室備查並據以執行檢測。

三、依中央主管機關公告之品質系統基本規範編制檢驗室管理手冊執行其業務。

四、每年一月三十一日前提報該年之品質管制數據資料。

五、每年一月、四月、七月及十月等各該月份十五日前向中央主管機關提報前三個月檢測統計表，申報項目為檢測類別、檢測項目數、檢測樣品數及金額。

六、依中央主管機關規定之項目、格式、內容，以網路傳輸方式申報檢測作業相關資料。

七、其他經中央主管機關規定事項。

第十八條 檢測機構出具檢測報告應經各該檢驗室主管簽署之。但其因專業領域或業務需要者，得由報經中央主管機關評鑑核可之檢測報告簽署人簽署之。

前項檢測報告簽署人之資格準用檢驗室主管之規定。

中央主管機關核可檢測報告簽署人簽署報告之期限與許可證有效期限相同。檢測機構申請許可證展延時，得同時申請檢測報告簽署人之核可。

第十九條 檢測機構檢驗室之檢測人員變更者，應於變更後三十日內辦理變更登記。

檢驗室主管或品保品管人員出缺者，應於三十日內遞補之；其餘檢測人員因變更致不符合第五條規定員額時，應於變更後九十日內遞補之。

檢測機構變更代表人，應於變更後九十日內辦理變更登記。

許可證應記載事項有變更者，檢測機構應於變更後三十日內向中央主管機關辦理變更登記。

檢測機構之檢驗室搬遷，應於十五日前向中央主管機關申請檢驗室搬遷並提送搬遷計畫書備查，搬遷計畫內容應依「環境檢驗測定機構許可證申請

須知」表十之規定辦理；檢測機構應依搬遷計畫執行搬遷，自搬遷完成日起三十日內，提送第十一條第二項規定之文件。

第二十條　中央主管機關得派員攜帶證明文件，進入檢測機構或採樣現場進行查核工作，並命其提供有關資料，檢測機構不得規避、妨礙或拒絕。

中央主管機關依前項規定所為查核或為辦理檢測機構許可證之申請、審查、核（換）發、撤銷及廢止事項之業務，所取得之資料，涉及受檢者之個人隱私、工商秘密、軍事秘密應予保密。

第二十一條　檢測機構或其檢測人員應依中央主管機關之指定進行採樣技術評鑑或盲樣測試，並於規定期限將盲樣測試結果送交中央主管機關。

依前項規定進行採樣技術評鑑或盲樣測試，經中央主管機關判定為不合格者，檢測機構應依中央主管機關公告之品質系統基本規範採取適當措施，並將所採取措施之執行紀錄報請中央主管機關備查，始得從事該項目檢驗測定。

第二十二條　中央主管機關得命檢測機構指派適當或被指定之檢測人員接受在職訓練，檢測機構不得拒絕。

第二十三條　檢測機構自行停業時，應檢具許可證向中央主管機關辦理廢止。

檢測機構有歇業、解散或喪失執行業務能力者，中央主管機關得逕行廢止其許可證。

前二項經中央主管機關廢止許可證者，免除本辦法規定之限制。

第二十四條　檢測機構有下列情形之一者，依空氣污染防制法第七十條、室內空氣品質管理法第十六條、噪音管制法第三十二條第二項、水污染防治法第四十九條、土壤及地下水污染整治法第四十二條第一項第一款及第二項、廢棄物清理法第五十八條、毒性化學物質管理法第三十四條第七款、環境用藥管理法第四十八條第五款或飲用水管理條例第二十四條之一各該罰則規定辦理：

一、違反第十七條第一款至第五款及第七款、第十八條第一項、第十九條第一項、第三項、第四項、第二十條第一項、第二十一條或第二十二條之規定者。

二、中央主管機關依第二十一條規定進行採樣技術評鑑或盲樣測試結果，連續三次不合格者。

三、檢測或數據處理過程、檢測報告或其他申報資料不符規定者。

四、不遵守中央主管機關規定停止相關檢測類別或項目業務之命令者。

　　　　五、違反第十七條第六款之規定，每年度依各環境保護法規分別累計達三次者。

第二十五條　檢測機構經中央主管機關撤銷、廢止許可證或停止其檢測類別或項目者，自處分書送達之日起，不得再執行該檢測業務。

第四章附則

第二十六條　中央主管機關得委託相關機關或機構辦理檢測機構之輔導、審查及評鑑事項。

第二十七條　本辦法所定之相關文書格式，由中央主管機關定之。

第二十八條　本辦法所定之相關文件為外文者，應檢附駐外單位或外交部授權機構驗證之中譯本。

第二十九條　本辦法修正施行前已取得中央主管機關核發許可證之檢測機構，其檢驗室主管具專科學歷並具有與申請許可檢測項目相關之檢測經驗三年以上而有證明文件者，得不受檢測經驗五年以上規定之限制。

第三十條　本辦法自發布日施行。

建築技術規則　建築設計施工編

第二章　一般設計通則

第八節　日照、採光、通風、節約能源

第四十三條　（通風）居室應設置能與戶外空氣直接流通之窗戶或開口，或有效之自然通風設備或機械通風設備，並應依左列規定：

一、一般居室及浴廁之窗戶或開口之有效通風面積，不得小於該室樓地板面積百分之五，但設置符合規定之自然或機械通風設備者不在此限。

二、廚房之有效通風開口面積，不得小於該室樓地板面積十分之一，且不得小於〇‧八平方公尺，但設置符合規定之機械通風設備者不在此限。廚房樓地板面積在一〇〇平方公尺以上者，應另設排除油煙設備。

三、有效通風面積未達該室樓地板面積十分之一之戲院、電影院、演藝場集會堂等之觀眾席及使用爐灶等燃燒設備之鍋爐間、工作室等，應依建築設備編之規定設置適當之機械通風設備，但所使用之燃燒器具與設備可直接自戶外導進空氣，並能將所發生之廢氣物，直接排至戶外而無污染室內空氣之情形者，不在此限。

第四十四條　（自然通風設備之構造）自然通風設備之構造應依左列規定：

一、應具有防雨、防蟲作用之進風口，排風口及排風管道。

二、排風管道應以不燃材料建造，管道應盡可能豎立並直通戶外。除頂部及一個排風口外，不得另設其他開口，一般居室及無窗居室之排風管有效斷面積不得小於左列公式之計算值：

$$Av=Af/(250\sqrt{h})$$

其中 Av：排風管之有效斷面積，單位為平方公尺。

Af：居室之樓地板面積（該居室設有其他有效通風開口時應為該居室樓地板面積減去有效通風面積二十倍後之差），單位為平方公尺。

h：自進風口中心量至排風管頂部出口中心之高度，單位為公尺。

三、進風口及排風口之有效面積不得小於排風管之有效斷面積。

四、進風口之位置應設於天花板高度二分之一以下部份，並開向與空氣直流通之空間。

五、排風口之位置應設於天花板下八十公分範圍內，並經常開放。

低逸散健康綠建材

　　本標章原名稱為「健康綠建材標章」，性能評定基準參考國外先進國家之相關綠建材標章，搭配內政部建築研究所長期研究成果，以臺灣本土室內氣候條件為考量，訂定建材逸散之「總揮發性有機化合物（TVOC）」及「甲醛（Formaldehyde）」逸散速率基準，其 TVOC 基準以 BTEX（苯、甲苯、乙苯、二甲苯）等指標性污染物累加計算，並透過名稱修訂為「低逸散健康綠建材標章」。

　　低逸散健康綠建材係指「該建材之特性為低逸散量、低毒性、低危害健康風險之建築材料。」本類建材標章之推廣目的為提高室內空氣環境品質，降低建材對於人體健康的危害程度，未來亦將朝向促進健康因素並具有多功能化之使用價值為目標。根據上述定義，本類標章不受理無甲醛逸散及無 TVOC 逸散之虞產品，例如，無機類石材、玻璃等產品，關於前述材料及產品，可參考產品特性另申請其他類綠建材標章。目前針對室內建材與室內裝修材料進行「人體危害程度」的評估，以「低甲醛」及「低總揮發性有機化合物（TVOC）」逸散速率為評估指標，未來將陸續對建材之「化學過敏症」、「病態大樓症候群（SBS）」及「病態住宅症候群（SHS）」等影響及相關健康促進因子進行評估，以確保國人使用健康的建材及維護健康的室內環境。

低逸散健康綠建材評定基準

由於建築裝修建材種類繁多，不僅裝修過程有乾式、濕式之分，裝修部位有構造之別，對材質之厚度、種類之差異，均有對應的試驗方法及程序，所以低逸散健康綠建材檢測過程中，對不同種類的建築材料亦具有不同的分析條件及不同的參數，目前低逸散健康綠建材評定項目如下：

（一）甲醛逸散速率

定義：建材之甲醛（HCHO）為低逸散健康綠建材之有機氣體逸散試驗評定要項之一。甲醛是一種無色化學氣體，為常見的有毒化學物，具有刺激性和窒息性的氣體，是國際癌症研究署（International Agency for Research on Cancer）評估的人類致癌物（Group 1），濃度高時有刺鼻的氣味，會引起眼睛及呼吸道極度不適。而長期暴露在高濃度甲醛環境中，可能引起呼吸道疾病、染色體異常、影響生長發育和誘發腫瘤等健康危害。

甲醛廣泛使用在人造板材、塑料地板、化纖材料、塗料和黏著劑中。室內裝修材如發泡膠、隔熱層、黏著劑、織物、地毯及樓板面材中多含有甲醛，且國內室內空間之裝修強度普遍過高，現場大量運用黏著劑之工法，造成建材中甲醛持續逸散而污染室內空氣環境，且隨著空調設備在家庭中日益普及室內通風換氣不良等因素，使得甲醛濃度累積量居高不下。

（二）TVOC（Total Volatile Organic Compound）逸散速率

定義：TVOC 為低逸散健康綠建材之有機氣體逸散試驗評定指標，其定義為揮發性有機化合物（Volatile Organic Compounds, VOCs）之總量─Total VOC，為評定 VOCs 對人體健康影響的綜合評定指標。施工中所使用建材、塗料及接著劑等都是 TVOC 之主要來源。在國際上室內空氣品質大都以 TVOC 為指標評定項目，因此將 TVOC 逸散速率定為低逸散健康綠建材之評定基準項目之一。

（三）評定基準

目前內政部建築研究所性能實驗中心之建材逸散模擬實驗室，試驗方法乃參考國外相關之標準（ASTM、ISO 等），建立室內建材揮發性有機逸散物質試驗之標準試驗方法及程序，針對建材試驗要項中有機氣體項目進行試驗，再配合標章評定程序及基準值之評定（如下表），即能判斷建材對於室內健康環境之危害度及低逸散健康綠建材標章取得資格。甲醛、TVOC 試驗應檢附由內政部指定之「綠建材性能試驗機構」出具之試驗報告書辦理，若性能試驗項目尚無內政部指定之綠建材性能試驗機構，得

檢具符合「綠建材性能試驗機構申請指定作業要點」第 2 點第 1 至 3 款之機關（構）
認可或認證之試驗室出具之試驗報告書辦理。

低逸散健康綠建材評定基準表

一、甲醛（HCHO）逸散速率		
評定項目	性能水準（逸散速率）	說明
地板類、牆壁類、天花板、填縫劑與油灰類、塗料類、接著（合）劑、門窗類（單一材料）	<0.08 mg／m² • hr	建材樣本置於環控箱中試驗其逸散量，量測甲醛濃度達穩定狀態時之逸散速率。
二、總揮發性有機物質（TVOC）逸散速率		
評定項目	性能水準（逸散速率）	說明
地板類、牆壁類、天花板、填縫劑與油灰類、塗料類、接著（合）劑、門窗類（單一材料）	<0.19 mg／m² • hr	建材樣本置於環控箱中試驗其逸散量，量測總揮發性有機物質（TVOC）濃度達穩定狀態時之逸散速率。
試驗機構：經內政部指定之「綠建材性能試驗機構」		

試驗規定：

1. 測試方法依據內政部建研所標準測試法（計劃編號 MOIS 901014）及參考 ISO 16000 系列（CNS 14024）標準方法，甲醛及 TVOC 試驗報告之數值判定，應以測試時間達 48 小時即停止測試之時間點，所測得之實驗數據做為判定數值；或未達 48 小時但實驗數據已穩定低於評估基準值之實驗數據做為判定數值。

2. 總揮發性有機物質化合物評定以苯、甲苯、對二甲苯、間二甲苯、鄰二甲苯、乙苯為指標污染物。

「低逸散健康綠建材標章」分級制度說明

「低逸散健康綠建材標章」分級制度說明	
逸散分級	TVOC（BTEX）及甲醛逸散速率
E1 逸散	TVOC 及甲醛均≦0.005（mg/m²・hr）
E2 逸散	0.005＜TVOC≦0.1（mg/m²・hr）或 0.005＜甲醛≦0.02（mg/m²・hr）
E3 逸散	0.1＜TVOC≦0.19（mg/m²・hr）且 0.02＜甲醛≦0.08（mg/m²・hr）

　　【文件審查】申請廠商須檢附相關施工流程、圖說、文件說明，確保日後施做時，工法亦能符合健康性設計及要求。

室內空氣品質維護管理專責人員
學科考試解析

建議售價・450元

作　　　者：柯一青
校　　　對：柯一青
編輯排版：林孟侃
編　輯　部：徐錦淳、黃麗穎、林榮威、吳適意、林孟侃、陳逸儒
設　計　部：張禮南、何佳諠
經　銷　部：焦正偉、莊博亞、劉承薇、劉育姍、何思頓
業　務　部：張輝潭、黃姿虹、莊淑靜、林金郎
營運中心：李莉吟、曾千熏
發　行　人：張輝潭
出版發行：白象文化事業有限公司
　　　　　402台中市南區美村路二段392號
　　　　　出版、購書專線：（04）2265-2939
　　　　　傳真：（04）2265-1171

印　　　刷：普羅文化股份有限公司
版　　　次：2015年（民104）一月初版一刷
　　　　　　2019年（民108）六月初版二刷
ISBN：978-986-358-115-4

設計編印

白象文化｜印書小舖
網　　　址：www.ElephantWhite.com.tw
電　　　郵：press.store@msa.hinet.net